空间光学遥感工程
Space Optical Remote Sensing Program

国家出版基金项目
NATIONAL PUBLICATION FOUNDATION

"十三五"国家重点出版物出版规划项目

空间光学遥感器系统设计

马文坡 等 著

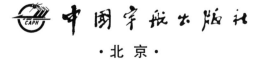

中国宇航出版社

·北京·

图书在版编目（CIP）数据

空间光学遥感器系统设计 / 马文坡等著 . -- 北京：
中国宇航出版社，2023.9

（空间光学遥感工程）

ISBN 978 - 7 - 5159 - 2261 - 4

Ⅰ.①空…　Ⅱ.①马…　Ⅲ.①航天器－光学遥感－系
统设计　Ⅳ.①V423

中国国家版本馆 CIP 数据核字（2023）第 130780 号

责任编辑　朱琳琳　王杰琼　　　封面设计　王晓武

出　版
发　行　　中国宇航出版社

社　址　北京市阜成路 8 号　邮　编　100830
　　　　　（010）68768548
网　址　www.caphbook.com
经　销　新华书店
发行部　（010）68767386　　　（010）68371900
　　　　　（010）68767382　　　（010）88100613（传真）
零售店　读者服务部　　　　　（010）68371105
承　印　天津画中画印刷有限公司

版　次　2023 年 9 月第 1 版
　　　　　2023 年 9 月第 1 次印刷
规　格　787×1092
开　本　1/16
印　张　18　彩　插　4 面
字　数　438 千字
书　号　ISBN 978 - 7 - 5159 - 2261 - 4
定　价　128.00 元

本书如有印装质量问题，可与发行部联系调换

撰写人员名单

主　撰　马文坡

撰　写（按姓氏笔画排序）

　　　　王　盟　庄绪霞　李　欢　侯立周　姜　伟

前　言

自空间光学遥感器问世以来，其发展非常迅速，并已在军民各个领域得到广泛应用。空间光学遥感器涉及辐射度学、光学、机械、热控、探测器、精密控制及模拟、数字信号处理等多种学科和技术。作者结合多年从事空间光学遥感器设计和研制的经验，将空间光学遥感器的相关概念、基础理论、专业知识及工作原理和系统设计方法等进行总结、提炼和整理，形成了此书，旨在为相关研究人员提供参考。在本书写作过程中，注重由浅入深，并力求理论与实践相结合。

全书共分为 7 章。第 1 章简要介绍了遥感的概念与分类、空间光学遥感发展简史、遥感系统、遥感数据处理与信息提取及典型遥感应用等；第 2 章介绍了空间光学遥感器系统设计用到的一些基础理论和专业知识，包括辐射度学与光度学、辐射源、大气、目标及其背景、线性系统理论与傅里叶变换、图像采样与重构以及光学系统和探测器的基础知识等；第 3 章介绍了空间光学遥感器的工作原理，主要包括功能与组成、典型分类、图像获取原理、光谱获取原理，并对国内外几种有代表性的空间光学遥感器的工作原理和主要特性进行了简要描述；第 4 章介绍了空间光学遥感器的主要性能指标及图像质量评价和预估，包括空间性能、辐射性能、光谱性能、几何性能及常用的图像质量评价和预估方法等；第 5 章介绍了对地成像型空间光学遥感器系统设计，主要内容包括设计输入及分析、总体方案设计、部组件设计、可靠性设计等；第 6 章介绍了高光谱空间光学遥感器系统设计，主要包括高光谱空间光学遥感器分类及光栅型高光谱遥感器和时间调制型傅里叶变换高光谱遥感器的系统设计等；第 7 章介绍了天基空间目标监视光学遥感器系统设计，主要包括天基空间目标光学监视原理及特点、任务分析与总体方案论证及设计等。

本书由马文坡、姜伟、侯立周、李欢、庄绪霞和王盟共同撰写。其中，马文坡负责全书总体架构设计、第 1～4 章的撰写及全书的审校，姜伟负责第 5 章的撰写，侯立周和李欢负责第 6 章的撰写，庄绪霞负责第 7 章的撰写，王盟作为本书撰写组的秘书负责文字编辑及组织协调工作。

本书的撰写和出版是在北京空间机电研究所的支持和帮助下完成的。北京空间机电研究所的徐彭梅研究员、陈晓丽研究员、杨居奎研究员、黄巧林研究员等专家在本书撰写过程中给予了很多指导，在此表示衷心感谢。胡斌等同志在本书撰写过程中提供了一些图片，在此表示由衷感谢。

由于作者的技术水平和知识面有限，加之空间光学遥感器技术在飞速发展，书中难免存在不足之处，欢迎读者批评指正。

作　者

目　录

第1章 绪 论

1.1 遥感及相关概念

广义上讲，遥感是指在非直接接触的情况下获取所研究目标或现象的一些特性信息的技术。因此，人们利用视觉系统获取信息就属于遥感。

严格意义上讲，遥感是利用位于地面载体（如车辆、舰船）、航空器（如飞机、气球、飞艇）或航天器（如卫星、飞船、航天飞机）上的观测仪器，在非直接接触的情况下获取地球表面（陆地和海洋）、大气及宇宙中其他天体的信息的一门科学和技术。用于遥感的观测仪器常被称为"遥感器"或"传感器"，用于承载遥感器的工具或载体被称为"遥感平台"。

要在非直接接触的情况下获取目标信息，就需要某种载体在目标与遥感器之间传递信息。在遥感中，目标反射、散射或辐射的电磁辐射（电磁波）为通常的遥感信息载体。电磁辐射是能量的一种形式，它与目标相互作用后，就携带了目标信息。通过遥感器获取来自目标的电磁辐射，并经过一系列处理，可产生能够观察到的效应。除了电磁辐射外，还有其他信息载体，如重力场和声波等。

在多数情况下，遥感指的是利用航空和航天平台上的遥感器获取所关心的目标反射、散射或辐射的电磁辐射能量，通过处理和分析获得所关心目标的信息。其基本工作流程是：位于航空和航天平台上的遥感器获取目标及其背景的遥感数据或图像，获取的遥感数据或图像通过无线传输或回收记录遥感图像的介质到达地面，经过一系列处理和解译得到所需要的信息，提供给用户使用。遥感器之所以能够观测目标或者将目标与背景区分开来，是由于目标的不同部位及目标与其背景在反射、散射或辐射电磁能量方面存在差异[1-3]。

1.2 遥感的分类

遥感的分类方法很多，如可以按照遥感机理、观测频率或波长范围、仪器类型和应用领域等进行分类[1-2,4]。

1.2.1 主动式与被动式遥感

根据遥感机理不同，遥感可以分为主动式遥感和被动式遥感。在主动式遥感中，遥感器要向感兴趣的目标发射电磁辐射，并接收从目标返回的电磁辐射。激光雷达（Lidar）

系统和雷达系统是典型的主动遥感系统。在激光雷达系统中，其向目标发射激光；在雷达系统中，其向目标发射微波辐射。对于被动式遥感，遥感器不向目标发射电磁辐射，而是探测目标反射的外部电磁辐射（如太阳辐射）或目标自身发射的电磁辐射。

雷达即无线电探测和测距仪器，它向目标发射微波脉冲辐射，并接收目标后向散射的微波辐射。根据微波辐射从雷达传输到目标再从目标返回雷达所需的时间，可以确定目标到雷达的距离。当雷达经过目标时，通过测量目标各部分到雷达的距离及散射的微波辐射的强度，可以获取目标图像。由于微波辐射能够穿透云和多数雨，因此雷达不仅可以全天时工作，还可以全天候工作。雷达除了用于测高（雷达高度计）、测距（雷达测距仪）和成像外，还可用于测量海面风速和风向。常用的成像雷达为合成孔径雷达（Synthetic Aperture Radar，SAR）。

激光雷达为光探测和测距仪器，它向目标发射激光脉冲，测量目标后向散射或反射的激光。通过发出激光与接收到后向散射激光的时间间隔，可以确定目标到激光雷达的距离。激光雷达除了用于测高（激光高度计）和测距（激光测距仪）外，还有很多其他应用，如测风及测量大气中气溶胶（悬浮于大气中的液态和固态微粒）、云等的成分分布。

被动式遥感的工作波段范围涵盖了紫外、可见光、红外和微波区域，其中多数被动式遥感器利用目标反射的太阳辐射（主要包括紫外、可见光、近红外和短波红外辐射）及目标自身发射的红外和微波辐射获取目标信息，有些被动式遥感器利用月光、星光及地面灯光等获取目标信息。

1.2.2　光学与微波遥感

按照波长由短到长，电磁辐射可以分为 7 个波段范围，分别是 γ 射线、X 射线、紫外、可见、红外、微波和无线电波。但是，有些相邻波段之间的界线并不很明确，不同文献的表述存在差异。上述一些波段又可细分为若干个较窄的波段，如将红外波段分为近红外、短波红外、中波红外、长波红外和远红外。此外，对于某些电磁辐射波段，还有一些其他叫法，如毫米波和太赫兹波等。

太赫兹（THz）波是介于红外与毫米波之间的电磁辐射，其频率范围为 0.1～10 THz，波长为 30～3 000 μm，其也称 T-射线、亚毫米波或远红外波。太赫兹波最早用于天文观测，原因是到达地球的由天体辐射的电磁波大部分位于太赫兹波段。太赫兹波的辐射能量低，但穿透能力强。

根据观测频率或波长范围不同，遥感可以分为多种类型，如紫外遥感、可见光遥感、红外遥感和微波遥感。通常将紫外遥感、可见光遥感和红外遥感统称为光学遥感，这样即可将遥感分为光学遥感和微波遥感两大类。在光学遥感中，目前主要的观测波长范围包括 0.3～0.4 μm（近紫外）、0.4～0.7 μm（可见光）和 0.7～14 μm（红外）。

1.2.3　成像与非成像遥感

在遥感中使用的仪器类型可分为成像型遥感器和非成像型遥感器，这样遥感可分为成像遥感和非成像遥感，目前多数遥感为成像遥感。成像型遥感器主要包括成像仪（Imager）、成像光谱仪和 SAR 等。非成像型遥感器主要包括辐射计（Radiometer）、光谱仪（Spectrometer）、高度计及一些探测大气温度、湿度和成分分布的探测仪等。

对于光学成像遥感，可以分为单谱段成像、光谱（包括多光谱、高光谱、超高光谱）成像、偏振成像和多角度成像等；对于微波成像遥感，可以分为单频段成像、多频段成像和极化成像等。

在光学成像遥感领域，早期多采用以胶片作为敏感介质的遥感成像系统，被称为摄影测量系统；目前多采用以光电探测器作为接收器的遥感成像系统，被称为采样成像系统。前者以连续方式成像，后者以采样（离散）方式成像。采样成像系统有时被称为光电成像系统。

1.3　空间光学遥感发展简史

遥感始于照相（摄影）技术的发明，随后又发展了主动和被动光电遥感技术。照相技术发明后，人们首先在地面上进行近距离照相，随后利用气球、风筝、火箭和飞机携带相机从空中照相。1946 年，美国从白沙试验场发射的 V－2 火箭携带相机在空间摄取了地球的照片。图 1－1 为 1900—1950 年监视与侦察重大事件。早在 1912 年，小型相机就被绑缚在火箭上拍摄地面照片。成像装置在第一次世界大战期间由美国人开始使用，当时美国陆军在飞机上运用垂直、倾斜和立体摄影术进行航空摄影，以执行侦察任务。第二次世界大战期间，航空摄影被广泛用于执行侦察和监视任务[5-6]。

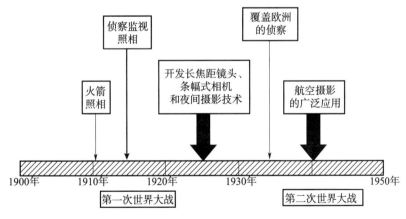

图 1－1　1900—1950 年监视与侦察重大事件

随着 1957 年 10 月 4 日苏联发射世界上第一颗人造地球卫星，人类进入了太空时代。20 世纪 60 年代初期，携带胶片相机和电视摄像系统的卫星和飞船被送入太空，用于收集民用和军事信息，标志着空间光学遥感时代的开始。

1960 年，美国发射了电视和红外观测卫星（泰罗斯 1 号，TIROS－1），用于气象观测，标志着气象观测和预报进入了一个新时代。TIROS－1 卫星上的光学遥感器为电视相机。随着技术的发展，美国先后发射了多个系列极轨气象卫星：TIROS、ESSA 和 NOAA 系列，建立了极轨业务环境卫星（Polar Orbit Environment Satellite，POES）系统。POES 装载的主要遥感仪器有 TIROS 业务垂直探测器（TIROS Operational Vertical Sounder，TOVS）、改进的甚高分辨率辐射计（Advanced Very High Resolution Radiometer，AVHRR）、空间环境监测器、太阳后向散射紫外辐射计（SBUV）和地球辐射收支仪（ERBE）等[7]。

1966 年，美国发射了第一颗地球静止轨道气象卫星 ATS-1，以后又陆续发射了 SMS 系列和 GOES 系列静止轨道气象卫星，并且卫星姿态稳定方式从自旋稳定发展为三轴稳定，建立了由两颗卫星组成的静止轨道业务环境卫星（Geostationary Operational Environment Satellite，GOES）系统。GOES 装载的主要遥感仪器为可见红外扫描辐射计（VISSR）等。在三轴稳定静止轨道气象卫星 GOES-I/M 上安装了 5 通道成像仪和大气垂直探测仪。

1972 年，美国发射了第一颗地球资源技术卫星（Earth Resources Technology Satellite，ERTS），即 ERTS-1，该卫星后来更名为陆地卫星（Landsat）1 号，即 Landsat-1 卫星。Landsat-1 卫星装载的光学遥感器为反束光导摄像管（Return Beam Vidicon，RBV）和多光谱扫描仪（Multi-Spectral Scanner，MSS），空间分辨率约为 80 m，具有多光谱成像能力，使得人们可对陆地目标开展制图应用和多光谱分析[8]。到目前为止，美国已经发射了 9 颗 Landsat 卫星，且卫星及其装载的光学遥感器性能不断提升。目前，Landsat 系列卫星已经稳定提供光学遥感数据超过 50 年。

1978 年，美国发射了 Nimbus-7 卫星，该卫星装载的遥感器之一为海岸带水色扫描仪（Coastal Zone Color Scanner，CZCS）。CZCS 是一台扫描型多光谱辐射计，主要用于海色测量，扫描成像幅宽为 1 566 km。CZCS 有 6 个探测谱段，其中 5 个谱段位于可见光近红外光谱区，用于海色测量；1 个谱段为长波红外谱段，用于水温测量。CZCS 开启了卫星海洋光学遥感的新时代[9]。

1986 年，法国发射了 SPOT-1 卫星，卫星上装载了 2 台高分辨率可见光相机（Haute Resolution Visible，HRV），具有全色和多光谱成像能力。其全色谱段的空间分辨率为 10 m，多光谱谱段的空间分辨率为 20 m。到目前为止，法国已经发射了 7 颗 SPOT 卫星，且卫星及其装载的光学遥感器性能不断提升。SPOT 卫星的特点是采用基于线阵探测器的推扫成像技术获取目标图像，且 SPOT-1～SPOT-5 卫星相机的视轴具有穿越卫星飞行轨迹方向 ±27° 范围的指向能力，从而可以大幅缩短其重访周期。SPOT-6 和 SPOT-7 卫星具有敏捷成像能力，可通过卫星姿态机动实现灵活指向成像[10-11]。

1990 年 4 月，由美国国家航空航天局（National Aeronautics and Space Administration，NASA）和欧洲空间局（European Space Agency，ESA）共同研制的哈勃空间望远镜由"发现号"航天飞机送入轨道。相比地基望远镜，哈勃空间望远镜观测不受地球大气和背景光干扰，可观测到地基望远镜观测不到的部分紫外和红外光谱辐射。哈勃空间望远镜口径达到 2.4 m，观测谱段覆盖了紫外到短波红外谱段，具有灵敏度和角分辨率高等特点，对微弱目标和目标细节的探测能力强。哈勃空间望远镜在设计之初就考虑了利用航天飞机进行在轨维修和维护，这是史上第一个具有这种能力的空间望远镜。1993—2009 年，先后 5 次发射航天飞机携带宇航员执行哈勃空间望远镜维修、维护和产品升级任务，其寿命不断延长，观测能力不断提升。哈勃空间望远镜自发射以来取得了很多重大科学发现，其观测结果改变了人们对宇宙的认识，回答了现代天文物理的很多关键问题[12-13]。

1999 年，美国 IKONOS 卫星成功发射，该卫星是世界上第一颗商用高分辨率光学遥感卫星，卫星上装载的光学遥感器口径为 0.7 m，能够获取 0.82 m 空间分辨率的全色图像和 3.28 m 空间分辨率的 4 谱段可见近红外多光谱图像，使得商用空间光学遥感相机的空间分辨率进入"亚米"时代。此外，该卫星具有较强的敏捷成像能力，每 3 天可以获得同一地理位置 1 m 空间分辨率的图像。自 IKONOS 卫星成功发射以来，高分辨率光学遥感卫星技术得到快速发展[11]。

2001 年，QuickBird 卫星发射，卫星上装载的光学遥感器口径为 0.6 m，能够获取 0.61 m 空间分辨率的全色图像和 2.44 m 空间分辨率的 4 谱段可见近红外多光谱图像[11]。

2007 年，WorldView - 1 卫星发射，卫星上装载的光学遥感器口径为 0.6 m，能够获取 0.5 m 空间分辨率的全色图像[11]。

2008 年，GeoEye - 1 卫星发射，卫星上装载的光学遥感器口径为 1.1 m，能够获取 0.41 m 空间分辨率的全色图像和 1.65 m 空间分辨率的 4 谱段可见近红外多光谱图像[11]。

2009 年，WorldView - 2 卫星发射，卫星上装载的光学遥感器口径为 1.1 m，能够获取 0.46 m 空间分辨率的全色图像和 1.84 m 空间分辨率的 8 谱段可见近红外多光谱图像[11,14-15]。

2014 年，WorldView - 3 卫星发射，卫星上装载的光学遥感器口径为 1.1 m，能够获取 0.31 m 空间分辨率的全色图像、1.24 m 空间分辨率的 8 谱段可见近红外多光谱图像及 3.72 m 空间分辨率的 8 谱段短波红外多光谱图像[11]。

2015 年，韩国 KOMPSAT - 3A 卫星发射，卫星上装载的光学遥感器口径为 0.8 m，能够获取 0.55 m 空间分辨率的全色图像、2.2 m 空间分辨率的 4 谱段可见近红外多光谱图像及 5.5 m 空间分辨率的中波红外图像[16]。

2015 年，中国"高分四号"卫星发射，是世界上首颗地球静止轨道（Geostationary Earth Orbit，GEO）民用高分辨率光学遥感卫星，其采用凝视成像方式获取目标信息，卫星上装载的光学遥感器口径为 0.7 m，能够获取 50 m 空间分辨率的可见近红外全色和多光谱图像及 400 m 空间分辨率的中波红外图像[17]。

2021 年 12 月，由 NASA、ESA 和加拿大航天局（Canadian Space Agency，CSA）合作研制的詹姆斯·韦伯空间望远镜（James Webb Space Telescope，JWST）发射升空。JWST 是已开展的最大和最复杂的科学项目之一，其设计用来回答关于宇宙中行星、恒星和星系起源的前沿问题。JWST 采用了很多创新技术，以便能够探测比哈勃空间望远镜和斯皮策（Spitzer）空间望远镜可探测到的更远的宇宙。JWST 按照可展开来设计，即发射时折叠，入轨后展开，这样使得其可利用整流罩直径约 5 m 的阿里安 5 运载火箭发射。JWST 光学系统的通光口径为 6.5 m，有效焦距为 131 m，并配备了集成波前传感器，可在轨进行调整。主反射镜由 18 块六边形反射镜拼接而成，反射镜材料为金属铍，并采取了轻量化设计措施。每块六边形反射镜的尺寸为 1.32 m（两平行边之间），质量约 20 kg。每块六边形反射镜背部装有调节机构，可对其面形和朝向进行调整。JWST 还配备了稳像系统，采用两轴连续可调的稳像镜来抑制颤振的影响，从而实现衍射限分辨率。JWST 主要工作在红外谱段，其工作波长范围为 0.6～28.8 μm。为了能够对宇宙中非常微弱的目标进行探测，必须对望远镜进行制冷以抑制其自身辐射的影响。为此，将其发射到距离地球约 150 万 km 的第二拉格朗日点处热环境稳定的太阳轨道，并利用由 5 层 25～50 μm 厚聚酰亚胺（Kapton）薄膜材料制成的尺寸 21 m×14 m 的遮阳板将望远镜被动制冷到约 40 K[18]。

1.4 遥感系统、成像系统和成像链

遥感的目的在于获取用户所需要的信息。要达到这一目的，通常要经历遥感数据获取、处理和分析（解译）这一过程。有些信息可以比较容易地从遥感数据中提取出来，而有些信息则先要对遥感数据进行比较复杂的处理和分析计算才能得到。就卫星对地观测遥感而言，它涉及的主要环节包括照明源（能量源）、大气、目标、卫星平台、遥感器、数据传输、数据处理、数据分析（解译）及数据显示和用户（观察者）等。

当提到遥感时，一些人首先想到的是遥感平台和遥感器。的确，遥感平台和遥感器起的作用很大，但其不是唯一决定因素，用户最终得到的遥感信息还与其他因素（如大气、数据处理和数据分析等）有关。因此，从系统分析和优化设计角度出发，常把对用户最终得到的遥感信息有影响的各个环节作为一个整体来研究，称其为遥感系统。在光学遥感领域，有时把用于获取目标图像的遥感系统称为成像系统。此外，在空间光学成像遥感领域，还有一个术语即成像链或成像链路用得比较多，它包括成像过程的各个环节。

文献 [5] 把成像链描述为对能够从图像中提取的信息有影响的一系列作用和现象，如图 1-2 所示。成像链由景物（目标和目标环境）开始，直到提取信息的认知阶段。成像链始于景物中感兴趣的物体，即目标。目标的特性（大小、形状、光谱特征等）都会对从图像中提取信息产生影响。目标环境的特征影响目标的对比度或目标与背景的可分离性。例如，由树木覆盖或者经过伪装的目标比起开阔区域里的目标更加难以发现和确认，均匀背景（如道路）比杂乱背景（如低矮植被）更有利于目标探测。

在成像链中，一些因素与成像过程有关而与遥感器无关，这些因素包括大气的影响、成像几何的影响及"与能量有关"的因素。大气的影响主要包括大气湍流和气溶胶散射引起的图像模糊、由传输损失造成的能量衰减及与大气有关的畸变。成像几何的影响包括距离和角度。对于给定的成像系统，增加目标到成像仪的距离会明显降低信息提取能力。目标相对于成像面的角度决定了目标中哪些部分被观测到（或被成像），并会影响目标像的

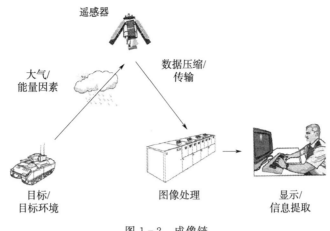

图 1-2 成像链

尺寸。例如，飞机的俯视图一般比侧视图大，俯视图也更能反映特征。"与能量有关"的因素用来描述除大气以外的那些能够影响目标与背景能量关系进而影响对比度的因素。例如，太阳照射角度对可见光成像的影响；对于红外系统，气象演变和风的作用等因素会影响图像的热对比度。

1.5 遥感数据处理与信息提取

就卫星遥感而言，遥感数据处理通常包括星上数据处理和地面数据处理。典型的星上数据处理为数据压缩，其目的是降低对传输速率和存储容量的需求，提高数据传输效率。典型的地面数据处理包括辐射校正、几何校正、图像复原、图像增强和数据融合等，其目的一方面是校正目标、大气、卫星平台、遥感器和观测几何等带来的影响，另一方面是增强和识别所需要的信息。随着遥感技术的不断发展，一些在地面上做的数据处理（如探测器各探测元响应非均匀性校正）工作可放在星上做，以提高遥感数据的质量和应用的时效性。

遥感过程包括正演过程（遥感数据的获取和处理过程）和反演过程（应用遥感信息模型分析遥感数据，从而获得信息的过程），反演过程即信息提取过程。在一些文献中，常用"解译"一词来表示反演或信息提取。遥感数据解译技术主要包括目视解译技术和数据分析技术（如计算机辅助分析技术）。遥感数据解译效果与遥感数据获取和处理能力、解译方法、解译者的能力及被解译对象的性质等密切相关，有些目标或特性很容易发现或识别，而有些则比较难。就目视解译来讲，解译者的能力与受训练水平、经验、对被解译对象的了解、相关知识储备及观察力、想象力和耐力等因素有关。对于图像目视解译，其主要解译要素包括[6]：

1）形状，即目标的形态、构造和轮廓等。

2）大小，即目标尺寸及相对于其他目标的大小。

3）色调，即灰度和颜色差异。色调可用于区分不同的物体。

4）纹理，即色调变化频率或粗糙程度。一些物体如树林会表现出典型的纹理特征。

5）阴影，它一方面展现了物体的尺寸和形状，另一方面使位于阴影中的特征难以辨认。阴影还可用于测量物体高度。

6）位置，即地形或地理位置。一些目标与其所处地形或地理位置密切相关。

7）相互关系，即与其他物体的特有关系。一些目标或现象在空间上存在关系。例如，核电厂一般靠近冷却水源，核电厂工作时排出水的温度较高。

8）其他，如图像比例尺、图像色彩平衡和时间序列信息等。

1.6　典型遥感应用

遥感应用几乎涵盖了与我们日常生活相关的所有领域，特别是在合理开发和利用自然资源及监测和保护环境等方面具有不可替代的作用。典型的遥感应用领域包括土地利用、农业、林业、地质、测绘、全球变化探测、环境监测、非再生资源勘探、气象、减灾和军事等。不同应用对遥感信息的要求不同，主要体现在对遥感系统的空间、辐射、光谱和时间分辨率等的要求不同。一些应用如灾害监测要求频繁获取目标信息，而有些应用如农作物长势监测仅要求季节性观测。对于特定应用，有时需要用多个或多种遥感器来满足要求。对于很多应用，为了提高信息提取精度，需要将不同的遥感手段结合起来使用。下面对遥感的一些典型应用进行概括性介绍[2,19-23]。

（1）农业

每个人的生活都离不开农业。在很多国家，农业起着非常重要的作用。遥感在农业方面的典型应用包括农业管理、农作物分类、农作物长势和产量评估、土壤特性制图、土壤状况调查、农作物灾害（如病虫害、洪涝、干旱、霜冻、冰雹、飓风）监测与评估、精细农业（Precision Agriculture 或 Precision Farming）、智慧农业（Smart Agriculture）等。

（2）林业

森林不仅是重要的资源，而且对于维持地球 CO_2 的平衡起着关键性作用。遥感在林业方面的一些典型应用包括森林覆盖类型调查、森林管理（森林维护与改善）、森林采伐与再生评估、生物量估计、森林健康状况（疾病和虫害等）调查、林火监测与损失评估。

（3）气象

遥感在气象方面的一些典型应用包括绘制云图及冰雪覆盖图、测量云顶温度分布、研究温度垂直分布、测量海洋和陆地表面温度、测量水汽分布、根据云的运动获得高空和低空风信息、能量和水平衡监测、灾害天气（台风、旋风、寒潮等）观测及短期和中、长期气象预报。

（4）城镇化建设

城镇化建设会对自然地理环境、人文地理环境和生态系统带来影响。为了使城镇化建设能够按照绿色、低碳、健康、智慧等新理念快速有序推进，迫切需要采用遥感技术来监测、管理和分析城市化过程及其对生态环境的影响。

（5）地质与考古

遥感在地质方面的一些典型应用包括矿物探测、岩石类型识别、原始结构调查、地形绘图、地表沉积物和岩床绘图、沉降绘图与监测、地质灾害绘图、主要地质单元绘图、地质地图修订、火山表面沉积物绘图、环境地质学、植物地质学、地表（可见的废墟、土石堆和岩石柱等）和地下（埋没的废墟、沟渠、运河和道路等）特征测量。

（6）水文

水是重要的资源之一，在灌溉、发电、饮用、生产或娱乐等方面都离不开水。遥感在水文方面的一些典型应用包括水资源调查（质量、数量和地理分布等）、水污染及湖泊富营养监测、洪涝灾害监测与评估、地下水研究、水文流域评估、水边界及表层水域和水量测量、湿地绘图与监测、雪堆积监测、雪厚度测量、雪水调查、雪覆盖制图、河湖冰监测、冰河动态监测、河流和三角洲变化探测、流域绘图和分水岭建模、灌溉渠道渗漏探测、河岸边植被制图、海岸线侵蚀研究、鱼类生活环境调查、河漫滩和潮汐带变化研究、休养用湖泊和河流调查。

（7）土地覆盖与使用

为了对土地资源进行合理规划和管理，需要了解和掌握土地覆盖与使用情况。土地覆盖是指地表覆盖物的特征类型，如植被、城市基础设施、沙漠和水等；土地使用是指土地的用途，如娱乐、野生动物栖息地和农业等。同一块土地可以分别从土地覆盖和土地使用两个方面描述。遥感在土地覆盖与使用方面的一些典型应用包括土地覆盖与使用分类（如从宏观上可将土地覆盖与使用分为城市用地、基础设施用地、农业用地、牧场地、森林地、水体、湿地、贫瘠地、冻土地带、常年降雪或冰冻地带等）、城市及区域发展规划、自然资源利用和经济发展规划、水域管理、牧场管理、产品统计、野生动植物及其栖息地保护与管理、生态多样性和环境变化评价。

（8）制图

遥感数据产品通常以图的形式来表征。例如，自然特征、人造基础设施（如交通、通信、电力、学校和医疗等）、行政区域边界和军事目标等都以图的形式来表示。遥感在制图方面的应用很广，从大的方面来看，一些典型应用包括二维制图和三维制图。二维制图是指在平面坐标系中表征自然和人造特征的信息；三维制图是指在三维坐标系中表征目标的信息，包括高程信息。

（9）海洋

海洋不仅提供食物和资源，还用于交通运输，并在气象系统和地球水平衡等方面起到了至关重要的作用。了解海洋动力学对于渔业、航运及预报和监测风暴具有重要意义。海洋遥感以海洋及海岸带作为主要观测和研究对象。遥感在海洋方面的一些典型应用包括海洋模式识别（如洋流、区域循环模式、漩涡和上升流区域）、风和海浪预报、潮汐和暴风雨监测、海水监测（温度、水色、水质、海洋生产力、水产业、浮游植物浓度与漂移及叶绿素、泥沙和热污染等）、漏油绘图（含自然渗油区勘探及漏油程度和漂移预测等）、海运航线和海运量研究、渔业监测、近海测量与绘图、水深和水下地形测量、岛屿调查、海水覆盖观测、水陆分界绘图、海岸线特征绘图、海岸带植被绘图及人类活动与影响监测。

（10）环境与灾害监测

遥感在环境方面的一些典型应用包括环境评价、表面开采和再生监测、水污染绘图与监测、空气污染监测与评估、自然灾害监测与评估、人类活动对环境的影响监测，特别是围绕全球变暖问题的碳排放监测。

（11）天文

遥感在天文方面的一些典型应用包括行星和恒星观测及空间物理现象观测等。

（12）军事

遥感在军事方面的一些典型应用包括军事目标侦察、军事目标监视、导弹预警和核爆探测等。

参 考 文 献

［1］ SLATER P N. Remote sensing：Optics and optical systems ［M］. Addison – Wesley Publishing Company，Inc. Massachusetts. 1980.

［2］ REEVES R G. 遥感手册：第一分册 ［M］. 汤定元，陈宁锵，等译 . 北京：国防工业出版社，1979.

［3］ 李德熊 . 遥感技术 ［M］. 北京：北京工业学院出版社，1987.

［4］ 许景周，张希成 . 太赫兹科学技术与应用 ［M］. 北京：北京大学出版社，2007.

［5］ LEACHTENAUER J C，DRIGGERS R G. Surveillance and reconnaissance imaging systems：Modeling and performance prediction ［M］. Artech House Inc. Norwood，MA. 2001.

［6］ LILLESAND T M，KIEFER R M. 遥感与图像解译 ［M］.4 版 . 彭望琭，余先川，周涛，等译 . 北京：电子工业出版社，2003.

［7］ 徐博明，李卿，陈桂林，孙允珠. 气象卫星有效载荷技术 ［M］. 北京：中国宇航出版社，2005.

［8］ MIKA A M. Three decades of landsat instruments ［J］. Photogrammetric Engineering & Remote Sensing，1997，63（7）：839 – 852.

［9］ WILLIAMS S P，et al. Nimbus 7 Coastal Zone Color Scanner （CZCS）：Level 2 data product users' guide. NASA Technical Memorandum 86202. 1985.

［10］ EEIC M. SPOT 6 AND SPOT 7：OFFERING SPOT DATA CONTINUITY. IAC – 13，B1.4.10.

［11］ 乔治·约瑟夫 . 对地观测遥感相机研制 ［M］. 王小勇，何红艳，等译 . 北京：国防工业出版社，2018.

［12］ F. Duccio Macchetto. The Hubble Space Telescope. IEEE. 1999：966 – 970.

［13］ M. A. Xapsos，C. Stauffer，T. Jordan，et al. How Long Can the Hubble Space Telescope Operate Reliably? Institute of Electrical and Electronics Engineers （IEEE） Nuclear and Space Radiation Effects Conference （NSREC）. 2014.

［14］ ANDERSON N T，MARCHISIO G B. WorldView – 2 and the evolution of the Digital Globe remote sensing satellite constellation. Proc. of SPIE. 2012（8390）：83900L – 1 – 83900L – 15.

［15］ AGUILAR M A，María del Mar Saldaña，and Fernando José Aguilar. Generation and quality assessment of stereo – extracted DSM from geoEye – 1 and worldView – 2 Imagery ［J］. IEEE Transactions on Geoscience and Remote Sensing，2014，52（2）：1259 – 1271.

［16］ DongHan Lee，DooChun Seo，JaeHeon Jeong，HaeJin Choi. KOMPSAT – 3A Cal/Val Summary. Korea Aerospace Research Institute，CVT. JACIE 2016 （2016.04.12）.

［17］ 马文坡，练敏隆 . "高分四号" 卫星凝视相机的技术特点 ［J］. 航天返回与遥感，2016，37（4）：26 – 31.

［18］ KALIRAI J. Scientific discovery with the James Webb Space Telescope ［J］. Contemporary Physics，2018，59（3）：251 – 290.

［19］ Remote Sensing Engineer Manual ［M］. US Army Corps of Engineers. 2003.

［20］　Fundamentals of Remote Sensing ［M］. Canada Centre for Remote Sensing.

［21］　陈仲新，郝鹏宇，刘佳，等. 农业遥感卫星发展现状及我国监测需求分析 ［J］. 智慧农业，2019，
　　　　1（1）：32 - 42.

［22］　杜培军. 城市遥感的研究动态与发展趋势：城市遥感专栏导读 ［J］. 地理与地理信息科学. 2018，
　　　　34（3）：1 - 4.

［23］　王莉雯，卫亚星. 碳排放气体浓度遥感监测研究 ［J］. 光谱学与光谱分析，2012，32（6）：
　　　　1639 - 1643.

第 2 章　空间光学遥感器设计基础

2.1　辐射度学与光度学

如第 1 章所述，在遥感中，目标反射、散射或辐射的电磁波为通常的遥感信息载体。遥感器接收到的电磁辐射能量一般来自电磁波谱中的某一或某些波长范围。为了定量描述遥感过程中电磁辐射能量传递，要用到一些辐射度学概念。此外，在某些情况下，还可能用到一些光度学概念。本节首先对电磁辐射及相关概念进行简要介绍，然后介绍辐射度学和光度学中常用的一些度量的定义，在此基础上介绍辐射度学中的一些基本定律[1-2]。

2.1.1　电磁辐射

电磁辐射或电磁波包含两个振荡场，一个是电场（E_f），另一个是磁场（H_f）。它们相互垂直，而且垂直于电磁波的传播方向，如图 2-1 所示。电磁波在真空中的传播速度等于光速。

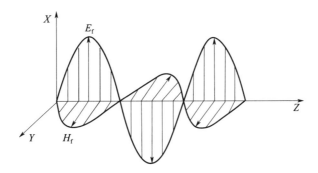

图 2-1　沿 Z 方向传播的电磁波的电场和磁场

真空中或空气中的光速接近于 3×10^8 m/s。当电磁辐射由真空或空气进入稠密的介质中时，其传播速度下降，由约 3×10^8 m/s 下降到比较低的某一数值，传播速度的具体数值取决于介质的特性。

波长和频率为电磁辐射的两个重要特性参数。波长为一个波周期的长度，即波在一个振荡周期内传播的距离，可通过测量两个连续波峰或波谷的距离来得到，如图 2-2 所示。波长通常用希腊字母 λ 表示，波长的常用单位为 nm、μm、cm 和 m 等。频率指的是单位时间内电磁波通过固定点的周期数目，频率的常用单位为 Hz、kHz 和 MHz 等。

波长和频率与光速的关系为

$$c = \lambda \nu \tag{2-1}$$

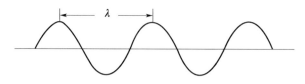

图 2 - 2　波长的定义

式中，c 为光速，$c = 2.998 \times 10^8 \mathrm{m/s}$；$\lambda$ 为波长（m）；ν 为频率（Hz）。

由式（2 - 1）可以看出，波长和频率成反比，即波长越短，频率越高。

电磁辐射展现出双重特性，既展现出波的特性，又展现出粒子特性。根据普朗克的电磁辐射量子理论，量子的能量与电磁辐射的频率成正比，即

$$Q = h\nu \qquad\qquad (2 - 2)$$

式中，Q 为量子的能量；h 为普朗克常数，$h = 6.626 \times 10^{-34} \mathrm{J \cdot s}$；$\nu$ 为电磁辐射的频率（Hz）。

将式（2 - 1）代入式（2 - 2）中得到：

$$Q = hc/\lambda \qquad\qquad (2 - 3)$$

这样，量子的能量正比于电磁辐射的频率，而反比于电磁辐射的波长。

光学遥感中用得比较多的电磁波谱区域主要包括紫外、可见光和红外（Infrared Radiation，IR），其中紫外光的波长最短。紫外光的波长范围约为 $0.01 \sim 0.4 \ \mu\mathrm{m}$。当地球表面上的一些材料如岩石和矿物被紫外辐射照射时，它们会发出荧光。

可见光谱区覆盖的波长范围约为 $0.4 \sim 0.7 \ \mu\mathrm{m}$，波长最长和最短的可见光分别为红光和紫光。需要说明的是，这一区域是电磁波谱中唯一存在颜色概念的区域。表 2 - 1 给出了可见光谱区中的各颜色及其波长范围。在可见光谱中，蓝、绿和红为主色，它们被定义为主色是因为它们不能由另外两种颜色来合成，而所有其他颜色可利用蓝、绿和红按照一定比例合成。虽然太阳光看上去只有一种颜色，实际上它包含各种波长的辐射，包括紫外、可见光和红外等。当太阳光穿过棱镜时，由于棱镜对不同波长光的折射不同，因此组成可见光的各波长的颜色可以显现出来。

表 2 - 1　可见光谱区中的各颜色及其波长范围

颜色	波长范围/nm
紫	400～446
蓝	446～500
绿	500～578
黄	578～592
橙	592～620
红	620～700

红外光谱区覆盖的波长范围约为 $0.7 \sim 100 \ \mu\mathrm{m}$。根据它们的特性不同，红外辐射可分成两类，即反射红外和热红外。反射红外光谱区覆盖的波长范围约为 $0.7 \sim 3.0 \ \mu\mathrm{m}$。用于

被动遥感的反射红外辐射与可见光辐射一样，它们主要来自太阳，为反射的太阳辐射。热红外辐射与可见光和反射红外辐射存在本质区别，因为该辐射能量为目标自身辐射出的热能。热红外光谱区覆盖的波长范围约为 $3.0\sim100\ \mu m$。红外光谱区的分类方式比较多，如可将红外光谱区分成 5 个谱段，如表 2-2 所示。

表 2-2　红外光谱区的谱段及波长范围

谱段	波长范围/μm
近红外（NIR）	$0.7\sim1.1$
短波红外（SWIR）	$1.1\sim3.0$
中波红外（MWIR）	$3.0\sim5.0$
长波红外（LWIR）	$8.0\sim14$
远红外（FIR）	$14\sim100$

2.1.2　辐射度量与光度量

为了定量描述电磁辐射能量从目标到遥感器的传输过程，需要用到一些辐射度学概念和定律。在某些情况下，还会用到一些光度学概念。辐射度学是一门研究电磁辐射能测量的科学，其基本概念和定律适用于整个电磁频谱范围。光度学是一门研究使人眼产生总的目视刺激的度量的科学，它除了研究光辐射能的度量外，还研究人眼视觉机理的生理和感觉印象等心理因素。光度学的基本概念适用于可见光谱段，即电磁波谱中能够对人眼产生目视刺激而形成光亮感的谱段。为了避免混淆，国际照明委员会（International Commission on Illumination，CIE）建议分别在辐射度量和光度量符号上加下标 e 和 V。在不易产生混淆的情况下，下标可以省略。

2.1.2.1　立体角

在很多辐射度量和光度量的描述中要用到立体角，因此，在介绍辐射度量和光度量之前，先介绍立体角的概念。立体角是用来描述辐射能向空间发射、传输或被某一表面接收时发散或汇聚的空间角度。球面上的一个区域相对于球心所张的立体角定义为该区域的面积与球的半径的平方之比，立体角的单位为球面度（sr）。对于图 2-3 所示球面，假设 A 为球面上一个区域的面积，r 为球的半径，Ω 为球面上表面积为 A 的区域相对于球心所张的立体角，则 Ω 的表达式如下：

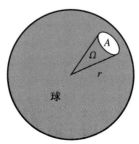

图 2-3　立体角的概念

$$\Omega = \frac{A}{r^2} \qquad\qquad (2-4)$$

对于半径为 r 的球，由于其表面积为 $4\pi r^2$，因此相对球心所张立体角的最大值为 4π。因为曲面面积比较难计算，如果 r 比表面积为 A 的区域的任何方向上的尺度都大很多，则可以近似用该区域的平面面积代替其曲面面积。

2.1.2.2　辐射度量

遥感中用到的辐射度量主要包括辐射能（Radiant Energy）、辐射能通量（Radiant Flux）（或称辐射功率）、辐射强度（Radiant Intensity）、辐射照度（Radiant Irradiance）、辐射出射度（Radiant Exitance）和辐射亮度（Radiance）。它们的定义具体如下。

1）辐射能：以电磁辐射形式发射、传输或接收的能量，简称为辐能，单位是焦耳（J）。

2）辐射能通量：单位时间内发射、传输或接收的辐射能，简称为辐通量，单位是瓦（W）。

3）辐射强度：在给定方向上辐射源在单位立体角内发出的辐通量，简称为辐强度，单位是瓦每球面度（W/sr）。

4）辐射照度：入射到单位面积表面上的辐通量，简称为辐照度，单位是瓦每平方米（W/m²）或瓦每平方厘米（W/cm²）。

5）辐射出射度：单位面积表面发出的辐通量，简称为辐出度，单位是瓦每平方米（W/m²）或瓦每平方厘米（W/cm²）。

6）辐射亮度：表面上被观测区域在给定方向上单位投影面积的辐强度，简称为辐亮度，单位是瓦每球面度每平方米［W/（sr·m²）］或瓦每球面度每平方厘米［W/（sr·cm²）］。

表 2-3 给出了遥感中使用的主要辐射度量的名称、符号、定义和常用单位。

表 2-3　辐射度量的名称、符号、定义和常用单位

辐射度量	符号	定义	常用单位
辐射能	Q	基本量	J
辐射能通量	Φ	$\dfrac{\partial Q}{\partial t}$	W
辐射强度	I	$\dfrac{\partial^2 Q}{\partial t \partial \Omega} = \dfrac{\partial \Phi}{\partial \Omega}$	W/sr
辐射照度	E	$\dfrac{\partial^2 Q}{\partial t \partial A} = \dfrac{\partial \Phi}{\partial A}$	W/m² 或 W/cm²
辐射出射度	M	$\dfrac{\partial^2 Q}{\partial t \partial A} = \dfrac{\partial \Phi}{\partial A}$	W/m² 或 W/cm²
辐射亮度	L	$\dfrac{\partial^2 \Phi}{\partial \Omega(\partial A \cos\theta)} = \dfrac{\partial I}{\partial A \cos\theta}$	W/(sr·m²) 或 W/(sr·cm²)

辐射度量一般是波长的函数，当描述光谱辐射度量时，需要在其名称前加"光谱"二字，并在它们的符号上加下标 λ。例如，光谱辐通量为波长 λ 处单位波长间隔的辐通量，

即 $\Phi_\lambda = \dfrac{\partial \Phi}{\partial \lambda}$ 。

2.1.2.3　光度量

遥感中用到的光度量主要包括光量、光通量、发光强度、光照度、光出射度和光亮度。光度量与辐射度量的定义类似，定义方程一一对应。当容易造成混淆时，则在辐射度量符号上加下标 e，而在光度量符号上加下标 V。光度量为被平均人眼的光谱光视效率（也称视见函数）加权的辐射度量。例如，光通量 Φ_V 与辐通量 Φ_e 的关系为

$$\Phi_V = K_m \int_0^\infty V(\lambda) \Phi_e(\lambda) \mathrm{d}\lambda$$

式中，$V(\lambda)$ 为 CIE 推荐的平均人眼的光谱光视效率，对于明视觉，$V(\lambda)$ 等于波长为 555 nm 的辐通量与某波长能对平均人眼产生相同光视刺激的辐通量的比值；K_m 为比例常数，对于波长为 555 nm 的单色光，K_m 等于 683 lm/W。

1）光量（Luminous Energy）：光的数量，单位为流明·秒（lm·s）或流明·时（lm·h）。

2）光通量（Luminous Flux）：单位时间内发射、传输或接收的光量，单位是流明（lm）。1 流明等于光强为 1 坎德拉（Candela）的点源在单位立体角发出的光通量。

3）发光强度（Luminous Intensity）：在给定方向上辐射源在单位立体角内发出的光通量，单位是坎德拉，记作 cd。发光强度的单位是光度量中最基本的单位，它是国际单位制中 7 个基本单位之一。发光强度的定义是：光源发出频率为 540×10^{12} Hz（在空气中对应的波长为 555 nm）的单色辐射，在给定方向上的辐射强度为 1/683 W/sr 时，该光源在该方向上的发光强度规定为 1 cd。用光而不用铂凝固点温度来规定发光强度，可以摆脱温标和温度测量对光辐射度量及其测量的影响。

4）光照度（Illuminance）：入射到单位面积表面上的光通量，简称为照度，单位是勒克斯（lx）或流明每平方米（lm/m²）。

5）光出射度（Luminous Exitance）：单位面积表面发出的光通量，单位是流明每平方米（lm/m²）。

6）光亮度（Luminance）：表面上被观测区域在给定方向上单位投影面积的发光强度，简称为亮度，单位是坎德拉每平方米（cd/m²）。

表 2-4 给出了遥感中使用的主要光度量的名称、符号、定义和常用单位。如同辐射度量一样，光度量一般也是波长的函数。当描述光谱光度量时，需要在其名称前加"光谱"二字，并在它们的符号上加下标 λ 。

表 2-4　光度量的名称、符号、定义和常用单位

光度量	符号	定义	常用单位
光量	Q	$\int K(\lambda) Q_{e\lambda} \mathrm{d}\lambda$	lm·s 或 lm·h
光通量	Φ	$\dfrac{\partial Q}{\partial t}$	lm

续表

光度量	符号	定义	常用单位
发光强度	I	$\dfrac{\partial^2 Q}{\partial t \partial \Omega} = \dfrac{\partial \Phi}{\partial \Omega}$	cd
光照度	E	$\dfrac{\partial^2 Q}{\partial t \partial A} = \dfrac{\partial \Phi}{\partial A}$	lx 或 lm/m²
光出射度	M	$\dfrac{\partial^2 Q}{\partial t \partial A} = \dfrac{\partial \Phi}{\partial A}$	lm/m²
光亮度	L	$\dfrac{\partial^2 \Phi}{\partial \Omega (\partial A \cos\theta)} = \dfrac{\partial I}{\partial A \cos\theta}$	cd/m²

2.1.3　基本的辐射度学定律

在辐射度学中，一些基本定律用于描述电磁辐射的发射和传输[1-3]，了解这些基本定律对于开展光学遥感技术研究工作很有帮助。

2.1.3.1　反射定律和折射定律

当一束光入射到两种不同透明介质的边界面上时，它被分成两部分。其中，一部分透射（或折射），从第一介质进入第二介质；另一部分从边界面反射回来，如图 2-4 所示。

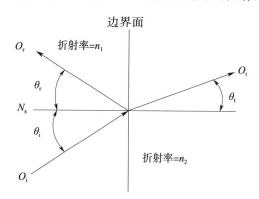

图 2-4　光在介质表面的反射和折射

在图 2-4 中，O_i 为入射光线，O_r 为反射光线，O_t 为透射（折射）光线，N_s 为边界面法线，n_1 为第一介质的折射率，n_2 为第二介质的折射率。θ_i 为入射角，θ_r 为反射角，θ_t 为折射角，这些角分别定义为各光线与边界面法线的夹角。

反射定律表述如下：反射光线位于入射面内，反射角等于入射角，即

$$\theta_r = \theta_i \tag{2-5}$$

折射定律，即斯涅尔（Snell）定律表述如下：折射光线位于入射面内，折射角的正弦与入射角的正弦之比为 n_1/n_2，即为常数。也就是说，入射角、折射角及两透明介质的折射率之间存在如下关系：

$$n_1 \sin\theta_i = n_2 \sin\theta_t \tag{2-6}$$

由折射定律可知，当光从一种介质进入另一种介质时，其速度及传播方向发生变化。

事实上，如果两种介质都是各向同性的，则入射光线、入射点的法线、折射光线和反射光线均位于入射面内。对电磁波谱任何部分来说，反射定律和折射定律都是最基本的定律。

2.1.3.2　辐照度的余弦及平方反比定律

对于辐射强度为 I 的点源及面积为 dA 且法线与辐射传输方向夹角为 θ 的平面，点源在平面 dA 上产生的辐照度可表示为

$$E = \frac{I\cos\theta}{l^2} \tag{2-7}$$

式中，E 为点源在平面 dA 上产生的辐照度；l 为点源到平面的距离。

由式（2-7）可知，dA 上的辐照度与其法线和辐射传输方向夹角的余弦成正比，这就是辐照度的余弦定律；dA 上的辐照度与点源到平面的距离的平方成反比，这就是辐照度的平方反比定律。

严格来说，平方反比定律仅对数学上的点源成立。实际的光源都有一定的大小，但当 l 大于光源最大尺寸的 5 倍时，用平方反比定律计算辐照度误差不超过 1%。

2.1.3.3　朗伯余弦定律

漫射表面向所有方向反射和散射入射平行光。朗伯定义理想漫射表面（常被称为朗伯表面）为与表面法线夹角为 θ 的任意方向上辐亮度 L 为常数的表面。

朗伯余弦定律指出：理想漫射表面在任意方向上的辐强度随该方向与表面法线之间夹角的余弦变化，即

$$I_\theta = I_0\cos\theta \tag{2-8}$$

式中，I_0 为理想漫射表面在法线方向上的辐强度；I_θ 为与表面法线方向夹角为 θ 的方向上的辐强度。

由于漫射表面的投影面积也随 $\cos\theta$ 变化，因此理想漫射表面的辐亮度不随观测角变化。

2.1.3.4　普朗克黑体辐射定律

黑体是一种能够完全吸收入射在它上面的辐射能并且能够在任意给定温度和每一波长下最大限度地辐射辐射能的理想物体。与其他同样温度的物质相比，黑体的辐射最大，因此黑体被称为理想辐射体。

绝对温度为 T 的理想黑体源的光谱辐射出射度可由普朗克黑体辐射定律来表示，即

$$M(\lambda, T) = \frac{2\pi hc^2}{\lambda^5}\left[\exp\left(\frac{hc}{\lambda kT}\right) - 1\right]^{-1} \tag{2-9}$$

式中，$M(\lambda, T)$ 为光谱辐射出射度［W/（m² · μm）］；h 为普朗克常数，$h = 6.626 \times 10^{-34}$ J·s；c 为真空中的光速，$c = 2.998 \times 10^8$ m/s；k 为玻尔兹曼常数，$k = 1.380 \times 10^{-23}$ J/K；λ 为波长（μm）；T 为黑体的绝对温度（K）。

将式（2-9）中的有关常数合并，普朗克黑体辐射定律表示为

$$M(\lambda, T) = \frac{c_1}{\lambda^5} \left[\exp\left(\frac{c_2}{\lambda T}\right) - 1 \right]^{-1} \qquad (2-10)$$

式中，c_1 为第一辐射常数，$c_1 = 3.742 \times 10^8$ W·μm^4/m^2；c_2 为第二辐射常数，$c_2 = 1.438\,8 \times 10^4$ μm·K。

将光谱辐射出射度除以单个光子（photon）的能量（hc/λ），得到光谱光子出射度为

$$M_q(\lambda, T) = \frac{\lambda}{hc} M(\lambda, T) = \frac{2\pi c}{\lambda^4} \left[\exp\left(\frac{c_2}{\lambda T}\right) - 1 \right]^{-1}$$
$$= \frac{c_3}{\lambda^4} \left[\exp\left(\frac{c_2}{\lambda T}\right) - 1 \right]^{-1} \qquad (2-11)$$

式中，$M_q(\lambda, T)$ 为光谱光子出射度 [photons/（s·m^2·μm）]；c_3 为第三辐射常数，$c_3 = 1.883\,65 \times 10^{27}$ photons·μm^3/（s·m^2）。

尽管一些物质的特性接近于黑体，但实际物质都不是真正的黑体。在遥感中，常见的观测目标不是黑体，而是灰体或选择性辐射体。实际物体与黑体间的差异可由发射率（ε）来表征。一些文献称发射率为辐射率或辐射系数。一个物体的发射率定义为该物体的辐射出射度与相同温度的黑体的辐射出射度之比：

$$\varepsilon = \frac{M_{\text{object}}}{M_{\text{blackbody}}} \qquad (2-12)$$

一般来讲，发射率介于 0~1，其与物体的介电常数、表面粗糙度、温度、波长和观测角等有关。对于黑体，$\varepsilon = \varepsilon(\lambda) = 1$；对于灰体，$\varepsilon$ 为小于 1 的常数。对于选择性辐射体，ε 与波长有关，光谱发射率表示为

$$\varepsilon(\lambda) = \frac{M_{\text{object}}(\lambda)}{M_{\text{blackbody}}(\lambda)} \qquad (2-13)$$

对于某一特定目标，它的光谱辐通量与其温度和发射率有关，其中温度影响较大。由于辐射主要取决于温度，因此其被称为热辐射。热辐射可用普朗克黑体辐射定律来表示，目标的光谱辐出度为

$$M_{\text{object}}(\lambda, T) = \varepsilon(\lambda) \cdot M_{\text{blackbody}}(\lambda, T) = \varepsilon(\lambda) \cdot \frac{c_1}{\lambda^5} \left[\exp\left(\frac{c_2}{\lambda T}\right) - 1 \right]^{-1} \qquad (2-14)$$

2.1.3.5　斯忒藩-玻耳兹曼定律

对由普朗克黑体辐射定律给出的光谱辐射出射度从 $\lambda = 0$ 到 $\lambda = \infty$ 积分，可以得到黑体总的辐射出射度与其温度之间的关系：

$$M(T) = \int_0^\infty M(\lambda, T) \mathrm{d}\lambda = \frac{2\pi^5 k^4}{15 c^2 h^3} T^4 = \sigma T^4 \qquad (2-15)$$

式中，$M(T)$ 为总的辐射出射度（W/m^2）；σ 为斯忒藩-玻耳兹曼常数，$\sigma = 5.67 \times 10^{-8}$ W/（m^2·K^4）；T 为黑体的绝对温度（K）。

这一关系被称为斯忒藩-玻耳兹曼定律。斯忒藩-玻耳兹曼定律表明，黑体总的辐射出射度与其绝对温度的 4 次方成正比。

斯忒藩-玻耳兹曼定律适用于黑体和灰体辐射源。灰体总的辐射出射度与其温度的关

系为

$$M_{\text{greybody}}(T) = \varepsilon \cdot M_{\text{blackbody}}(T) = \varepsilon \cdot \sigma T^4 \qquad (2-16)$$

2.1.3.6　维恩位移定律

对光谱辐射出射度进行微分，可以得到一个很有用的关系式，该关系式表明黑体辐射的峰值波长（对应于光谱辐射出射度的最大值）与黑体温度的乘积近似为一个常数：

$$\lambda_m T = 2\,898 \qquad (2-17)$$

式中，λ_m 为最大光谱辐射出射度对应的波长（μm）；T 为绝对温度（K）。

这一关系被称为维恩位移定律。对于给定温度的目标，维恩位移定律对于确定最佳测量波长很有用。

2.1.3.7　基尔霍夫定律

根据热力学第二定律，基尔霍夫推导出物体的发射率、吸收率和反射率之间的关系：

$$M_\lambda / M_{\lambda bb} = \varepsilon(\lambda) = 1 - \rho(\lambda) = \alpha(\lambda) \qquad (2-18)$$

式中，M_λ 为物体的光谱辐射出射度；$M_{\lambda bb}$ 为黑体的光谱辐射出射度；$\varepsilon(\lambda)$ 为光谱发射率；$\rho(\lambda)$ 为光谱反射率；$\alpha(\lambda)$ 为光谱吸收率。

式（2-18）说明，在任意给定波长和温度下，当物体达到辐射平衡时，它的吸收率、发射率及 1 减反射率相等。式（2-18）还表明，好的发射体和好的吸收体为差的反射体，反过来也如此。

2.1.3.8　瑞利-金斯定律

瑞利-金斯定律用于近似描述黑体的辐射出射度。它对应于普朗克黑体辐射定律的长波和（或）高温情况。在这种情况下，$c_2 / \lambda T \ll 1$，则可以得到普朗克黑体辐射定律的近似表达式：

$$M(\lambda, T) \approx \frac{c_1}{c_2} \frac{T}{\lambda^4} \qquad (2-19)$$

由于微波的波长较长，容易满足 $c_2 / \lambda T \ll 1$，因此瑞利-金斯定律在微波遥感研究方面很有用。

2.2　辐射源

对于光学遥感，电磁波用于把来自目标的信息传递到光学遥感器。光学遥感中使用的电磁波来源于辐射源或者照明源。辐射源的功能是提供用于把来自目标的信息传递到光学遥感器的电磁辐射能量。对于某一具体的光学遥感任务，其使用的辐射源与观测波长范围等有关。

对于对地观测被动式空间光学遥感，辐射源通常为太阳和（或）目标自身，来自太阳的辐射照射地球及其大气，目标反射的太阳辐射及自身的热辐射提供了被动式空间光学遥感所需的电磁辐射能量。

2.2.1 太阳

太阳通常被认为是由气体构成的球体，通过位于其中心的核反应来加热。太阳的表观层称为光球，其直径为 $1.391\ 4\times10^6$ km，被看作太阳的直径。太阳到地球的平均距离为 149.6×10^6 km，该距离被称为一个天文单位（1 A. U.）。在近日点（大约在 1 月 3 日），太阳到地球的距离约为 0.983 A. U.；在远日点（大约在 7 月 5 日），太阳到地球的距离约为 1.016 7 A. U.。从地球上看太阳，太阳的平均张角为 9.3 mrad 或 0.532 9°。

在地球大气层外，太阳的辐亮度与温度为 5 900 K 的黑体辐射源的辐亮度相当，它的平均辐亮度为 2.01×10^7 W/（$m^2\cdot$sr），平均光亮度为 1.95×10^9 cd/m^2。

在全球热平衡研究中用到的一个很重要的量为太阳常数（Solar Constant）[3-4]。太阳常数定义如下：在太阳到地球平均距离处，地球大气层外垂直于太阳光入射方向上单位面积接收到来自太阳的总辐照度（对所有波长积分）。1971 年，NASA 提出作为设计标准用的太阳常数值为（1 353±21）W/m^2。1981 年，世界气象组织的仪器与观测方法委员会公布了地外太阳辐射谱，并建议地球大气层外太阳辐照度的平均值为 1 367 W/m^2，在夏至为 1 322 W/m^2，在冬至为 1 414 W/m^2。

2.2.2 地球

绝对温度高于零度的任何物体都会不断向外发射电磁辐射。地球自身的电磁辐射在某些红外光谱区较强，可用于被动式光学遥感，这相当于目标自身为照明源。地球表面一些区域的温度为 300 K 左右，其发射的电磁辐射的光谱分布近似于温度为 300 K 的黑体的辐射分布，最大光谱辐射出射度对应的波长约为 9.7 μm。

一般来讲，对于被动光学遥感，波长小于 2.5 μm 的电磁辐射为反射的太阳辐射，而波长大于 6 μm 的辐射为目标自身辐射的热辐射。其原因是在波长小于 2.5 μm 的辐射中，太阳的辐射占绝对优势；而在波长大于 6 μm 的辐射中，目标自身的辐射占绝对优势，其他辐射所占的量可以忽略。对于波长位于 2.5～6 μm 的被动光学遥感，辐射能量包含反射的太阳辐射和目标自身的辐射。在这一波长区域，目标反射的太阳辐射和目标自身的辐射各自所占比例取决于目标的反射率、发射率和温度等。

2.2.3 照明源对遥感图像的影响

由于太阳在地球表面的照度及目标自身的辐射出射度随着季节和每天的不同时刻在不断变化，与太阳辐照和（或）目标自身辐射出射度有关的遥感图像也随这些因素变化，特别是遥感图像的信噪比会随这些因素变化，因此在进行被动光学遥感成像系统设计时，要结合具体应用选择合适的光照条件。

对于主动光学遥感，照明源为人造光源，通常为激光。获取的遥感数据与人造光源的特性密切相关，因此要根据具体应用确定人造光源的特性。

2.3 大气

对于对地观测空间光学遥感，来自照明源的辐射能量通常要穿过大气才能到达光学遥感器上。地球大气由很多气体和气溶胶构成，当太阳光线经过大气到达地面上时，其中一部分辐射能量被大气中的粒子吸收和散射，其余部分传输到地面。分子吸收把辐射能量转换成分子的激发能量，散射则把入射能量重新分布到各个方向，吸收和散射产生的总影响是损失了一部分入射能量，被称为消光效应。当来自地面目标的辐射通过大气传输到达光学遥感器上时，类似的情况还会发生。图 2-5 给出了大气层外和海平面上太阳的光谱辐照度。

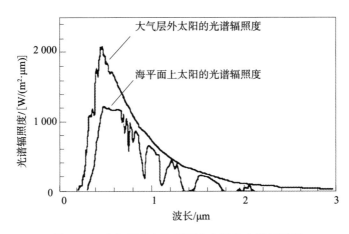

图 2-5 大气层外和海平面上太阳的光谱辐照度

2.3.1 吸收

吸收为辐射能到热能的热力学转换，每一种分子都有其吸收带。大气中吸收辐射能的主要成分包括水蒸气、CO_2 和臭氧。

太阳的紫外辐射对人体有害，大气中的臭氧对来自太阳的波长为 300 nm 以下的紫外辐射存在强烈的吸收。此外，在波长为 9～10 μm 的范围，还有一个强烈的臭氧吸收带。

从可见光到热红外谱段有很多水汽吸收带。这些水汽吸收带包括波长 0.57～0.7 μm 间的弱吸收带，在波长 0.94 μm、1.1 μm、1.38 μm 和 1.87 μm 处的吸收带，在波长 2.7 μm 处的强吸收带，在波长 3.2 μm 处的弱吸收带，以及在波长 5.5～7.5 μm 范围的强吸收带。

CO_2 的吸收带也比较多，包括在波长 1.4 μm、1.6 μm 和 2.0 μm 处的弱吸收带，在波长 2.7 μm 和 4.3 μm 处的强吸收带，以及在波长 13.5～16.5 μm 范围的强吸收带。

由于分子吸收，在一些光谱区域大气变得不透明，只有大气主要吸收谱段外的区域相对透明。这些相对透明的光谱区域称为大气窗口，它们是对地观测卫星光学遥感使用的主要谱段。在紫外、可见光、近红外、短波红外、中波红外和长波红外光谱区域都存在大气窗口。用于对地观测卫星光学遥感的主要大气窗口的波长范围如表2-5所示，大多数星载光学遥感器的工作谱段位于这些大气窗口中。但是，有些光学遥感器，特别是某些气象卫星上的光学遥感器则是通过直接测量吸收现象来进行遥感，如测量与水汽、CO_2及其他气体分子有关的吸收现象。

表 2-5　用于对地观测卫星光学遥感的主要大气窗口的波长范围

序号	波长范围/μm
1	0.3~1.3
2	1.5~1.8
3	2.0~2.6
4	3.4~4.2
5	4.6~5.0
6	8.0~14.0

2.3.2　散射

散射源于电磁辐射与大气的相互作用。散射的强弱及分布与电磁辐射的波长、大气成分及电磁辐射穿过大气的距离等有关。大气散射通常分为3种类型，即瑞利散射、米散射和无选择性散射。

（1）瑞利散射

当大气中粒子的尺寸远小于电磁辐射的波长时，会产生瑞利散射。大气中气体分子为这种粒子，因此瑞利散射也被称为分子散射。瑞利散射可由瑞利散射系数来描述：

$$\beta(\theta,\lambda) = \frac{2\pi^2}{N\lambda^4} [n(\lambda) - 1]^2 (1 + \cos^2\theta) \qquad (2-20)$$

式中，$\beta(\theta,\lambda)$为瑞利散射系数；N为单位体积大气中的分子数目；$n(\lambda)$为与波长有关的分子折射率；θ为入射电磁辐射与散射电磁辐射之间的夹角；λ为入射电磁辐射的波长。

在近紫外和可见光谱段，分子散射比较大。当波长超过1μm时，分子散射可以忽略不计。

瑞利散射使得波长较短的电磁辐射比波长较长的电磁辐射的散射强烈。对于高空大气，瑞利散射占主导地位。大气分子散射的波长依赖性解释了天空为什么是蓝色的及当穿过比较长的大气路径看太阳时太阳为什么是红色的。

（2）米散射

当大气中粒子的尺寸与入射电磁辐射的波长差不多时，会产生米散射。大气中的灰尘、烟尘和水蒸气是产生米散射的主要物质。米散射与瑞利散射相比，对波长较长的辐射影响较大。多数情况下米散射出现在大气的低层部分，这里大尺寸的粒子比较多。

（3）无选择性散射

当大气中粒子的尺寸远大于入射电磁辐射的波长时，会产生无选择性散射。水滴和大的灰尘颗粒会产生这种散射。之所以称其为无选择性散射，是因为它对所有波长辐射的散射近乎相等。无选择性散射使得雾和云呈白色（当散射粒子为 $5\sim100\ \mu m$ 大小的水滴时），原因是它们对红、绿和蓝光的散射近乎相等。

（4）散射的影响

散射使得大气具有它自身的辐亮度。大气散射衰减了直射到地球表面上的太阳辐射，与此同时增加了半球或漫射照射分量，即增加了背景辐射分量，这一漫射分量降低了地面景物的对比度。大气向下散射的辐射称为天空辐射（在可见光谱区称为天空光）；大气向上散射的辐射称为大气向上辐射或大气通路辐射，它可以直接进入光学遥感器。大气散射对遥感数据的主要影响是在地面景物辐亮度之上增加了大气通路辐亮度。大气通路辐亮度的大小与大气条件、太阳天顶角、光学遥感器的工作谱段、观测角度、相对于太阳的方位角及偏振等因素有关。事实上，太阳的位置对天空辐射、地面辐照度及大气通路辐亮度均有影响。

气溶胶的小角度散射，特别是多次散射会把来自景物的光子漫射到多个方向，从而使景物的细节变得模糊。

2.3.3　折射、偏振和湍流

除了散射和吸收，大气对电磁辐射的影响还包括折射、偏振和湍流。

大气折射会影响图像的几何精度。当星载光学遥感器的视场角大且几何测量精度要求高时，需要对大气折射进行校正。

大气偏振影响辐射测量精度。

大气压力和温度的随机变化会引起大气折射率随机变化，大气折射率随机起伏导致湍流效应。湍流会引起图像运动、畸变和模糊。从图像质量的角度考虑，大气湍流会对角分辨率很高的星载光学遥感器的成像质量产生影响。

2.4　目标及其背景

当电磁辐射照射到目标上时，会与目标发生相互作用，这些相互作用包括：1）透射，即一部分辐射会穿过特定目标，如水；2）吸收，即一部分辐射会由于所遇到介质中电子或分子的作用而被吸收，吸收的部分辐射能量会被重新发射出来；3）反射，即一部分能量会以不同的角度被反射（或散射）出去。哪种作用占主导地位主要取决于入射辐射的波长及目标的特性。

对于以太阳作为照明源的卫星光学遥感，探测的是目标反射的太阳辐射。目标反射可以分成 3 类，即镜面反射、漫反射和混合反射（包含镜面反射和漫反射），如图 2-6 所示。目标的反射类型取决于目标表面相对于入射电磁辐射波长的粗糙程度。如果目标表面的变化远小于入射电磁辐射波长，则可认为是光滑表面，目标会对入射电磁辐射产生镜面反射。如果目标表面相对于入射电磁辐射波长来说比较粗糙，则目标会对入射电磁辐射产生漫反射，入射电磁辐射被反射到所有方向。很多实际目标的反射呈现混合反射。目标表面是粗糙还是光滑是相对的，如一个对长波红外辐射来讲是光滑的表面，对可见光辐射来讲可能显得比较粗糙。

(a)镜面反射　　(b)漫反射　　(c)混合反射

图 2-6　目标反射类型

目标自身辐射能量的大小和光谱分布与其温度和发射率等有关。对于同一目标，它辐射的能量大小主要与其温度有关。目标的温度越高，电子振动越快，其辐射的电磁能量的峰值波长越短。

不同物质在不同谱段的反射和吸收行为不一样，物质的反射光谱是其反射的辐射能量与波长的关系曲线。图 2-7 示出了一些目标的光谱反射率曲线。理论上讲，如果有测量光谱反射差别的合适方法，各种类型的物质可以通过它们的相对光谱反射率差来识别和区分开来，这为多光谱和高光谱光学遥感提供了理论基础。

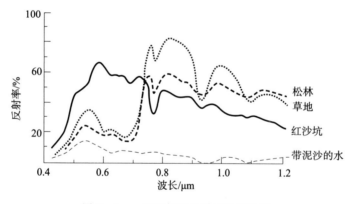

图 2-7　一些目标的光谱反射率曲线

不同地面覆盖物的反射系数和辐射系数差异较大。表 2-6 给出了某些地面覆盖物在可见光谱段（0.4~0.7 μm）的反射系数。表 2-7 给出了某些地面覆盖物的辐射系数平均值。表 2-8 给出了某些地面覆盖物在不同波段的辐射系数平均值。由表 2-6 可知，地面覆盖物的反射系数与干湿程度有关[5-6]。

表 2-6　某些地面覆盖物在可见光谱段（0.4~0.7 μm）的反射系数

覆盖物种类	覆盖物反射系数	
	干	湿
黄砂	0.31	0.18
黏土	0.15	0.08
绿草	0.14	0.09

续表

覆盖物种类	覆盖物反射系数	
	干	湿
黑土	0.07	0.05
混凝土	0.17	0.10
沥青	0.10	0.07
雪	0.78	—

表 2-7　某些地面覆盖物的辐射系数平均值

绿草	稀草	红褐地	土壤	黑土	砂	石灰石	砾石	雪	黏土	水面	针叶
0.97	0.84	0.93	0.85	0.87	0.89	0.91	0.91	0.90	0.85	0.96	0.97

表 2-8　某些地面覆盖物在不同波段的辐射系数平均值

覆盖物种类	不同波段的辐射系数		
	$1.8 \sim 2.7 \mu m$	$3 \sim 5 \mu m$	$8 \sim 13 \mu m$
绿叶	0.84	0.90	0.92
干叶	0.82	0.94	0.96
压平的枫叶	0.58	0.87	0.92
绿叶(多)	0.67	0.90	0.92
绿色针叶树枝	0.86	0.96	0.97
干草	0.62	0.82	0.88
各种砂	$0.54 \sim 0.62$	$0.64 \sim 0.82$	$0.92 \sim 0.98$
树皮	$0.75 \sim 0.78$	$0.87 \sim 0.90$	$0.94 \sim 0.97$

目标的大小、形状、光谱反射率、温度、光谱发射率及目标与背景的差异等因素会影响目标图像及目标信息提取。一般来讲,均匀背景比杂乱背景(如植被)有利于目标探测,目标与背景的对比度高也有利于目标探测。

2.5　线性系统理论与傅里叶变换

系统分析一般包括建立数学模型、求解数学模型和对数学模型做出物理解释 3 个部分,因此,进行系统分析离不开一定的理论和数学工具。对空间光学遥感器进行系统分析常用的理论为线性系统理论。线性系统理论最早是为电路分析而建立的,但它已经在光学、光电和力学等许多领域中得到推广和应用。线性系统理论之所以被广泛应用于系统分析,是因为其有坚实的数学基础,并已形成完整、严密的体系,且日趋完善和成熟。在线性系统分析中,傅里叶变换是一个强有力的工具,它常用来分析系统各组成部分对系统性能的影响。本节首先对线性系统理论和傅里叶变换的基本概念和特性做简要介绍,然后介绍冲激响应和传递函数[7-10]。

2.5.1　线性系统理论

2.5.1.1　线性

假设对某一特定系统，输入 $x_1(t)$ 产生输出 $y_1(t)$，输入 $x_2(t)$ 产生输出 $y_2(t)$，即

$$x_1(t) \rightarrow y_1(t) \qquad (2-21)$$

$$x_2(t) \rightarrow y_2(t) \qquad (2-22)$$

则此系统是线性的当且仅当它具有如下性质：

$$x_1(t) + x_2(t) \rightarrow y_1(t) + y_2(t) \qquad (2-23)$$

即两个输入信号之和所产生的输出等于这两个输入信号单独作用于该系统所产生的输出之和。任何不满足此约束条件的系统都是非线性系统。

根据线性系统的定义可以得出结论，若输入信号乘以 a，则输出信号也乘以 a，即

$$a\, x_1(t) \rightarrow a\, y_1(t) \qquad (2-24)$$

式（2-23）和式（2-24）所表示的线性系统的性质被分别称为叠加性和比例性。对于线性成像系统，叠加性可以表述为：两幅场景共同成的像等于单幅场景分别成的像之和。比例性可以表述为：如果输入场景的亮度增加 1 倍，则其像的亮度也会增加 1 倍；或者说如果一个点源的亮度提高 1 倍，则其输出像的亮度也会提高 1 倍。由于任何一幅场景都可以由点源的加权求和来表征，因此其输出像可表示为成像系统对这些点源响应的总和。

实际系统都不是严格的线性系统，但为了便于进行系统分析，通常将轻微的非线性系统假设为线性系统，并用线性系统理论来研究。这是因为线性系统易于处理和求解，但分析结果的准确性取决于所做假设与实际系统的差异。

2.5.1.2　移不变性

假设对某一特定系统，输入 $x(t)$ 产生输出 $y(t)$，即

$$x(t) \rightarrow y(t) \qquad (2-25)$$

将输入信号沿时间轴平移 t_0，若

$$x(t - t_0) \rightarrow y(t - t_0) \qquad (2-26)$$

即输出信号除平移同样的长度外其他不变，则系统具有平移不变性，简称移不变性。也就是说，对于平移不变系统，平移输入信号仅使输出信号移动同样的长度，输出信号的性质不变。

空间平移不变性是时间平移不变性的二维推广。对于一个成像系统，若输入景物（目标）相对于其原点有一平移，而其图像除了相应的平移外其他不变，则该成像系统具有空间平移不变性。换句话说，不管点源在场景中的位置如何变，点源的像都是相同的，只不过在空间上有平移，即点源的像不随位置的改变而改变。有时把移不变成像系统称为等晕系统。

对于设计良好的电路和光学系统来讲，线性假设和移不变假设都是非常好的近似。

2.5.2　傅里叶变换

2.5.2.1　一维傅里叶变换

如果一个函数 $f(x)$ 的绝对值的积分存在，即

$$\int_{-\infty}^{\infty} |f(x)| \, dx < \infty \tag{2-27}$$

而且函数是连续的或者仅有有限个间断点，则函数的傅里叶变换存在。一维函数 $f(x)$ 的傅里叶变换为

$$F(f_x) = \int_{-\infty}^{\infty} f(x) e^{-j2\pi f_x x} \, dx \tag{2-28}$$

式中，$j^2 = -1$；$F(f_x)$ 为 $f(x)$ 的频谱。

傅里叶变换为线性积分变换，即在通常情况下，它将一个具有 n 个变量的复函数变换成另一个具有 n 个变量的复函数。

$F(f_x)$ 的傅里叶反变换定义为

$$f(x) = \int_{-\infty}^{\infty} F(f_x) e^{j2\pi f_x x} \, df_x \tag{2-29}$$

正、反傅里叶变换的唯一区别是指数的符号。正、反傅里叶变换统称为傅里叶变换对。对于任意函数 $f(x)$，其傅里叶变换 $F(f_x)$ 是唯一的，反之亦然。一些常用函数的傅里叶变换如表 2-9 所示。

表 2-9　一些常用函数的傅里叶变换

函数	$f(x)$	$F(f_x)$
高斯	$e^{-\pi x^2}$	$e^{-\pi f_x^2}$
矩形脉冲	$\Pi(x)$	$\dfrac{\sin(\pi f_x)}{\pi f_x}$
三角脉冲	$\Lambda(x)$	$\dfrac{\sin^2(\pi f_x)}{(\pi f_x)^2}$
冲激	$\delta(x)$	1
单位阶跃	$u(x)$	$\dfrac{1}{2}\left[\delta(f_x) - \dfrac{j}{\pi f_x}\right]$
余弦	$\cos(2\pi a x)$	$\dfrac{1}{2}[\delta(f_x + a) + \delta(f_x - a)]$
正弦	$\sin(2\pi a x)$	$j\dfrac{1}{2}[\delta(f_x + a) - \delta(f_x - a)]$
复指数	$e^{j2\pi a x}$	$\delta(f_x - a)$

2.5.2.2　二维傅里叶变换

在进行成像系统分析和数字图像处理时，输入和输出通常是二维的，有些情况下是多维的，一维傅里叶变换很容易推广到多维。

对于二维函数 $f(x, y)$，它的傅里叶变换定义为

$$F(f_x, f_y) = \int\int_{-\infty}^{+\infty} f(x, y) \mathrm{e}^{-\mathrm{j}2\pi(f_x x + f_y y)} \mathrm{d}x\,\mathrm{d}y \qquad (2-30)$$

$F(f_x, f_y)$ 的傅里叶反变换定义为

$$f(x, y) = \int\int_{-\infty}^{+\infty} F(f_x, f_y) \mathrm{e}^{\mathrm{j}2\pi(f_x x + f_y y)} \mathrm{d}f_x\,\mathrm{d}f_y \qquad (2-31)$$

如果 $f(x, y)$ 是一幅图像，则 $F(f_x, f_y)$ 为其频谱。$F(f_x, f_y)$ 通常为两个实频率变量 f_x 和 f_y 的复值函数。变量 f_x 和 f_y 分别对应于沿 x 轴和 y 轴的空间频率。

二维傅里叶变换具有很多重要特性，这些特性对于获得复杂函数的傅里叶变换很有帮助。其中，其重要特性之一是可分离性，可分离性是指 $f(x, y) = f(x)f(y)$。如果一个函数是可分离的，则它的频谱也是可分离的，即 $F(f_x, f_y) = F(f_x)F(f_y)$。表 2-10 列出了二维傅里叶变换的特性。

表 2-10　二维傅里叶变换的特性

特性	空间域	频率域
加法定理	$f(x, y) + g(x, y)$	$F(f_x, f_y) + G(f_x, f_y)$
相似性定理	$f(ax, by)$	$\dfrac{1}{\|ab\|} F\left(\dfrac{f_x}{a}, \dfrac{f_y}{b}\right)$
位移定理	$f(x-a, y-b)$	$\mathrm{e}^{-\mathrm{j}2\pi(af_x + bf_y)} F(f_x, f_y)$
卷积定理	$f(x, y) * g(x, y)$	$F(f_x, f_y)\,G(f_x, f_y)$
可分离乘积	$f(x)\,g(y)$	$F(f_x)\,G(f_y)$
微分	$\left(\dfrac{\partial}{\partial x}\right)^m \left(\dfrac{\partial}{\partial y}\right)^n f(x, y)$	$(\mathrm{j}2\pi f_x)^m\,(\mathrm{j}2\pi f_y)^n F(f_x, f_y)$
旋转	$f(x\cos\theta + y\sin\theta - x\sin\theta + y\cos\theta)$	$F(f_x\cos\theta + f_y\sin\theta - f_x\sin\theta + f_y\cos\theta)$
拉普拉斯	$\nabla^2 f(x, y) = \left(\dfrac{\partial^2}{\partial x^2} + \dfrac{\partial^2}{\partial y^2}\right) f(x, y)$	$-4\pi^2(f_x^2 + f_y^2) F(f_x, f_y)$
瑞利定理	$\displaystyle\int_{-\infty}^{\infty}\int_{-\infty}^{\infty} \|f(x, y)\|^2 \mathrm{d}x\,\mathrm{d}y = E$	$\displaystyle\int_{-\infty}^{\infty}\int_{-\infty}^{\infty} \|F(f_x, f_y)\|^2 \mathrm{d}f_x\,\mathrm{d}f_y = E$

很多重要的二维函数具有圆对称特性，这意味着这些函数可以表示为单个径向变量的函数，即

$$f(x, y) = f_r(r) \qquad (2-32)$$

式中，r 为径向变量。

r 表示为

$$r^2 = x^2 + y^2 \qquad (2-33)$$

对于具有圆对称特性的二维函数，傅里叶正变换定义为

$$F_r(\zeta) = 2\pi \int_0^{\infty} r f_r(r) J_0(2\pi\zeta r) \mathrm{d}r \qquad (2-34)$$

式中，$\zeta = \sqrt{f_x^2 + f_y^2}$ 为径向频率变量；$J_0(\bullet)$ 为第一类零阶贝塞尔（Bessel）函数。

其傅里叶反变换定义为

$$f_r(r) = 2\pi \int_0^{\infty} \zeta F_r(\zeta) J_0(2\pi\zeta r) \mathrm{d}\zeta \qquad (2-35)$$

注意，具有圆对称特性的二维函数的傅里叶正、反变换相同，反变换也是圆对称的。式（2-34）和（2-35）定义了二维傅里叶变换的一个特例，称为零阶汉克尔（Hankel）变换或傅里叶-贝塞尔变换。该变换为一维线性积分变换，与傅里叶变换相似，所不同的是其核为贝塞尔函数。这样，如果用 Hankel 变换代替傅里叶变换，则二维圆对称函数可被当作仅有单个径向变量的一维函数来对待。

2.5.2.3　二维离散傅里叶变换

如果 $f(m, n)$ 是一个 $M \times N$ 阵列，则它的二维离散傅里叶变换（Discrete Fourier Transform，DFT）定义为

$$F(s, t) = \frac{1}{\sqrt{MN}} \sum_{m=0}^{M-1} \sum_{n=0}^{N-1} f(m, n) \exp\left[-\mathrm{j}2\pi\left(\frac{sm}{M} + \frac{tn}{N}\right)\right] \tag{2-36}$$

$F(s, t)$ 的二维离散傅里叶反变换定义为

$$f(m, n) = \frac{1}{\sqrt{MN}} \sum_{s=0}^{M-1} \sum_{t=0}^{N-1} F(s, t) \exp\left[\mathrm{j}2\pi\left(\frac{sm}{M} + \frac{tn}{N}\right)\right] \tag{2-37}$$

式中，s 和 t 为空间频率，其中，$s = 0$，1，…，$M-1$，$t = 0$，1，…，$N-1$；$F(s, t)$ 为空间频谱。

2.5.3　冲激响应与传递函数

线性移不变系统的输出信号可以通过输入信号与表征系统特性的函数的卷积得到，这一表征系统特性的函数称为系统的冲激响应。对于线性移不变系统，其冲激响应是唯一的并且可以完全描述系统。冲激响应的傅里叶变换为系统的传递函数。传递函数通常为频率的复值函数，它建立了调谐信号输入与输出之间的幅度和相位关系。线性移不变系统可由其传递函数完全描述。

对于光学系统，其冲激响应为点扩散函数（Point Spread Function，PSF），PSF 的傅里叶变换为光学传递函数（Optical Transfer Function，OTF）。对于电路，冲激响应为脉冲响应。下面以光学系统为例来说明系统输出与系统输入及冲激响应间的关系。

假设光学系统的输入（目标）、PSF 和输出（像）在直角坐标系中分别用 $o(x, y)$、$h(x, y)$ 和 $i(x, y)$ 来表示，则有

$$i(x, y) = o(x, y) * h(x, y) \tag{2-38}$$

式中，符号"$*$"为二维卷积运算符。

假设 $i(x, y)$、$o(x, y)$ 和 $h(x, y)$ 的傅里叶变换分别为 $I(f_x, f_y)$、$O(f_x, f_y)$ 和 $H(f_x, f_y)$，则根据傅里叶变换的卷积定理，有

$$I(f_x, f_y) = O(f_x, f_y) H(f_x, f_y) \tag{2-39}$$

式中，$H(f_x, f_y)$ 为 OTF。

由于信号的傅里叶变换为其频谱，因此式（2-39）说明目标像的频谱为目标的频谱与 OTF 的乘积，即目标像的频谱与目标的频谱之比为 OTF。

OTF 通常为复数，即 OTF = MTF $\cdot$ e^{jPTF}，其中 MTF 为调制传递函数（Modulation

Transfer Function)，也称振幅传递函数；PTF 为相位传递函数（Phase Transfer Function）。MTF 和 PTF 通常为频率的函数，MTF 反映的是系统的幅频响应特性，PTF 反映的是系统的相频响应特性。当系统的 MTF 下降时，相应频率输入信号的细节将以较低的对比度再现。对于成像系统，MTF 和 PTF 对成像质量的影响存在较大区别。当 MTF 出现较大变化时，图像还可能分辨；但当 PTF 存在较大非线性时，图像可能会无法分辨。如果系统 PTF 的线性做得比较好，则其对系统的影响可以忽略。

2.6　图像采样与重构

在空间光学成像遥感领域，多数系统为采样成像光学遥感系统，连续图像被采样和量化后变成数字阵列。为了看到图像，必须进行图像重构，即把人眼看不见的数字阵列转换成人眼看得见的信号。本节对采样与数字化的基本概念、采样定理、图像重构和混叠等做简要介绍[7, 9, 10]。

2.6.1　图像采样与数字化

在空间光学成像遥感领域，为了便于传输、处理和存储，需要将连续图像变成数字图像。将连续图像变成数字图像，不仅需要采样，还需要量化（数字化）。量化即为用整数值来表示像素灰度值。采样成像型光学遥感器的模/数转换电路用于将模拟电压信号转变成与其近似成正比的数字信号。连续图像经采样和量化后变成没有具体单位的数字阵列存放在存储介质（如计算机存储器）中。

一幅连续图像可以被看成一个二维连续函数。对于连续图像，采样意味着在一些离散点测量图像的灰度值，或在每一像元提取图像的样本。一幅连续图像被采样后变成了一幅离散图像。

为了定量描述采样的影响，有必要建立采样过程的数学模型。建立采样过程数学模型的一个很有用的工具是无限冲激序列，也被称为采样函数。对于一维情况，无限冲激序列表示为

$$s(x) = \sum_{m=-\infty}^{+\infty} \delta(x - m\Delta x) \tag{2-40}$$

式中，$s(x)$ 为沿 x 轴方向上间隔为 Δx 的一系列单位幅值的冲激。

对连续函数 $i(x)$ 进行采样，可将采样过程模型化为用采样函数 $s(x)$ 乘以连续函数 $i(x)$，即

$$i_s(x) = i(x) \cdot s(x) \tag{2-41}$$

式中，$i_s(x)$ 为对连续函数 $i(x)$ 进行采样后得到的离散函数。

连续函数 $i(x)$ 经采样后，仅采样点处的函数值被保留下来，采样点之间的函数值丢失。

2.6.2　采样定理

对连续信号进行采样，并用采样得到的信号（离散信号）表示该连续信号，需要回答的问题是：1）能否从采样得到的信号完整地恢复原始信号？2）采样精细程度如何才不至于损失原始信号，即采样密度多大才能够完整而不失真地恢复原始信号？香农（Shannon）的采样定理回答了这一问题。下面以对二维连续图像信号进行采样为例，来介绍采样定理。

对于一个二维连续图像信号 $i(x, y)$，假设它是带限的，频谱范围为 $|f_x| \leqslant W_x$、$|f_y| \leqslant W_y$，频谱函数为 $I(f_x, f_y)$，则有

$$I(f_x, f_y) = F\{i(x, y)\} \quad |f_x| \leqslant W_x, |f_y| \leqslant W_y \tag{2-42}$$

式中，$I(f_x, f_y)$ 为 $i(x, y)$ 的傅里叶变换；$F\{\bullet\}$ 为傅里叶变换操作符。

假设二维采样函数为 $s(x, y) = \sum\limits_{m=-\infty}^{+\infty} \sum\limits_{n=-\infty}^{+\infty} \delta(x - m\Delta x, y - n\Delta y)$，它代表的是沿 x 方向间隔为 Δx、沿 y 方向间隔为 Δy 的单位幅值的二维冲激函数阵列，即 x 方向上的采样频率为 $f_{sx} = \dfrac{1}{\Delta x}$，$y$ 方向上的采样频率为 $f_{sy} = \dfrac{1}{\Delta y}$。对二维连续图像 $i(x, y)$ 进行采样，相当于将 $i(x, y)$ 与 $s(x, y)$ 相乘，得到的采样图像（离散图像）$i_s(x, y)$ 可以表示为强度是图像样本灰度值的二维冲激函数阵列，即

$$i_s(x, y) = i(x, y)s(x, y) = \sum\limits_{m=-\infty}^{+\infty} \sum\limits_{n=-\infty}^{+\infty} i(x, y)\delta(x - m\Delta x, y - n\Delta y) \tag{2-43}$$

$$= \sum\limits_{m=-\infty}^{+\infty} \sum\limits_{n=-\infty}^{+\infty} i(m\Delta x, n\Delta y)\delta(x - m\Delta x, y - n\Delta y)$$

这相当于对 $i(x, y)$ 以矩形点阵均匀取样，每个取样位置位于 $x = m\Delta x$、$y = n\Delta y$ 上，其中 m，$n = 0$，± 1，± 2，…。

对二维连续图像 $i(x, y)$ 进行采样后，其频谱会发生什么样的变化？或者说二维离散图像 $i_s(x, y)$ 的频谱是什么？由于 $i_s(x, y) = s(x, y)i(x, y)$，因此 $i_s(x, y)$ 的傅里叶变换等于 $s(x, y)$ 的傅里叶变换与 $i(x, y)$ 的傅里叶变换的卷积，即

$$I_s(f_x, f_y) = F\{i_s(x, y)\} = F\{s(x, y)i(x, y)\} \tag{2-44}$$

$$= S(f_x, f_y) * I(f_x, f_y)$$

式中，$I_s(f_x, f_y)$、$S(f_x, f_y)$ 和 $I(f_x, f_y)$ 分别为 $i_s(x, y)$、$s(x, y)$ 和 $i(x, y)$ 的傅里叶变换。

$S(f_x, f_y)$ 表示为

$$S(f_x, f_y) = F\{s(x, y)\}$$

$$= \frac{1}{\Delta x} \frac{1}{\Delta y} \sum\limits_{m=-\infty}^{+\infty} \sum\limits_{n=-\infty}^{+\infty} \delta\left(f_x - m\frac{1}{\Delta x}, f_y - n\frac{1}{\Delta y}\right) \tag{2-45}$$

由式（2-44）和式（2-45）可得

$$I_s(f_x, f_y) = \iint_{-\infty}^{+\infty} \frac{1}{\Delta x} \frac{1}{\Delta y} \sum_{m=-\infty}^{+\infty} \sum_{n=-\infty}^{+\infty} \delta\left(\alpha - m\frac{1}{\Delta x}, \beta - n\frac{1}{\Delta y}\right) I(f_x - \alpha, f_y - \beta) \mathrm{d}\alpha \mathrm{d}\beta$$

$$= \frac{1}{\Delta x} \frac{1}{\Delta y} \sum_{m=-\infty}^{+\infty} \sum_{n=-\infty}^{+\infty} I\left(f_x - m\frac{1}{\Delta x}, f_y - n\frac{1}{\Delta y}\right)$$

$$= \frac{1}{\Delta x} \frac{1}{\Delta y} I(f_x, f_y) + \frac{1}{\Delta x} \frac{1}{\Delta y} \sum_{m \neq 0} \sum_{n \neq 0} I\left(f_x - m\frac{1}{\Delta x}, f_y - n\frac{1}{\Delta y}\right)$$

$$(2-46)$$

式（2-46）表明，采样图像 $i_s(x, y)$ 的频谱等于原二维连续图像 $i(x, y)$ 的频谱 $I(f_x, f_y)$ 加上原图像的频谱 $I(f_x, f_y)$ 沿 f_x 轴和 f_y 轴分别以 $\frac{1}{\Delta x}$ 和 $\frac{1}{\Delta y}$ 为周期无限地周期性复制的频谱，再乘以系数 $\frac{1}{\Delta x} \frac{1}{\Delta y}$。也就是说，采样引起了频谱复制。其中，原二维连续图像的频谱称为基带，复制频谱称为边带。基带与边带的位置随采样频率变化，当 $i(x, y)$ 为带限的，且同时满足 $\frac{1}{\Delta x} \geqslant 2W_x$ 和 $\frac{1}{\Delta y} \geqslant 2W_y$ 时，则基带与相邻复制谱及各个相邻复制谱之间不会彼此重叠，否则会产生重叠。图 2-8 以一维情况为例说明了原始图像的频谱与不同采样频率下采样图像的频谱。图 2-8（d）对应的情况（$f_{sx} < 2W_x$）称为欠采样。

假设有一个理想的二维低通滤波器，其频谱响应为

$$R(f_x, f_y) = \begin{cases} 1 & f_x \in [-W_x, W_x] \text{ 且 } f_y \in [-W_y, W_y] \\ 0 & \text{其他} \end{cases} \quad (2-47)$$

当 $i(x, y)$ 的带宽为有限值，且同时满足 $\frac{1}{\Delta x} \geqslant 2W_x$ 和 $\frac{1}{\Delta y} \geqslant 2W_y$ 时，将 $I_s(f_x, f_y)$ 与 $R(f_x, f_y)$ 相乘，再除以系数 $\frac{1}{\Delta x} \frac{1}{\Delta y}$，即可以取出原图像的谱 $I(f_x, f_y)$，经过傅里叶反变换就可以不失真地恢复出原图像 $i(x, y)$，这就是二维采样定理的含义。

二维采样定理表述为：为了避免在恢复的图像中产生失真，一个带限系统必须在两个方向上以不低于最高频率的 2 倍（$f_{sx} \geqslant 2W_x$、$f_{sy} \geqslant 2W_y$）进行采样。也就是说，不产生失真的最低采样频率出现在基带与第一个边带相邻时，即 $f_{sx} = 2W_x$、$f_{sy} = 2W_y$。由采样定理可知，能够真实再现的最高频率为采样频率的一半，即 $f_{sx}/2$ 和 $f_{sy}/2$，它们分别称为 x 和 y 方向上的奈奎斯特（Nyquist）频率，分别记作 $f_{nx} = f_{sx}/2$，$f_{ny} = f_{sy}/2$。如果在恢复的模拟信号中残留式（2-46）第二项中的任何频率成分，则就不可能不失真地恢复出原图像。

从上述分析可知，应用采样定理需要满足 3 个条件：1）采样前信号必须是带限的；2）采样频率必须足够高；3）必须有理想的低通滤波器。当任何一个条件不满足时，恢复出的信号都不会与原始信号完全一致。

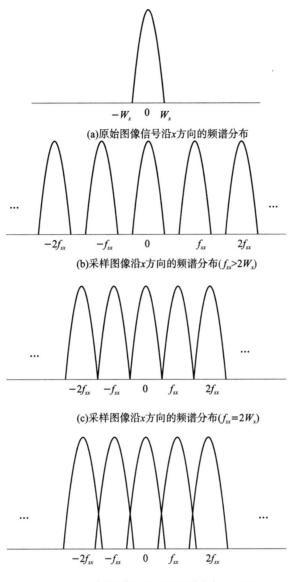

(a)原始图像信号沿x方向的频谱分布

(b)采样图像沿x方向的频谱分布($f_{sx}>2W_x$)

(c)采样图像沿x方向的频谱分布($f_{sx}=2W_x$)

(d)采样图像沿x方向的频谱分布($f_{sx}<2W_x$)

图 2-8　原始图像的频谱与不同采样频率下采样图像的频谱

2.6.3　图像重构

图像重构是图像采样过程的逆过程，它完成从采样图像（离散图像）$i_s(x,y)$到连续图像 $i(x,y)$ 的变换，即将离散图像恢复成连续图像。连续图像信号被采样和量化后，采样信号仅仅是存储于存储器中的数字信号，人眼看不见。为了看到信号，必须将人眼看不见的数字信号转换成人眼看得见的模拟信号，因此图像重构是采样成像系统不可缺少的一个环节。

图像重构一般通过空间滤波或者空间内插来实现。如前面所述，当 $i(x,y)$ 的带宽为有限值，且同时满足 $\dfrac{1}{\Delta x} \geqslant 2W_x$ 和 $\dfrac{1}{\Delta y} \geqslant 2W_y$ 时，将 $I_s(f_x, f_y)$ 与 $R(f_x, f_y)$ 相乘，再

除以系数 $\dfrac{1}{\Delta x} \dfrac{1}{\Delta y}$，就可以取出原图像的谱 $I(f_x, f_y)$，即

$$I(f_x, f_y) = k \cdot R(f_x, f_y) \cdot I_s(f_x, f_y) \qquad (2-48)$$

式中，k 为比例因子，$k = \Delta x \Delta y$。

式（2-48）在空域中可以表示为

$$i(x, y) = k \cdot r(x, y) * i_s(x, y) \qquad (2-49)$$

式中，$r(x, y)$ 为 $R(f_x, f_y)$ 的傅里叶反变换。

式（2-49）表明，当 $\dfrac{1}{\Delta x} \geqslant 2W_x$、$\dfrac{1}{\Delta y} \geqslant 2W_y$ 时，将采样图像 $i_s(x, y)$ 与 $k \cdot r(x,$

$y)$ 做卷积，就可以不失真地恢复出 $i(x, y)$。假设 $\Delta x = \dfrac{1}{2W_x}$、$\Delta y = \dfrac{1}{2W_y}$，则有

$$
\begin{aligned}
k \cdot r(x, y) &= F^{-1}\{k \cdot R(f_x, f_y)\} \\
&= \Delta x \Delta y \iint_{-\infty}^{+\infty} \exp[j2\pi(f_x x + f_y y)] \mathrm{d}f_x \mathrm{d}f_y \\
&= \frac{1}{2W_x} \int_{-W_x}^{+W_x} \exp[j2\pi(f_x x)] \mathrm{d}f_x \, \frac{1}{2W_y} \int_{-W_y}^{+W_y} \exp[j2\pi(f_y y)] \mathrm{d}f_y \\
&= \frac{\sin 2\pi W_x x}{2\pi W_x x} \cdot \frac{\sin 2\pi W_y y}{2\pi W_y y} \\
&= \mathrm{sinc}(2W_x x) \cdot \mathrm{sinc}(2W_y y)
\end{aligned}
\qquad (2-50)
$$

式中，$F^{-1}\{\cdot\}$ 为傅里叶反变换操作符；sinc 函数定义为 $\mathrm{sinc}(x) = \sin(\pi x)/(\pi x)$。

这说明由式（2-49）获得的理想重构图像为位于采样点上的许多个二维 sinc 函数加权求和的结果，而加权值就等于采样图像的值（像素值）。

理想重构滤波器在实际中不可实现，一个非理想重构滤波器既可通过改变原始信号的频谱而产生信号畸变，又可通过产生原始信号以外的频谱而产生信号畸变。

2.6.4 混叠

对于二维带限信号 $i(x, y)$，当采样频率降低到一定程度，即 $\dfrac{1}{\Delta x} < 2W_x$ 和（或）$\dfrac{1}{\Delta y} <$

$2W_y$ 时，采样复制频谱的第一边带与基带及采样复制频谱的相邻边带出现重叠。重叠区域的频谱会对重构信号产生影响，使重构信号发生畸变，这一畸变被称为混叠，有的文献称其为虚假响应。混叠一旦发生就不能消除，原始信号就永远不会被真实再现。受混叠的影响，对于频率高于奈奎斯特频率的信号，系统可能探测到，但不能对它们进行真实再现。

对于采样成像型光学遥感器，探测器除具有光电转换和空间滤波等作用外，它还具有采样器的功能。如果光学系统所成的连续图像中包含频率高于探测器奈奎斯特频率的信号，即不满足采样定理，就会造成混叠，因此，为了防止混叠发生，光学系统应对信号进

行带限，使经过光学系统后的信号带宽不大于奈奎斯特频率。然而，为了满足图像质量要求，采样成像型光学遥感器的光学口径必须足够大。这样，目前多数采样成像型光学遥感器的光学截止频率都高于奈奎斯特频率，这会导致欠采样，从而引起混叠。为了降低混叠，需要加大光学预滤波，但加大光学预滤波会降低图像质量，因此加大光学口径与降低混叠必须折中考虑。

对于实际的采样成像型光学遥感器，一般都不满足采样定理，探测器采样会产生混叠，即混叠难以避免。一些采样成像型光学遥感器利用微扫描（Microscan）或亚像元（Subpixel）技术来降低混叠的影响。

2.7　光 学 系 统

对于空间光学遥感器，光学系统的作用是收集来自目标的辐射能量，并将其聚焦在探测器（或传感器）上。光学系统通常由若干透镜和（或）反射镜组成，每个光学元件具有不同的形状，以降低光学系统像差。

2.7.1　光学系统基础知识

描述光学系统常会用到一些术语和公式，图 2-9 以一个简化的光学系统为例给出了其中一些术语的示意图。下面对常用的一些术语和公式做简要介绍[11-13]。

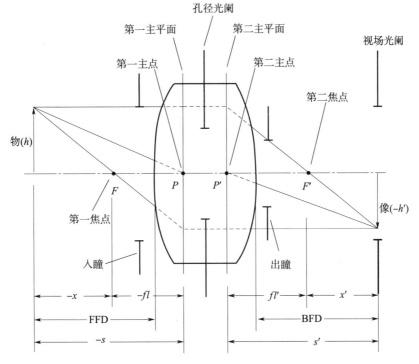

图 2-9　光学系统中一些术语的示意图

（1）孔径光阑

孔径光阑是限制光学系统接收来自物方轴上点辐射锥角大小的光阑，即限制进入光学系统的光束口径的光阑。对于轴外点，极限口径可能由光学系统中多个物理孔径来决定。

（2）入瞳

孔径光阑被其前面的光学元件（如果有）成的像称为"入瞳"。

（3）出瞳

孔径光阑被其后面的光学元件（如果有）成的像称为"出瞳"。这里需要注意的是，出瞳是入瞳经整个光学系统成的像。

光学系统的入瞳和出瞳可能是孔径光阑的实像或虚像，它们既可能位于光学系统的内部，也可能位于光学系统之外。在光学系统像差得到校正的情况下，从物点发出经过入瞳中心的任一光线必定也经过孔径光阑和出瞳中心，这一光线被称为主光线；同样，在光学系统像差得到校正的情况下，从物点发出经过入瞳边缘的任一光线也必定经过孔径光阑和出瞳边缘，这一光线被称为边缘光线。

（4）视场光阑

限制光学系统成像视场角大小或成像范围的光阑被称为视场光阑，它位于像面处。对于胶片相机，视场光阑可能是用于限定照片规格的框架；对于推扫成像仪，视场光阑可能是线阵探测器。

（5）焦点

光学系统有两个焦点，即第一焦点（物方焦点）和第二焦点（像方焦点）。第一焦点定义为来自像空间平行于光轴的一束光线在轴上的汇聚点，第二焦点定义为来自物空间平行于光轴的一束光线在轴上的汇聚点。

（6）主平面

平行于光轴入射到光学系统上的一束光的每条光线，延长后与该光线经过光学系统后的出射光线的反向延长线相交，所有这些光线交点的轨迹称为主平面。第一主平面由来自像空间的光线形成，第二主平面由来自物空间的光线形成。主平面仅在近轴区域内为平面，离开光轴一定距离后主平面为旋转曲面，通常近似为球面。第一和第二主平面互为共轭面，放大率为 1。

（7）主点

一个光学系统有两个主点，即第一主点 P 和第二主点 P'，它们分别是第一和第二主平面与光轴的交点。

（8）焦距

光学系统有两个焦距，即物方焦距和像方焦距，也称为第一焦距和第二焦距。物方焦距定义为第一主点与第一焦点之间的距离，像方焦距定义为第二主点和第二焦点之间的距离。焦距有时被称为有效焦距。

（9）顶点

光学系统有两个顶点，即前顶点和后顶点。前顶点定义为光学系统第一个面与光轴的交点，后顶点定义为光学系统最后一个面与光轴的交点。

（10）前截距与后截距

前截距（FFD）定义为光学系统前顶点到第一焦点的距离，后截距（BFD）定义为光学系统后顶点到第二焦点的距离。

（11）相对孔径与 F 数

相对孔径定义为入瞳直径与焦距之比，即 D/fl'；其倒数被称为 F 数，常用 F 或 FN 表示。

（12）横向放大率

横向（垂轴）放大率定义为像的大小（垂直于光轴测量）与相应（共轭）物的大小之比。

（13）轴向放大率

轴向放大率定义为像的大小（沿光轴测量）与相应（共轭）物的大小之比。当物平面沿着轴向移动微小距离时，像平面也相应地移动一段距离，像平面的移动量与物平面的移动量之比即为轴向放大率。

（14）角放大率

角放大率定义为共轭面上的轴上物点发出的光线通过光学系统之后与光轴的夹角（U'）的正切和对应的入射光线与光轴所成的夹角（U）的正切之比，即

$$\gamma = \frac{\tan U'}{\tan U} \tag{2-51}$$

（15）近轴

近轴是指在光轴附近无限小的线状区域。

（16）像的大小及位置

无论是对简单还是复杂的光学系统，下列等式均严格、准确地描述了其近轴特性。虽然这些近轴关系仅对薄透镜的靠近光轴的无限小区域严格成立，但是对于像差得到良好校正的多数光学系统，这些关系也近似成立。

物和像的位置满足以下关系式：

$$\frac{1}{s'} - \frac{1}{s} = \frac{1}{fl'} \tag{2-52}$$

$$xx' = fl \cdot fl' = -fl'^2 \tag{2-53}$$

垂轴放大率表示为

$$\beta = \frac{s'}{s} = \frac{h'}{h} = -\frac{fl}{x} = -\frac{x'}{fl'} \tag{2-54}$$

轴向放大率表示为

$$\alpha = -\frac{x'}{x} = \frac{s'^2}{s^2} \tag{2-55}$$

垂轴放大率、轴向放大率和角放大率的关系如下：

$$\alpha = \frac{\beta}{\gamma} \tag{2-56}$$

上面几个关系式中各符号的含义如图 2-9 所示。图 2-9 中一些符号前面加"一"（负号），体现了光学设计中的符号规则。

（17）焦深

根据瑞利判据，只要离焦量导致的波像差不超过 1/4 波长（λ/4），就不会对光学系统成像质量造成明显的影响，据此可得到光学系统焦深为

$$\delta = \pm 2\lambda \cdot F^2 \tag{2-57}$$

（18）空间频率

空间频率通常定义为给定方向上单位距离或单位角度内所具有的强度周期个数，其常用单位是"周期/毫弧"（cycles/mrad）或"周期/毫米"（cycles/mm）。

光学系统的空间频域分析可以在物空间（光学系统前）或像空间（光学系统后）进行，相应的空间频率分别是物空间频率和像空间频率，二者之间存在着对应关系。

物空间频率与像空间频率之间的关系可以用透镜对四杆靶标成像的物像关系来描述，如图 2-10 所示。其中，b 为四杆靶标一个周期的宽度，l 为透镜到目标的距离，fl' 为透镜的焦距。如果使用准直仪模拟无限远成像，则 l 为准直仪焦距。利用小角度近似可以计算出靶标的一个周期对应的张角为 b/l。在某一方向上的物空间频率定义为靶标的一个周期在该方向上张角的倒数，通常以"周期/毫弧"为单位来表示。设靶标在 x 方向上一个周期的宽度为 b_x，则在 x 方向上的物空间频率 $f_{x-\text{ob}}$ 为

$$f_{x-\text{ob}} = \frac{1}{1\ 000}\left(\frac{l}{b_x}\right) \tag{2-58}$$

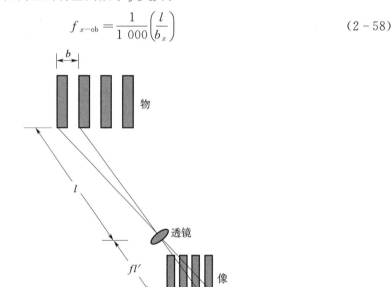

图 2-10　物空间频率与像空间频率的关系

同样，在 y 方向上也存在着类似的物空间频率表达式。

光学设计人员一般采用像空间频率来描述光学系统。描述光学遥感器也常采用像空间频率。像空间频率等于物空间频率除以光学系统焦距，即

$$f_{x-\text{i}} = \frac{f_{x-\text{ob}}}{fl'} \tag{2-59}$$

式中，f_{x-i} 为像空间频率；fl' 为光学系统焦距。

像空间频率通常以"线对/毫米"（line pairs/mm）或"周期/毫米"为单位来表示。虽然"线对/毫米"和"周期/毫米"常互换使用，但"线对"一般指方波靶标，而"周期"一般指正弦靶标。为了保持各参数的单位正确，如果 f_{x-ob} 的单位为"周期/毫弧"，为了使 f_{x-i} 的单位为"周期/毫米"，fl' 的单位必须为 m。

（19）光学截止频率

光学系统的光学截止频率定义为

$$f_{oc} = \frac{D}{\lambda} \tag{2-60}$$

式中，f_{oc} 为光学截止频率；D 为光学系统孔径直径；λ 为波长。

如果 D 的单位为 mm，λ 的单位为 μm，则光学截止频率 f_{oc} 的单位为"周期/毫弧"。

光学截止频率也可以表示为

$$f_{oc} = \frac{D}{\lambda \cdot fl'} \tag{2-61}$$

式中，fl' 为光学系统焦距。

如果 D 的单位为 mm，λ 的单位为 μm，焦距 fl' 的单位是 m，则光学截止频率 f_{oc} 的单位为"周期/毫米"。

2.7.2　典型光学系统

一般而言，光学系统可以分为三大类，即折射式、反射式和折反式。折射式光学系统采用折射元件（透镜），反射式光学系统采用反射元件（反射镜），而折反式光学系统既包含折射元件又包含反射元件。在具体应用中，究竟采用哪种类型的光学系统取决于所要求的光谱范围、视场和口径等因素。每种光学系统都有自己的特点，下面对 3 种类型的光学系统的特点做简要介绍[14-19]。

由于存在色差，因此折射式光学系统的工作谱段范围相对比较窄。然而，与其他类型光学系统相比，折射式光学系统可以实现较大的光学视场。尽管从理论上讲对折射式光学系统的口径没有限制，但在实际应用中，受材料制作、光学元件支撑及质量等因素限制，折射式光学系统的口径不能太大。

由于没有色差，反射式光学系统可以覆盖从紫外到远红外比较宽的光谱范围。此外，反射式光学系统的口径可以做到比较大。但是，反射式光学系统的视场，特别是同轴反射式光学系统的视场一般比较小。然而，离轴反射式光学系统可以实现相对比较大的视场。

折反式光学系统利用位于光路中合适位置的透镜对像差进行校正，弥补了反射式光学系统视场比较小的缺点。但是，由于引入了折射光学元件，折反式光学系统的工作谱段范围相对比较窄。

虽然光学系统分为上述三大类，但由于每一类光学系统包含很多种具体形式，因此实际光学系统的种类繁多、形式各异。下面介绍用于星载光学遥感器的几种典型光学系统。

2.7.2.1　折射式光学系统

对于大视场星载光学遥感器，其光学系统常采用折射式光学系统。例如，1999 年发射的印度遥感卫星 IRS - P4 上装载的海洋水色监视仪（Ocean Color Monitor，OCM）的光学系统为折射式光学系统，视场角为 86°，采用的是像方远心光学系统，如图 2 - 11 所示。采用像方远心光学系统，使得入射到焦面上的光线近乎垂直，避免了角度变化对干涉滤光片性能产生影响。此外，这一设计还减小了大幅面成像时轴外视场辐照度下降（$\cos^4\theta$效应）带来的影响。

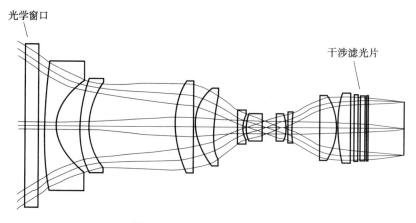

图 2 - 11　OCM 的光学系统

2.7.2.2　折反式光学系统

一些星载光学遥感器采用折反式光学系统。在众多折反式光学系统中，施密特系统是比较典型的。在施密特系统中，采用校正镜来校正和扩大光学系统视场。SPOT - 5 HRG 的望远镜采用的是施密特系统。

SPOT - 5 HRG 的光学系统如图 2 - 12 所示。在该系统中，传统的施密特非球面校正镜被无焦双胶合透镜代替，另外还增加了视场校正镜来校正场曲。视场校正镜安装在调焦机构上，它可以根据需要使目标像聚焦在探测器上。通过采用带中间孔的折叠镜，可使光学系统总的外形尺寸减小。SPOT - 5 HRG 光学系统的焦距为 1 082 mm，入瞳直径为 330 mm，穿轨方向光学视场为 ±2.1°，沿轨方向光学视场为 ±0.53°。通过指向镜指向可观测偏离星下点轨迹的景物，从而能够缩短重访时间和获取穿轨方向立体图像。SPOT - 5 HRG 偏离星下点最大观测角度为 ±27°。

2.7.2.3　反射式光学系统

反射式光学系统已在星载光学遥感器上得到广泛应用。典型的反射式光学系统包括 R - C（Ritchey - Chretien）系统和三镜反射系统等。

R - C 系统包含一个主镜和一个次镜，主镜和次镜均为双曲面，其布局如图 2 - 13 所示。R - C 系统对球差和慧差进行了校正，但对像散和场曲两种像差没有校正。

很多星载光学遥感器的望远系统采用了 R - C 系统。例如，美国 Landsat 系列卫星上

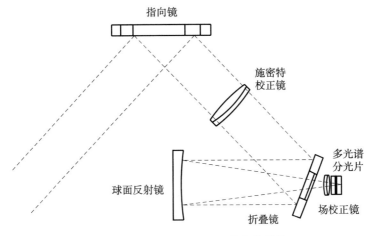

图 2 - 12　SPOT - 5 HRG 的光学系统

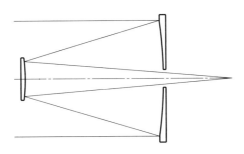

图 2 - 13　R - C 系统的布局

的 MSS、TM 和 ETM+ 的望远系统采用的是 R - C 系统，中巴地球资源卫星红外多光谱扫描仪（IRMSS）上的望远系统采用的也是 R - C 系统。

　　EO - 1 卫星为新千年计划（NMP）的组成部分之一，该卫星上装载的先进陆地成像仪（Advanced Land Imager，ALI）的望远系统采用的是离轴三反光学系统，其有效通光口径为 12.5 cm，F 数为 7.5，视场为 15°×1.256°，如图 2 - 14 所示。由于采用了全反射式光学系统，因此其可以覆盖几乎所有的光谱范围。该光学系统采用了 4 个反射镜：主镜为离轴非球面，次镜为椭球面，第三镜为凹球面，第四镜为用于折叠光路的平面反射镜。光学系统的孔径光阑位于次镜处。这种设计的优点在于可以采用较长的探测器阵列以"推扫"模式来覆盖 185 km 的幅宽（与 Landsat 卫星的幅宽相当）。另外，由于这种光学设计形式的焦面为平面，且具有远心特性，因此简化了滤光片和焦平面组件的安装。

　　采用碳化硅反射镜、殷钢结构材料及合适的装配和连接装置是 ALI 的另外一些特色。对于空间光学系统而言，碳化硅材料具有许多优势，如具有硬度高、热传导率高及热膨胀系数低等特点。为了避免传统陶瓷碳化硅的脆性损坏所带来的风险，选择殷钢作为结构材料。由于殷钢与碳化硅材料的热膨胀系数比较匹配，因此可最大限度地降低双材料效应（Bi - Material Effects），并且改善变化热负载条件下的光学性能。

　　离轴三反光学系统相对于同轴光学系统的主要优点是它可以实现比较大的光学视场，

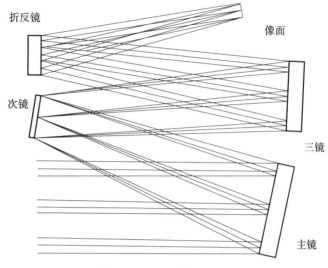

图 2-14 ALI 的望远系统

而且没有中心遮拦，因此相对来讲光学效率和 MTF 比较高。但是，对于大口径、长焦距光学系统，受其结构形式限制，采用离轴三反光学系统难以做到比较紧凑，而且离轴三反光学系统的定位与支撑及装调难度较大。

PLEIADES-HR 光学系统采用的是基于紧凑式 KORSCH 形式的组合设计，它将同轴部分（M1＋M2）和离轴部分（M3＋MR）组合在一起来满足要求，如图 2-15 所示。光学系统口径为 ϕ 650 mm，焦距为 12.9 m。由于其相对口径较小（$f/19.8$），因此在主镜后面对光束进行折转变得比较容易。PLEIADES-HR 相机的尺寸被限制在长度小于 1.9 m、最大直径小于 1.2 m 的范围内。4 块轻量化微晶玻璃反射镜配合一体化的殷钢反射镜固定装置（MFD），可使光学系统达到较高性能。

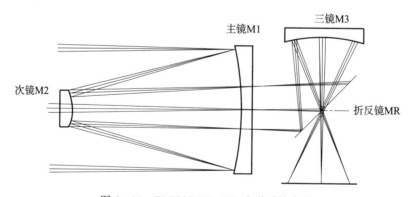

图 2-15 PLEIADES-HR 光学系统布局

反射镜固定装置用于消除反射镜与安装面之间由于平面误差及不同材料的热膨胀系数差异产生的耦合，以便使光学表面不变形，并将反射镜与支撑结构之间的动力学耦合带来的风险控制在可以接受的范围内。

2.7.3　光学系统对成像质量的影响

光学系统的衍射效应、像差、制造缺陷、装配误差等因素会影响其成像质量，进而对遥感图像产生影响。此外，光学系统会使辐射能量衰减，从而导致航天光学遥感器的辐射灵敏度下降，原因是其透过率总是小于1。对于多数光学系统，由于几何像差、制造缺陷、装配误差等可以通过选择好的光学设计及严格控制制造和装配误差等措施降到最低，因此衍射效应成为限制光学系统分辨能力或成像质量的主要因素[11-13, 20]。

2.7.3.1　衍射

衍射的本质在于光遇到障碍物时产生扩散或者弯曲。波长越长，障碍物越小，扩散程度越大。扩散使得无限小点源经光学系统成的像不再是无限小的点，而是被"扩散"成一个图案。即使在真空条件下且光学系统完美无缺，光学系统也会产生衍射。衍射决定了光学系统的分辨率极限。如果一个光学系统的分辨率达到了其物理极限，则称该光学系统为衍射限光学系统。

（1）点目标的衍射像

对于孔径为圆形的光学系统，点目标的衍射像不再是一个点，而是一个图案。图案中心为一个圆形光斑，称为艾里斑，光斑被强度快速衰减的圆环包围。点目标衍射像的相对强度分布剖面如图 2 - 16 所示。

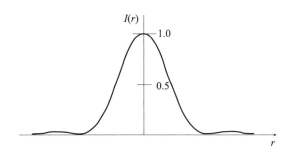

图 2 - 16　点目标衍射像的相对强度分布剖面

如果在整个圆形孔径内光学系统的透过率一致，则对于非相干光，衍射限光学系统的点目标像的归一化强度分布可以表示为

$$I(r) = \left(\frac{D}{\lambda}\right)^2 \mathrm{somb}^2\left(\frac{Dr}{\lambda}\right) \tag{2-62}$$

式中，r 为距衍射图案中心的径向距离；D 为光学系统口径；λ 为波长。

该函数为光学系统的衍射 PSF，其中 somb（sombrero 的简写）函数由下式给出：

$$\mathrm{somb}(r) = \frac{2J_1(\pi r)}{\pi r} \tag{2-63}$$

式中，$J_1(\cdot)$ 为第一类一阶贝塞尔函数。

（2）衍射分辨率准则

受衍射效应影响，点目标经光学系统成的像不是一个理想点，而是在像面上扩散形成一个图案，这就需要确定光学系统对于两个距离非常近的点目标的分辨能力，即光学系统的空间分辨率是多少。两个相邻的等强度点目标经光学系统成的像如图 2-17 所示，它们的衍射像的相对强度分布剖面如图 2-18 所示。

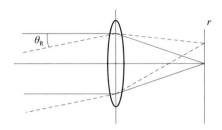

图 2-17　两个相邻的等强度点目标经光学系统成的像

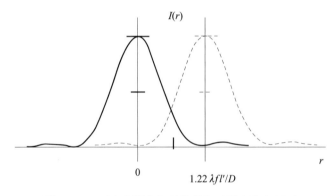

图 2-18　两个点源的衍射像的相对强度分布剖面

瑞利分辨率准则认为，对于两个相邻的等强度点源，当一个点源像的峰值点刚好与另一个点源像的第一个零点重合时，光学系统刚好能够把这两个点源分辨开，如图 2-18 所示。这时两个点源像之间的距离可表示为

$$r_R = 1.22 \frac{\lambda \cdot fl'}{D} \tag{2-64}$$

式中，r_R 为像面上的距离。

以角度表示的瑞利分辨率准则为

$$\theta_R = \frac{1.22\lambda}{D} \tag{2-65}$$

式中，θ_R 为距离光学系统无限远的两个理想点源的夹角。

需要说明的是，虽然瑞利分辨率准则常用来表征光学遥感器的衍射限分辨率，但其不是数学定律，而仅仅是一个经验准则。

用于描述光学系统衍射限分辨率的另一个准则为斯派罗准则。斯派罗准则认为，如果两个相邻点源（强度不一定相等）的衍射像叠加在一起后它们之间没有最小值，则认为两

个点源可以分辨开。以角度表示的斯派罗分辨率准则为

$$\theta_{\mathrm{S}} = \frac{\lambda}{D} \qquad\qquad (2-66)$$

可以看出，由斯派罗分辨率准则确定的两个点源间的夹角小于由瑞利分辨率准则确定的两个点源间的夹角。需要说明的是，两个准则都是基于非相干光源。

描述光学系统衍射分辨率的另一个常用术语为弥散圆或艾里斑，它指的是衍射图案第一个零点对应的圆环之内的圆斑。根据上述用 somb 函数表示的点源衍射像的强度分布，艾里斑内的能量大约占总能量的 84%。弥散圆对应的张角大小为

$$\theta_{\mathrm{A}} = \frac{2.44\lambda}{D} \qquad\qquad (2-67)$$

在像面上的弥散圆直径为

$$d_{\text{blur}} = \frac{2.44\lambda \cdot fl'}{D} \qquad\qquad (2-68)$$

由于光学系统的 F 数为 fl'/D，所以，弥散圆的大小是波长和 F 数的函数。在光学系统设计中，目标是使两个点源像之间的可分辨距离尽可能小，这等效于使弥散圆的直径减小。为了减小衍射的影响，从而达到更高的空间分辨率，需要采用大口径光学系统。

（3）衍射限 OTF

目标中的一个点源经光学系统成像之后变成以 PSF 来描述的强度分布。光学系统的 PSF 也称冲激响应。对 PSF 做傅里叶变换，可获得其在空间频率域内的分布，被称为 OTF。

对于没有中心遮拦的圆孔径光学系统，其衍射限 OTF（$\mathrm{OTF}_{\text{diff}}$）为圆对称函数，在水平和垂直方向上的 OTF 相等。沿水平方向上的 OTF 为

$$\mathrm{OTF}_{\text{diff}}(f_x) = \begin{cases} \dfrac{2}{\pi}\left[\cos^{-1}\left(\dfrac{f_x}{f_{\text{oc}}}\right) - \left(\dfrac{f_x}{f_{\text{oc}}}\right)\sqrt{1 - \left(\dfrac{f_x}{f_{\text{oc}}}\right)^2}\right] & f_x \leqslant f_{\text{oc}} \qquad (2-69) \\[4mm] 0 & f_x > f_{\text{oc}} \qquad (2-70) \end{cases}$$

式中，f_x 为像空间光学频率；f_{oc} 为像空间光学截止频率，$f_{\text{oc}} = D/(\lambda \cdot fl') = 1/(\lambda \cdot F)$，$D$ 为光学系统口径，fl' 为有效焦距。

f_{oc} 也可以表示为 $f_{\text{oc}} = D/\lambda$。

图 2-19 所示为以归一化空间频率 f_x/f_{oc} 为自变量的衍射限 OTF。对于衍射限光学系统，其 OTF 为正值，因此其 OTF 与其 MTF 相等。

由于光学截止频率与波长有关，因此严格来讲，式（2-69）和式（2-70）只对单色光有效。对于工作谱段范围较宽的光学系统，可以用光谱加权平均波长 λ_{ave} 计算光学截止频率，然后用式（2-69）来近似计算其多色光 MTF。光谱加权平均波长 λ_{ave} 也可以近似用平均波长来表示，即

$$\lambda_{\text{ave}} \approx \frac{\lambda_1 + \lambda_2}{2} \qquad\qquad (2-71)$$

式中，λ_1 和 λ_2 分别为系统光谱响应的下限和上限。

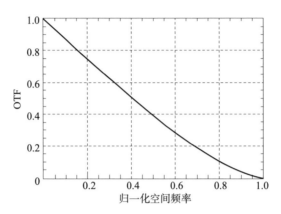

图 2 - 19　圆孔径光学系统的衍射限 OTF

一些光学系统如卡塞格林光学系统存在中心遮拦，如图 2 - 20 所示。对于存在中心遮拦的光学系统，其 OTF 与无中心遮拦光学系统的 OTF 不同。

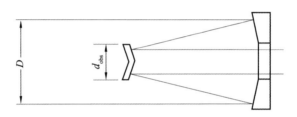

图 2 - 20　存在中心遮拦的圆孔径光学系统

对于图 2 - 20 所示带有中心遮拦的圆孔径光学系统，其在 x 方向上的衍射限 OTF 为

$$\text{OTF}_{\text{diff}} = \frac{A + B + C}{1 - R^2} \qquad (2-72)$$

式中，R 为线遮拦比，$R = d_{\text{obs}}/D$，D 为光学系统直径，d_{obs} 为遮拦部分的直径。

令

$$X = \frac{f_x}{f_{\text{oc}}}, \quad Y = \frac{X}{R}, \quad \alpha = \cos^{-1}\left(\frac{1 + R^2 - 4X^2}{2R}\right) \qquad (2-73)$$

变量 A、B 和 C 分别由下式表示：

$$A = \begin{cases} \frac{2}{\pi}\left[\cos^{-1}(X) - X\sqrt{1 - X^2}\right] & 0 < X < 1 \\ 0 & \text{其他} \end{cases}$$

$$B = \begin{cases} \frac{2R^2}{\pi}\left[\cos^{-1}(Y) - Y\sqrt{1 - Y^2}\right] & 0 < Y < 1 \\ 0 & \text{其他} \end{cases}$$

$$
C = \begin{cases}
-2R^2 & 0 < X < (1-R)/2 \\
\dfrac{2R}{\pi}\sin\alpha + \dfrac{1+R^2}{\pi}\alpha - \dfrac{2(1-R^2)}{\pi}\tan^{-1}\left[\left(\dfrac{1+R}{1-R}\right)\tan\left(\dfrac{\alpha}{2}\right)\right] - 2R^2 & (1-R)/2 < X < (1+R)/2 \\
0 & X > (1+R)/2
\end{cases}
$$

　　当 $R = 0$ 时，式（2-72）与式（2-69）相同。图 2-21 所示为不同遮拦比下的衍射限 MTF，图中空间频率为归一化空间频率。

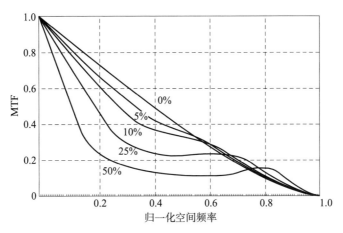

图 2-21　不同遮拦比下的衍射限 MTF

　　为了数学上表达方便，有时光学系统的 PSF 近似用高斯函数来表示，这样光学系统的 OTF 也为高斯函数。这种近似处理在成像系统仿真分析中用得比较多。

2.7.3.2　像差

　　光学像差指的是光学系统存在的成像缺陷，即实际像与理想像在位置和形状等方面存在的偏差。光学表面几何形状和光学材料色散等都会产生像差。光学系统的几何像差主要有 7 种，其中单色光像差有 5 种，即球差、彗差、像散、场曲、畸变；复色光像差包括轴向和垂轴色差 2 种。实际光学系统都会存在像差，会影响到光学系统的成像质量，但只要将像差控制到可以接受的程度就不会影响使用。

　　除了几何像差，还常采用波像差和 MTF 等评价光学系统成像质量。波像差是指实际波面与理想波面之间的光程差。一般认为，实际光学系统的最大波像差小于 1/4 波长，则其与理想光学系统的成像质量没有明显差别，该经验标准称为瑞利准则。

2.7.3.3　渐晕

　　在光学系统中，元件之间的失配导致对像面上的一些点产生部分口径遮拦，即光辐射不能全口径通过，这种现象称为光学系统的渐晕。渐晕并不一定是设计缺陷，有时利用渐晕来减少光学系统边缘光线的通过，这有助于校正光学系统像差，但这样做的代价是降低了轴外视场的辐射通量，导致像面照度不均匀。在大视场光学系统中，渐晕比较普遍。光学系统渐晕如图 2-22 所示。来自点源 A_1 的光束完全通过了由两片透镜组成的光学系统并成像到 B_1 点，而来自 A_2 点的光束一部分被光学系统的孔径遮挡。

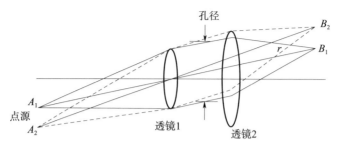

图 2-22　光学系统渐晕

2.7.3.4　杂散辐射

在光学系统设计中，一个很重要的问题是抑制杂散光或杂散辐射。杂散辐射可以定义为光学系统中非成像或不需要的辐射，包括折射表面、反射表面和结构表面反射与散射的非成像辐射及光学元件和结构自身的辐射。杂散辐射到达像面会降低图像的对比度，甚至可能淹没所需的辐射信号，从而使观测无法进行。

光学设计者都希望接收视场内目标发出的辐射，但由于入瞳有一定大小，一部分视场外的杂散辐射也进入了光学系统，这种杂散辐射照射到光学系统的内壁或零件的边框上就会引起闪耀或眩光，如果没有对杂散辐射进行抑制，则有可能严重影响光学系统所成像的对比度。特别是对于那些以太阳等强光源为背景的光学系统而言，杂散辐射对光学系统性能的影响较大。

抑制杂散辐射的方法很多，常用的方法包括在光学系统入光口处加遮光罩及在光学系统适当位置加杂散光挡板、消杂光光阑和镀抗反射膜等。

（1）遮光罩

在光学系统入光口处加遮光罩，可以避免太阳光直接射入光学系统。遮光罩内壁通常做成开口蜂窝状结构或设有多层挡光板（消杂光光阑），光线射在遮光罩内壁上后，绝大部分被蜂窝状结构或挡光板挡住。除了抑制杂散辐射外，遮光罩还可降低外热流波动对光学遥感器温度的影响。

（2）杂散光挡板

杂散光挡板为不透明的光阑，它能阻止光学系统中结构（或非光学）元件反射或散射的辐射通过光学系统。图 2-23 所示杂散光挡板可以防止杂散光经安装筒壁反射直接入射到探测器上。

（3）消杂光光阑

消杂光光阑是位于光学系统孔径光阑的像处的不透明光阑，其直径正好与孔径光阑的像的大小相等，因此，消杂光光阑能让来自孔径光阑的所有光线直接通过系统，而阻止内壁散射的光通过系统，如图 2-24 所示。

2.7.3.5　辐射衰减

光学系统的吸收和反射会使辐射能量衰减。当辐射从一种折射介质进入另一种折射介

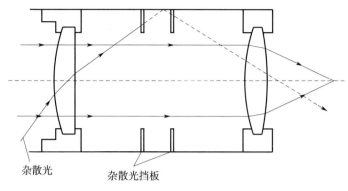

图 2-23　杂散光挡板

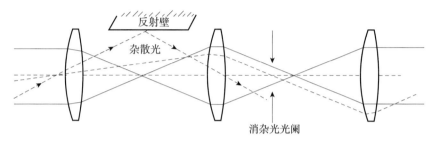

图 2-24　消杂光光阑

质时，部分辐射能量在两介质交界面处反射。此外，一些辐射被介质吸收。除了反射和吸收外，一些光学系统如卡塞格林望远镜存在遮拦，遮拦也会造成辐射能量衰减，从而降低光学系统的透过率。

　　光学系统对辐射能量的衰减通常用光学透过率 $\tau_{\text{optics}}(\lambda)$ 来描述，光学系统的透过率影响了通过光学系统到达探测器上的辐射通量。一般来讲，光学系统的透过率是波长 λ 的函数，感兴趣谱段的透过率越高越好。为了通过光谱积分给出精确的辐射量，需要弄清光学系统的光谱透过率及辐射源的光谱分布。

　　为了减小后向反射、降低透镜的透过率损失，通常要给透镜镀上抗反射膜（增透膜）。抗反射膜一般为沉积在透镜表面的多层膜，通过使透镜的折射率与空气或真空折射率之间形成逐渐过渡来达到增透的目的。例如，对于没有镀增透膜的锗（一种常用的红外光学材料），其透过率大约为 47%；而镀上多层增透膜后，其光学透过率可提高到 97% 以上。

2.8　探　测　器

　　探测器是空间光学遥感器的关键组成部分之一，它是一种辐射能转换器件，其主要功能是把接收到的电磁辐射能量转换成电信号。探测器的光谱响应主要由其材料的特性来决定。探测器的灵敏度与其材料特性、入射辐射波长、光敏元尺寸、频带宽度和工作温度等因素有关。

2.8.1　探测器概述

探测器可以按照不同的分类方法分成多种类型。例如，按照工作原理，探测器可分为光子（或量子）探测器和热探测器；按照激发方式，探测器可分为本征探测器和非本征探测器；按照工作温度，探测器可分为制冷（Cooled）型探测器和非制冷（Uncooled）型探测器；按照光电效应的形式，探测器可分为内光电效应探测器和外光电效应探测器；按照是否具有信号处理功能，探测器可分为分立式探测器和焦平面探测器[1, 6, 21-22]。

2.8.1.1　光子探测器与热探测器

光子探测器是基于光电效应（包括内光电效应和外光电效应）原理对辐射进行探测的器件。典型的光子探测器包括光导（Photoconductive）探测器、光伏（Photovoltaic）探测器和光电子发射（Photoemissive）探测器等。

光子探测器灵敏度高，响应速度快，因此它在很多领域得到广泛应用。目前，用于空间光学遥感的探测器多数为光子探测器。

热探测器吸收电磁辐射后，温度发生变化，进而导致它的一些电特性如电阻、电压或电容发生变化。热探测器的温度变化量与入射辐射的强度有关，通过对这些与温度有关的电特性进行测量，就可以确定入射到探测器上的辐射功率。

对于热探测器，由于入射辐射引起其温度变化这一过程比较缓慢，因此其响应时间比较长，即响应速度比较慢。此外，由于其温度变化主要与接收到的辐射功率有关，而与波长关系不大，因此热探测器的光谱响应范围通常比较宽，而且对各种波长入射辐射的响应率基本相同。热探测器通常工作在室温，不需要制冷，这是热探测器的优点之一。热探测器的灵敏度低，响应速度慢，这限制了其在空间光学遥感中的应用。

2.8.1.2　内光电效应探测器和外光电效应探测器

内光电效应探测器也称为固体探测器，主要的内光电效应探测器包括光导探测器和光伏探测器。对于内光电效应探测器，入射到敏感材料上的光子被吸收后与材料的电子能级相互作用产生电子跃迁，在探测器内形成自由电荷载流子，即产生内光电效应。产生的自由电荷载流子导致材料自身电特性发生变化，通过测量这些电特性的变化，就可以确定入射到探测器上的辐射功率。目前在空间光学遥感器中使用的探测器多数为内光电效应探测器。

内光电效应探测器采用的半导体包括本征半导体（纯净半导体）和非本征半导体（掺杂半导体）。对于本征半导体，材料价带（Valence Band）与导带（Conduction Band）间的能带隙宽度即禁带宽度决定了其光谱响应波长上限，即截止波长；对于非本征半导体，价带与杂质能带或杂质能带与导带间的能带隙宽度决定了其光谱响应波长上限。

外光电效应探测器也称为光子发射探测器，典型的外光电效应探测器包括光电管和光电倍增管（Photomultiplier Tube，PMT）等。对于外光电效应探测器，入射到敏感材料上的能量足够大的光子被材料吸收后产生的电子会逸出材料表面，即产生外光电效应。逸出材料表面的电子称为光电子。在光电倍增管中，入射光子打在敏感材料上而发射出光电子，光电子被放大数倍后产生大量电子，实现电子倍增。在美国陆地卫星 1、2 和 3 的 MSS 上使用了光电倍增管。

外光电效应探测器存在响应波长上限，即响应截止波长，超过该波长的光子能量低于材料的逸出功，电子不足以逸出材料表面形成光电子。

2.8.1.3 本征探测器和非本征探测器

对于纯净的半导体材料，其能带如图 2-25（a）所示。在图 2-25（a）中，下面的能带称为价带，即价电子所处的能带，为束缚电子所具有的最高能带；上面的能带称为导电带，简称导带，即导电电子所处的能带；价带与导带之间的能带称为禁带，电子不具有能量处于禁带的运动状态，即在禁带内不存在电子能级，E_g 为禁带宽度或能带隙宽度。当价带内的电子受到入射光子激发而获得大于禁带宽度的能量时，就跃迁到导带，而在价带中留下带正电荷的空穴，电子和空穴使半导体材料的电导率增大。由光子入射而导致半导体材料电导率增大的效应称为光电导效应。

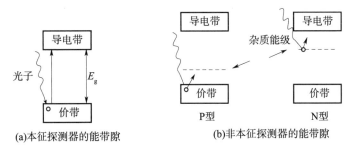

(a)本征探测器的能带隙　　(b)非本征探测器的能带隙

图 2-25　本征与非本征探测器的能带隙

在纯净的半导体材料中，电子被激发而在导带和价带分别产生电子和空穴的过程称为本征激发。基于本征激发方式工作的探测器称为本征探测器。本征探测器由纯净半导体材料（晶体）制成，没有晶格缺陷或掺杂。

对于本征探测器，要将电子从价带激发到导带，入射光子能量至少要达到禁带宽度。根据光量子理论，可得到光子能量必须满足：

$$E = h\nu = \frac{h \cdot c}{\lambda} \geqslant E_g \tag{2-74}$$

式中，E 为光子能量 [eV（电子伏特）]；h 为普朗克常数，$h = 6.626 \times 10^{-34}$ J·s；ν 为入射光的频率（Hz）；c 为真空中的光速，$c = 2.998 \times 10^8$ m/s；λ 为波长（μm）；E_g 为探测器的禁带宽度（eV）。

由式（2-74）可以得到探测器的截止波长为

$$\lambda_c = \frac{1.24}{E_g} \tag{2-75}$$

式中，λ_c 为入射光子能量等于禁带宽度时的波长，称为截止波长。

由式（2-75）可以看出，本征探测器的禁带宽度越宽，响应截止波长越短。例如，本征硅探测器的禁带宽度为 1.12 eV，由式（2-75）可计算出其光响应截止波长约为

$1.1~\mu m$。有些探测器，如采用 $In_xGa_{1-x}As$ 和 $Hg_{1-x}Cd_xTe$ 材料的红外探测器，通过改变材料组分值（x 值）可以改变材料的禁带宽度，从而改变探测器响应截止波长。

由于一些纯净半导体材料的禁带宽度比较宽，导致它们的响应截止波长比较短，不能在波长较长的谱段工作。通过在纯净半导体材料中掺入少量杂质半导体，且杂质半导体的电子能级接近导带或价带，可减小能量带隙宽度，从而实现对波长较长的辐射进行探测。在杂质半导体材料中，电子被激发而产生电子或空穴的过程称为非本征激发。基于非本征激发方式工作的探测器称为非本征探测器。对于非本征探测器，通过选择合适的掺杂材料，可以得到特定的激发能级和响应波长。

本征探测器的能带隙如图 2-25（a）所示，非本征探测器的能带隙如图 2-25（b）所示。图 2-25 中，P 型非本征探测器降低了导电带的能级，而 N 型非本征探测器增加了价带的能级，其结果是材料的能带隙宽度减小，从而使得探测器可以探测到波长更长的辐射。P 型非本征探测器中的杂质半导体接收价带中的电子，称为受主杂质，受主杂质的能带称为受主能带。N 型非本征探测器中的杂质半导体中的电子获得足够的能量后跃迁到导电带，由于它释放电子，因此称为施主杂质，施主杂质的能带称为施主能带。

对于非本征探测器而言，由于材料中的掺杂远少于其主材料，因此其量子效率比较低。由于掺杂材料的能级在室温状态下已几乎完全被激发，因此为了减少这种热激发并获得最大探测率，非本征探测器一般要制冷到约 77 K 或更低。典型的非本征探测器为硅掺杂（如 Si：As、Si：Sb）和锗掺杂（如 Ge：Au、Ge：Hg）探测器。

2.8.1.4　制冷型探测器和非制冷型探测器

有些探测器必须在低温环境下才能正常工作，称为制冷型探测器；而能够在常温环境下工作的探测器称为非制冷型探测器。工作在中波红外和长波红外谱段的光子探测器及部分工作在短波红外谱段的光子探测器多为制冷型探测器，需要利用制冷器［如热电制冷器（Thermo Electric Cooler，TEC）、机械制冷机和辐射制冷器等］对其进行制冷，以便使暗电流噪声降低到可接受的水平；工作在可见近红外谱段的探测器、一些工作在短波红外谱段的探测器及热探测器可以在常温下工作，属于非制冷型探测器，但有时利用热电制冷器保持其温度稳定。

2.8.1.5　分立式探测器和焦平面探测器

随着对光学遥感器探测灵敏度和（或）空间分辨率要求的不断提高，以及探测器技术的不断发展，探测器从单元发展到多元及线阵和面阵。探测器可以分为分立式探测器和焦平面探测器。分立式探测器的特点是每一个探测元需要有自己独立的引线，将探测器输出信号引到信号处理电路上，即探测器与信号处理电路是分开的，探测器仅用于完成光电转换功能。当探测器元数增加到成千上万元时，若仍然采用分立式探测器，则会导致引线非常多，后续信号处理电路非常庞大，在工程上难以实现。特别是对于需要制冷的红外探测器，其一般要置于杜瓦内，通过引线连接到杜瓦外的信号处理电路上，引线数量多会增加杜瓦的热负载。如果把很多元探测器的输出信号合成一路或多路输出，则可以减少引线数量，基于这种思想设计的探测器称为焦平面探测器。

　　20 世纪 70 年代中期，美国提出了基于碲镉汞（HgCdTe）的"焦平面阵列"（Focal Plane Array）概念，此后在 HgCdTe 外延材料技术、光伏阵列芯片技术、碲化镉（CdTe）钝化技术及微电子技术等的发展和带动下，研制出线阵和面阵第二代红外探测器，即红外焦平面探测器。线阵（包括单线阵和 TDI 线阵）红外焦平面探测器通过机械扫描或推扫方式进行成像探测；面阵红外焦平面探测器为二维电扫描器件，具有积分时间长和灵敏度高等优势。

　　红外焦平面探测器不仅要完成光电转换功能，还要完成信号处理等功能。其通常采用混成结构形式，将红外探测器芯片与专用互补金属氧化物半导体（Complementary Metal Oxide Semiconductor，CMOS）读出电路通过铟柱互联耦合在一起。其中，红外探测器芯片完成光电转换和电荷收集；CMOS 读出电路的主要功能包括为探测器提供偏压、电荷到电压转换、信号放大、信号多路传输，有的读出电路还集成了模/数转换器（Analog to Digital Converter，ADC），甚至还可集成数字信号处理，如非均匀性校正等功能。

　　由于红外焦平面探测器光敏元输出信号直接连接到读出电路上，因此与分立式探测器相比，其抗干扰能力较强，信噪比较高。此外，由于探测器芯片与读出电路集成到一起，因此其可靠性较高。

　　从技术上讲，焦平面探测器泛指各种具有信号处理功能的成像器件，包括可见光成像中用的电荷耦合器（Charge Coupled Device，CCD）和 CMOS 图像传感器。但这一术语在红外成像中用得比较多，而在可见光成像中用得比较少。

　　在空间光学遥感器中用得比较多的单元探测器、多元探测器、线阵探测器和面阵探测器的典型几何形状及排列如图 2-26 所示。多元探测器通常有几个到几十个探测元，线阵探测器通常有上千乃至上万个探测元，面阵探测器的每一维通常有几十到数千乃至上万个探测元。

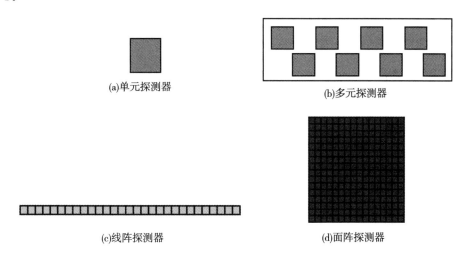

(a)单元探测器　　　　　　　　(b)多元探测器

(c)线阵探测器　　　　　　　　(d)面阵探测器

图 2-26　常见探测器的几何形状及排列

2.8.2 典型探测器简介

2.8.2.1 光导探测器

光导探测器由可以把吸收的光子转化为自由电荷载流子的半导体材料制成。其工作机理是：探测器吸收光子产生自由电荷载流子，自由电荷载流子的变化引起探测器电导率（阻抗）发生变化。自由电荷载流子数目增加，探测器的有效阻抗下降。光导探测器本质上为可变电阻，其电导率随着入射到其上的辐射通量单调增加。由入射光子引起的电荷变化与入射光的辐照度、探测器光敏元尺寸、量子效率及电荷载流子平均寿命等有关。为光导探测器提供偏流，就可以反映出其电导率变化，如图 2-27 所示。在图 2-27 中，V 为直流电压，I_c 为流过电路的电流，R_L 为负载电阻，R_d 为探测器阻抗，C 为电容[6]。

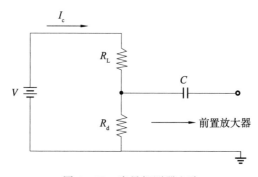

图 2-27　光导探测器电路

在空间光学遥感中，光导碲镉汞探测器是一种很重要的光导探测器，它已应用在很多空间光学遥感器上。这种探测器通常需要制冷到 100 K 左右。

2.8.2.2 光伏探测器

光伏探测器是通过在半导体中形成 P-N 结的方式来制成的。由于 P-N 结自身存在一个固有的电压，因此光伏型探测器不需要偏压或偏流。光伏探测器工作示意图如图 2-28 所示，光子被 P 型材料和 N 型材料的结合处即 P-N 结吸收，该区域称为耗尽区。这种 P-N 结与二极管相同，所不同的是有光照时会产生电压。由于光伏探测器的电流-电压特性与二极管的电流-电压特性很相似，因此有时也把光伏探测器称为光电二极管[6]。

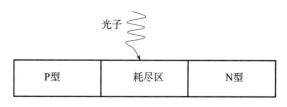

图 2-28　光伏探测器工作示意图

光子在 P-N 结处被吸收后会产生电子-空穴对，电子-空穴对会改变结电压。电压的变化反映了入射到探测器上的辐通量。与光导探测器一样，光伏探测器的光谱特性由材料的能级决定。尽管光伏探测器与光导探测器的材料及探测机理相似，但它们的工作方式存在差异。光伏探测器的优点之一是由热激发导致的暗电流较小。

光伏探测器可工作在开路状态，直接测量光子吸收所产生的电压。对于工作在开路状态下的光伏探测器，由于没有外加偏置电压，因此没有漏电流。能量足够大的光子入射到 P-N 结上，会产生电子-空穴对。如果其中的一些电子扩散进入耗尽区，则它们会被电场加速而进入 N 区，成为自由电子，这样会使 P-N 结两端产生电压。处于开路状态的光伏探测器存在一些缺点：首先，它们的时间常数相对比较长，原因是输出信号是电荷扩散的结果；其次，它们对入射辐射能量的响应不是线性关系，而是对数关系。

光伏探测器也可以工作在反向偏压状态，称为光导模式。这种工作模式的优点是响应速度快、响应线性度好、灵敏度比较高。在反向偏压模式下，给二极管施加一个与其内电场方向相同的外电压，该电压使结电场增强，耗尽区的宽度增加，在耗尽区形成电子-空穴对的概率提高。当电子穿过耗尽区时，外加偏置电压会在电路中形成电流。如果制造时在 P 和 N 型材料之间留一个绝缘层，使之形成 PIN 光电二极管，则耗尽区的光子吸收数量可以增加。

雪崩光电二极管（APD）是一种工作在光导模式下的特殊光伏探测器。通过给其 P-N 结施加高的反向偏压，使得通过强电场的一些电子获得更多的能量，从而产生附加的电子-空穴对。如果新产生的电子-空穴对获得足够高的能量，则它们会产生更多的电子-空穴对。这一过程称为雪崩式乘积，是获取高内部增益的一种手段。

虽然光电二极管可由很多材料制成，但从目前来看，由硅材料制成的平面 P-N 结光电二极管最为先进和成熟，原因是硅半导体技术的发展比较快。硅光电二极管的量子效率高、噪声小，而且用于遥感成像探测一般不需要制冷，其光谱响应范围为 $0.4 \sim 1.1 \ \mu\mathrm{m}$。硅光电二极管已经应用在美国陆地卫星 MSS 和 TM 等航天光学遥感器上。

2.8.2.3　光电子发射探测器

光电子发射探测器与光伏探测器和光导探测器不同，其为外光电效应探测器，工作原理如图 2-29 所示[6]。

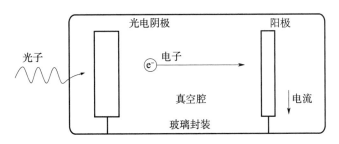

图 2-29　光电子发射探测器的工作原理

光电子发射探测器由光电阴极、阳极和真空腔等部分组成，真空腔外壳通常采用玻璃封装。当光电阴极吸收了能量足够大的光子后，将会从表面释放出电子，电子通过真空腔内的电场加速后到达阳极。在这个过程中，只有能量超过光电阴极材料逸出功的电子才会被释放出来。电子被收集到阳极，通过测量相应的电流就可以确定到达光电阴极的光强。光电阴极一般设计成具有较高的光吸收率和较小的逸出功。

光电倍增管是一种比较特殊的光电子发射探测器，它一般用于需要较高增益的微光探测场合。光电倍增管通常由光电阴极、打拿极（电子倍增器）、收集电子的阳极及抽真空的玻璃或金属容器等几部分组成，如图 2-30 所示。

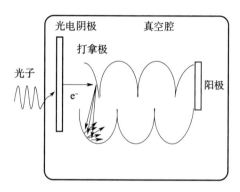

图 2-30　光电倍增管的工作原理

当入射光子被光电阴极吸收后，自由电子逸出表面。从光电阴极发射出的电子被加速打到第一个打拿极上，其中具有足够能量的电子打在第一个打拿极上会释放出很多电子，这些电子被加速打到第二个打拿极上。具有足够能量的电子打在第二个打拿极上又会释放出很多电子，这些电子被加速打到第三个打拿极上。依此重复多次，这样从光电阴极发射出的一个电子通过多个打拿极到达阳极后变成很多个电子，即电子得到倍增放大，光电倍增管由此得名。光电倍增管的内部增益很高，其增益可以估计为

$$G_c = \chi^n \tag{2-76}$$

式中，G_c 为电流增益；χ 为打拿极的电子二次发射率；n 为打拿极的数目。

一个具有九级增益、电子二次发射率为 8 的光电倍增管的增益能达到 10^7 左右。光电倍增管的高增益、低噪声特性使其在一些场合得到广泛应用。

2.8.2.4　测辐射热计

测辐射热计的探测原理是入射到探测器材料上的辐射会引起其阻抗发生变化。简单的测辐射热计由发黑的金属薄片或半导体细丝构成。测辐射热计的工作原理如图 2-31 所示[6]。

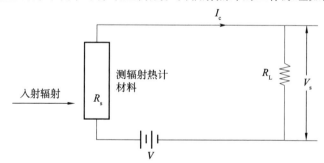

图 2-31　测辐射热计的工作原理

测辐射热计有时被称为热敏电阻，原因是这种材料的电阻随温度变化而改变。测辐射热计通常由一种较长的窄带材料构成，材料表面涂有高吸收率涂层。在偏置电流的作用下，通过测量窄带材料的电阻率就可以测定吸收的辐射。

2.8.2.5　CCD 探测器

CCD 探测器因其被广泛应用而被人们所熟知，它是一种常用的光子探测器。实际上，CCD 指的是探测器的一种读出电路结构形式。电荷耦合的基本含义是光生电荷收集到势阱中后，通过串行过程将其从所在的探测元位置有选择性地转移或者读出。CCD 探测器由若干电荷耦合单元构成，其基本单元通常为金属-氧化物-半导体（Metal Oxide Semiconductor，MOS）电容器结构。它以 P 型或 N 型半导体为衬底，在衬底上覆盖一层 SiO_2，再在 SiO_2 层表面按照一定次序沉积一层金属电极，从而形成 MOS 电容式器件。基于 P 型硅的 MOS 门电路的基本结构如图 2-32 所示[6]。

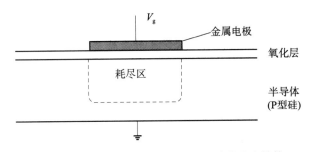

图 2-32　基于 P 型硅的 MOS 门电路的基本结构

基于 CCD 体系结构的探测器具有 3 种基本功能，即电荷收集、电荷转移及把电荷转化为可测量的电压。当给金属电极与衬底之间施加正电压 V_g 时，多数载流子（空穴）将在电场的作用下离开氧化层，在氧化层与半导体界面处形成耗尽区。这时，如果能量大于能带隙宽度的入射光子被耗尽区吸收，将会产生电子-空穴对。

CCD 是一种模拟移位寄存器，通过施加时钟电压可实现整个电荷包序列的转移。为了读出电荷包中的电荷，CCD 阵列的每一部分均与其外围的移位寄存器相连，电荷包在时钟作用下从移位寄存器移出。在实际工作过程中，电荷包的转移和读出并不理想，每次转移都有一小部分电荷损失。这种损失可以用电荷转移损失率或电荷转移效率来描述，电荷转移损失率的典型值为 10^{-4} 量级。

目前，空间光学遥感中常用的 CCD 探测器包括线阵 CCD 探测器和面阵 CCD 探测器，其中线阵 CCD 探测器包括单线阵、多线阵和时间延时积分（Time Delay and Integration，TDI）CCD 探测器。对于硅 CCD 探测器，其光谱响应范围为 $0.4 \sim 1.1~\mu m$。

TDI 是提高空间光学遥感器信噪比（Signal to Noise Ratio，SNR）的有效方法之一，其工作原理类似于对同一目标进行多次曝光并将信号相加。TDI 通过在扫描方向靠得比较近的一些探测元来实现。当目标的像扫过探测元阵列时，电荷包以同样的速率读出。当多个探测元的电荷在扫描方向上的同一位置被采样后，它们的输出信号被加在一起。在这个过程中，信号直接相加，而噪声以均方根（Root Mean Square，RMS）的方式相加，使得

信噪比提高 $N_{\text{TDI}}^{1/2}$ 倍，其中 N_{TDI} 为实际使用的 TDI 级数。

对于 TDI 成像模式，电荷包的运动必须与目标像的运动同步（包括速率和方向）。如果目标像的扫描速率与像素时钟速率不匹配，则会导致输出图像模糊，因此目标像的运动速度的精度决定了实际可用的 TDI 级数。

随着空间光学遥感器空间分辨率不断提高，所需探测器的规模也不断增大，单个 CCD 探测器的规模难以满足要求，需要将多个 CCD 探测器拼接使用来满足要求。例如，美国于 2001 年 10 月发射的 QuickBird 卫星上的相机配了 1 个全色（PAN）谱段和 4 个多光谱（MS）谱段，相机焦面探测器布局如图 2-33 所示[23]，其全色谱段（525～924 nm）及蓝（447～512 nm）、绿（499～594 nm）、红（620～688 nm）和近红外（755～874 nm）4 个多光谱谱段的探测器各采用 6 个探测器模块（Detector Chip Assembly，DCA）交错拼接而成，相邻探测器模块有部分像元重叠。全色谱段共有 27 888 个像元（含重叠像元，去除重叠像元后为 27 568 个像元），多光谱谱段共有 6 972 个像元（含重叠像元，去除重叠像元后为 6 892 个像元）。每个探测器模块两端有部分像元被遮住不感光。全色谱段探测器模块采用 32 级 TDI CCD 探测器，TDI 级数可根据景物辐亮度选择 10、13、18、24 或 32 级。多光谱探测器模块包含 4 行单线阵 CCD 探测器，分别对应蓝、绿、红和近红外 4 个谱段，采用各自的滤光片覆盖。

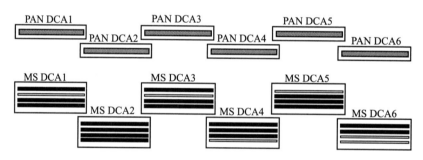

图 2-33　QuickBird 卫星上的相机焦面探测器布局

美国于 2009 年 10 月发射的 WorldView-2 卫星上的相机配备了 1 个全色谱段和 8 个多光谱谱段。全色谱段探测器采用 50 个探测器模块交错拼接而成，每个全色探测器模块采用 64 级 TDI CCD 探测器，像元尺寸为 8 μm，TDI 级数可根据景物辐亮度选择 8、16、32、48、56 或 64 级。8 个多光谱谱段按照 4 个谱段一组分成两排放置在全色谱段两侧。每一排多光谱探测器采用 10 个探测器模块交错拼接而成，每个多光谱探测器模块采用 24 级 TDI CCD 探测器，像元尺寸为 32 μm，TDI 级数可根据景物辐亮度选择 3、6、10、14、18、21 或 24 级[14]。

2.8.2.6　CMOS 探测器

CMOS 探测器的优势在于可以把一个或多个晶体管集成到像素中，这样即可以实现完全寻址（可读取所选择的像素），并可以进行片上（on-chip）处理。通过在探测器芯片内增加信号处理功能，如模/数转换和相关双采样等，可以使基于 CMOS 探测器的相机尺寸小于基于 CCD 探测器的相机尺寸。

根据像素的结构不同，CMOS 探测器可以分为无源被动像素传感器（Passive Pixel Sensor，PPS）和有源主动像素传感器（Active Pixel Sensor，APS），两者的主要区别在于后者的像元具有信号放大和处理功能。PPS 具有单元结构和寻址简单等优点，但存在灵敏度较低、读出噪声较大等缺点，这些缺点限制了其发展和应用，因此很快被 APS 取代。

近些年，随着 CMOS 技术的不断发展和成熟，CMOS 探测器的性能已经与 CCD 探测器很接近，而且在集成度、处理速度、功耗、尺寸和使用成本等方面具有优势，这为其在空间光学遥感领域逐渐取代 CCD 探测器奠定了基础。特别是基于电荷域 CCD 方法的 TDI CMOS 探测器研制成功，为在空间光学遥感领域取代目前广泛应用的 TDI CCD 探测器奠定了良好的技术基础。

韩国于 2010 年 6 月发射的 COMS 卫星上的静止轨道海色成像仪（Geostationary Ocean Color Imager，GOCI）采用的是面阵 CMOS 探测器，探测器像元规模为 1 415×1 432，像元尺寸为 14.8 μm×11.5 μm[24]。

欧洲于 2015 年 6 月发射的 Sentinel - 2A 卫星上的多光谱仪器（MSI）有 10 个可见近红外（VNIR）谱段，采用的是线阵 CMOS 探测器。在 10 个谱段中，4 个谱段的空间分辨率为 10 m，4 个谱段的空间分辨率为 20 m，2 个谱段的空间分辨率为 60 m。VNIR 焦面组件采用 12 个 CMOS 探测器模块拼接而成，每个模块包含 10 个谱段，相邻两个模块间重叠 98 个像元尺寸为 15 μm×15 μm 的像元。在每个探测器模块中，10 m 分辨率谱段有 2 592 个像元，像元尺寸为 7.5 μm×7.5 μm；20 m 分辨率谱段有 1 296 个像元，像元尺寸为 15 μm×15 μm；60 m 分辨率谱段有 1 296 个像元，像元尺寸为 15 μm×45 μm[25-26]。

2.8.2.7　红外焦平面探测器

近些年来，红外探测器薄膜材料生长、半导体精密光刻和集成电路等技术的不断发展，促进了红外焦平面探测器的发展和广泛应用。典型的制冷型红外焦平面探测器包括碲镉汞（HgCdTe 或 MCT）、锑化铟（InSb）、量子阱（QWIP）、Ⅱ类超晶格（T2SL）及硅基阻挡杂质带（Block Impurity Band，BIB）红外焦平面探测器等。典型的非制冷型红外焦平面探测器包括工作在可见近红外到短波红外谱段的 InGaAs 红外焦平面探测器，以及工作在热红外谱段的微测辐射热计（Microbolometer）等。下面对这些红外焦平面探测器进行简要介绍[27-39]。

（1）InGaAs 红外探测器

用于制作 InGaAs 红外探测器的 $In_x Ga_{1-x} As$ 材料属于Ⅲ - Ⅴ族化合物半导体合金材料，为闪锌矿立方晶体结构。随 In 组分含量 x 值的不同，其晶格常数由 GaAs 的 0.565 3 nm 变化至 InAs 的 0.605 8 nm，其禁带宽度 E_g 由 GaAs 的 1.43 eV 变化到 InAs 的 0.35 eV，对应的光谱响应截止波长由 0.87 μm 变化到 3.5 μm。当 $x = 0.53$ 时，$In_{0.53}Ga_{0.47}As$ 的晶格常数（0.587 0 nm）与 InP 的晶格常数完全匹配，光谱响应范围为 0.9~1.7 μm，这样可在 InP 衬底上外延生长高质量的 InGaAs 薄膜材料。目前，通过增加 In 组分含量，InGaAs 红外焦平面探测器的工作波长范围可延长至约 2.6 μm，覆盖了夜天光的主要能量范围，因此其可用于微光夜视及近红外和短波红外观测。然而，增加 In

的含量会使 InGaAs 材料与衬底材料的晶格失配比增大，为了保证材料的生长质量从而防止器件性能劣化，必须在 InGaAs 薄膜材料与衬底之间引入合适的缓冲层结构。InGaAs 探测器具有量子效率高、探测率高、稳定性好、制作工艺成熟、在室温或近室温条件下可获得较高灵敏度等优点。InGaAs 红外探测器已经在法国 SPOT-4 和 SPOT-5 等卫星上得到应用。

（2）InSb 红外探测器

InSb 红外探测器的工作谱段覆盖近红外到中波红外谱段，特别是在中波红外 3~5 μm 应用较广。InSb 红外焦平面探测器具有量子效率高及稳定性和均匀性好等优势，其劣势主要是工作波长不能覆盖长波红外谱段，且传统的 InSb 红外焦平面探测器需要工作在较低温度下。然而，随着技术的不断发展，一些新的器件结构〔如 nBn 器件结构，即 n 型吸收层（n）、势垒层（B）和 n 型接触层（n）〕不断出现，使得这种结构的 InSb 红外探测器可以工作在较高的温度。InSb 红外探测器已在美国多光谱热成像仪（Multispectral Thermal Imager，MTI）等空间光学遥感器中得到应用。

（3）HgCdTe 红外探测器

用于制作 HgCdTe 红外探测器的 $Hg_{1-x}Cd_xTe$ 材料为三元化合物窄禁带半导体材料，通过对 Cd 组分值 x 的调节可改变禁带宽度，从而实现响应波长连续可调。其禁带宽度 E_g 随 $Hg_{1-x}Cd_xTe$ 材料 Cd 组分值 x 和温度 T 的变化函数经验公式如下：

$$E_g = -0.302 + 1.93x - 0.81x^2 + 0.832x^3 + 5.35 \times 10^{-4} T(1-2x) \qquad (2-77)$$

式中，E_g 为禁带宽度（eV）；x 为 Cd 的组分值；T 为工作温度（K）。

HgCdTe 红外探测器属于直接带隙半导体材料，吸收入射光子产生的电子跃迁为带间跃迁，即电子从价带跃迁到导带。这种跃迁方式的优点是材料的光吸收大，量子效率和响应率高。HgCdTe 红外探测器响应波长连续可调及量子效率和响应率高等优点使之在各领域得到广泛应用。HgCdTe 红外探测器的优点很突出，但缺点也非常明显。它是一种主要由离子键结合的三元半导体材料，碲与镉及碲与汞之间通过离子键的方式连接，互作用力小。元素汞很不稳定，容易从 HgCdTe 材料中逸出，从而造成材料缺陷、材料不均匀及器件性能不一致，这是 HgCdTe 材料的固有问题，在长波红外谱段应用时尤为突出，原因是在长波红外谱段由组分变化导致的器件响应波长变化更大。例如，对于截止波长为 15 μm 的 HgCdTe 红外探测器，其组分变化 Δx 为 0.002 时，截止波长变化约 0.56 μm；而对于截止波长为 7 μm 的 HgCdTe 红外探测器，其组分变化 Δx 为 0.002 时，截止波长变化约为 0.12 μm，两者变化相差很大。随着 HgCdTe 红外探测器响应波长变化，器件暗电流也随之发生较大的变化。因此，对于长波红外 HgCdTe 探测器，其组分的不均匀导致的器件性能不均匀性更严重。另外，对于长波红外 HgCdTe 探测器，其禁带宽度变窄，带间隧穿电流大，暗电流大，器件性能恶化。为了获得好的器件性能，对材料生长质量及器件工艺要求更加严格，导致成品率降低，器件成本升高。HgCdTe 红外探测器存在的另外一个主要问题是 HgCdTe 薄膜材料生长的衬底问题，与 HgCdTe 晶格匹配的衬底材料为碲锌镉（CdZnTe），但大尺寸 CdZnTe 衬底材料制作难度很大，而且成本非常高，因此基于

CdZnTe 衬底材料制作大面阵 HgCdTe 红外探测器挑战非常大，且价格极其昂贵。若采用 Si 等材料作为替代衬底，则会面临晶格不匹配带来的探测器质量问题，特别是应用于长波红外谱段时难度更大。HgCdTe 红外探测器已在空间光学遥感器上得到广泛应用，且规模不断加大。

文献 [33] 介绍了法国 Sofradir 公司为空间高光谱探测任务研制的 SATURN HgCdTe 探测器的主要技术指标，如表 2-11 所示。该款探测器包括 SWIR 版和 VISIR 版，其中 VISIR 版的光谱响应范围覆盖了可见光到短波红外光谱区。

表 2-11　SATURN HgCdTe 探测器的主要技术指标

指标名称	指标要求	
	SWIR 版	VISIR 版
阵列规模	1 000×256,可行选	
像元中心间距/(μm×μm)	30×30	
谱段/μm	0.9~2.5	0.4~2.5
量子效率/%	>80	>70
有用动态范围的非线性/%	<0.5	
MTF@Nyquist 频率	>0.5	
工作温度/K	130~至少 200	
电荷处理能力/Me$^-$	增益 1:0.53 增益 2:2.5 增益可逐行选	
读出电路噪声/e$^-$	<150(增益 1) <350(增益 2)	
输出电路响应率/(μV/e$^-$)	5.8(增益 1) 1.3(增益 2)	
输出动态范围/V	约 3	
成像模式	快照(Snapshot)	
积分与读出模式	积分的同时读出(IWR)	
行选	可随机跳过无用的行	
模拟输出路数	4 或 8 路可选	
每路最大输出频率/MHz	8	

文献 [34] 介绍了 Teledyne 图像传感器公司为超大尺寸望远镜（ELT）研制的像元尺寸为 15 μm、截止波长分别为 1.7 μm 和 2.5 μm 的科学级 4k×4k HgCdTe 面阵红外探测器芯片组件（SCA）的性能，通过去除衬底，使探测器光谱响应范围覆盖了可见光谱段。表 2-12 给出了 3 个探测器芯片组件（SCA 18315、SCA 18321 和 SCA 18575）的性能。

表 2 - 12　4k×4k HgCdTe 面阵红外探测器芯片组件的性能

参数	SCA 18315 NIR 1.7 μm	SCA 18321 NIR 1.7 μm	SCA 18575 SWIR 2.5 μm	备注
阵列规模①	4 096×4 096	4 096×4 096	4 096×4 096	测量
功耗②/mW	3.04	3.53	3.01	测量
探测器材料	HgCdTe	HgCdTe	HgCdTe	测量
探测器衬底	CdZnTe,去除	CdZnTe,去除	CdZnTe,去除	测量
截止波长(50% 峰值 QE)/μm	1.79	1.78	2.45	测量
平均 QE@800 nm(%)	55	65	60.5	测量
平均 QE@1000 nm(%)	72	70	84.6	光谱曲线和减反膜试片
平均 QE@1 230 nm(%)	80	70	88.1	测量
平均 QE@1 500 nm(%)	86	71	93.1	光谱曲线和减反膜试片
平均 QE@2 000 nm(%)	—	—	85.2	测量
平均暗电流/(e⁻/s) 1.7 μm：@ 0.25 和 0.35 V 偏压 @110～130 K 2.5 μm：@ 0.25 V 偏压 @80 K	0.023@130K @0.25 V 0.019@120K @0.25 V 0.006@110K @0.25 V 0.032@120K @0.35 V	0.047@130K @0.25 V 0.009@120K @0.25 V 0.008@110K @0.25 V 0.068@120K @0.35 V	0.005 5@80K @0.25 V	测量
平均读出噪声(CDS, @100 kHz 像元 输出速率)/e⁻	18.1	20.8	17.5	测量
电荷处理容量@0.25 和 0.35 V 偏压/e⁻	≥ 61 549@0.25 V ≥ 79 185@0.35 V	≥ 68 045@0.25 V ≥ 90 676@0.35 V	≥ 141 376@0.25V	测量
串扰③/%	1.1	0.8	1.0	测量
有效像元率④/%	97.4	97.2	93.5	测量
大于 50 以上的盲元簇/%	0.11	1.1	0.2	测量
SCA 平面度⑤/μm	13.9	13.6	19.6	测量

注：① 在整个 4 096×4 096 像元中,4 088×4 088 个像元用于光探测,每边各有 4 行和 4 列为参考像元。

② 以 100 kHz 像元输出速率、非缓存 32 路输出,不包括外部电源,用户需要根据探测器在系统上的应用情况对功耗进行优化。

③ 串扰包括光串(电荷扩散)和电串(像元间电容)。

④ 有效像元定义:QE ≥ 30% @1 500 nm,SWIR 谱段暗电流≤ 0.5 e⁻/s,NIR 谱段暗电流≤ 0.1 e⁻/s,CDS 噪声≤ 35 e⁻。

⑤ 相对最佳拟合面的最大变化(峰-谷值),每个 SCA 的平面度采用白光干涉测量,并对整个 SCA 面进行成像和分析。

（4）QWIP 红外探测器

QWIP 红外探测器的名称来源于其构成材料在能带结构上形成电子或空穴势阱，入射光子引起的电子或空穴跃迁属于子带间跃迁，在外加电场作用下光生载流子被收集形成光电流。目前常用的 QWIP 红外探测器主要是 GaAs/AlGaAs 量子阱红外探测器，其基于成熟的 Ⅲ-Ⅴ 族材料生长和器件工艺技术，通过分子束外延（Molecular Beam Epitaxy，MBE）等方法生长材料，采用 GaAs 衬底，不存在晶格匹配问题，衬底尺寸可以达到 6 英寸（约 150 mm）以上，可生长大面积、高均匀性量子阱材料；其构成元素 Ga、As 与 Al、As 之间是共价键结合，互作用力大，材料牢固稳定。通过改变材料组分和厚度，可方便地调节势阱内的能级位置，器件响应波长可从 3 μm 到 30 μm 乃至更长连续可调。与 HgCdTe 长波红外探测器相比，QWIP 长波红外探测器的突出优势是大面积量子阱材料的均匀性好，制备出的长波红外探测器具有均匀性和稳定性好、成品率高等优势。量子阱红外探测器的另一个优势在于便于制备双色或多色大面阵红外探测器，通过生长材料时调节材料组分、厚度，可依次生长不同波段的红外探测器材料，实现双色或多色探测。QWIP 红外探测器的不足之处在于量子效率低、谱段窄，其量子效率远小于 HgCdTe 材料的量子效率，因此在光学系统和积分时间相同的条件下，QWIP 红外探测器性能比 HgCdTe 红外探测器低。为了提高其性能，需要延长积分时间，但这会牺牲响应速度。QWIP 红外探测器存在的另外一个问题是，为了降低暗电流以获得较好的器件性能，通常要求在很低的温度下工作。例如，QWIP 长波红外探测器的工作温度通常需要达到 40 K 左右，导致对制冷要求高，制冷功耗和代价大。QWIP 红外探测器已在美国 Landsat-8 和 Landsat-9 卫星热红外遥感器（Thermal Infrared Sensor，TIRS）中得到应用。

（5）T2SL 红外探测器

T2SL 红外探测器是由 Ⅲ-Ⅴ 族材料 InAs、GaSb 和 AlSb 及其化合物按照一定的组分、层厚度和顺序周期性交替生长而成的人工晶体结构。这些材料的晶格常数很接近（约为 6.1 Å），被称为 6.1 Å 材料系。在研制大面阵、高工作温度、高灵敏度、高均匀性、高稳定性和多色红外探测器等方面，T2SL 红外探测器具有潜在优势，特别是在研制长波红外（LWIR）和甚长波红外（VLWIR）探测器方面的潜在优势很大。

T2SL 红外探测器采用类似量子阱红外探测器的材料生长方法生长超晶格材料，不同之处在于超晶格的势阱和势垒层都非常薄，约为几个单分子层厚度，势阱中的电子通过势垒隧穿形成微带，入射光子产生的跃迁在微带之间完成，通过调节组分、厚度及界面的应变可调节微带的位置，从而达到调节类似材料"禁带宽度"的效果。T2SL 红外探测器的响应波长可从短波到甚长波红外乃至更长。与 HgCdTe 材料相比，Ⅱ 类超晶格材料的优势主要体现在：1）Ⅱ 类超晶格材料的电子有效质量大，在长波范围约为 HgCdTe 的 3 倍，尤其在甚长波。随着波长加长，HgCdTe 的电子有效质量变小，而 Ⅱ 类超晶格材料的电子有效质量却不变。由此决定了 T2SL 红外探测器带间隧穿电流小，器件暗电流小。2）通过应变对能带结构的调节作用，能有效降低俄歇复合，延长载流子寿命，从而提高器件性能。以上两个因素导致在长波及甚长波红外谱段 T2SL 红外探测器能够实现更高的性能和工作温度。目前 T2SL 红外探测器的实测结果与理论值相比还有 $1\sim2$ 个量级的差距，说明目前 T2SL 红外探测器在材料设计、材料生长及器件工艺等方面还有待进一步完善，器件性能还有进一步提升的空间。3）基于 Ⅲ-Ⅴ 族材料生长技术，采用先进的 MBE 薄膜材料生长设备进行材料生长，衬底采用晶格匹配的 GaSb 衬底，能够生长大面积高均匀性 T2SL 红外探测器材料。4）T2SL 材料构成元素之间化学键强，材料稳定性好，对工艺的要求大大降低，器件产业化优势明显，制作成本有望大幅低于 HgCdTe 红外探测器。另外，人们也在尝试在 GaAs 衬底上进行 T2SL 材料生长，以进一步降低成本。概括起来，T2SL 红外探测器具有能带隙调整范围宽、材料均匀性和稳定性好、预测性能高、制造成本低等优势，但要将这些优势变为现实还有大量研究工作要做。

（6）BIB 红外探测器

BIB 红外探测器通过掺杂减小禁带宽度，从而实现甚长波乃至远红外探测，已经在美国宽视场红外巡天探测仪器（Wide Field Infrared Survey Explorer，WISE）等天文观测仪器中得到应用，其典型代表为硅掺砷（Si∶As）和硅掺锑（Si∶Sb）BIB 红外探测器。这类红外探测器具有响应谱段范围宽、探测灵敏度高等优势，但通常需要工作在低于 10K 的温度条件下，制冷难度和代价非常大，特别是对于长寿命空间应用。表 2-13 给出了 WISE 使用的 Si∶As BIB 红外探测器的技术指标。

表 2-13　Si∶As BIB 红外探测器的技术指标

指标名称	指标要求
谱段范围/μm	$7.5\sim16.5$（谱段 3）、$20\sim28$（谱段 4）
工作温度/K	7.8 ± 0.5
阵列规模	$1\ 024\times1\ 024$
量子效率（谱段平均，带减反膜）/%	>60
像元中心间距/μm	18
有效像元率/%	>90
暗电流（平均，@工作温度）/(e^-/s)	<100
读出噪声（e^-，CDS rms）	103
势阱容量（e^-）	>100 k
功耗/mW	3.7
输出路数	4

（7）非制冷红外焦平面探测器

在非制冷红外焦平面探测器中，微测辐射热计的发展很快，目前市场占有率最高，基于微测辐射热计的热像仪已经在很多领域得到广泛应用。微测辐射热计技术与半导体工艺兼容，能够与 CMOS 读出电路集成，可基于半导体制造工艺大规模生产。氧化钒（VO$_x$）和非晶硅（α-Si）薄膜是目前非制冷红外焦平面探测器采用的两种主流热敏薄膜材料。

2.8.3　探测器的性能参数

用来描述探测器性能的参数有很多，其中一些具有代表性的参数包括：响应率、响应

时间常数、光谱噪声等效功率、光谱探测率、光谱 D^*、峰值波长与截止波长、峰值
D^*、光谱 D^{**}、背景限 D^*、波段探测率、响应量子效率、噪声、MTF、有效像元率。

　　下面对上述一些探测器性能参数做简要介绍。

2.8.3.1　响应率

　　探测器的响应率描述的是其将辐射信号转换成电信号的能力，它定义为探测器输出信
号量除以接收的辐射量。输出信号量可以是电压或电流，接收的辐射量可以是辐通量、辐
照度或辐亮度。探测器的响应率一般为波长的函数，称为光谱响应率。探测器的单色输出
信号对响应波长范围的积分除以其接收的单色辐射量对响应波长范围的积分，称为积分响
应率。

　　（1）光谱响应率

　　假设探测器的输出信号单位为电压，则其对辐通量的光谱响应率 $R_\Phi(\lambda)$ 定义为探测
器输出电压的均方根值与单色入射辐射的辐通量均方根值之比：

$$R_\Phi(\lambda) = V(\lambda)/\Phi(\lambda) \qquad (2-78)$$

式中，$R_\Phi(\lambda)$ 为光谱响应率（V/W）；$V(\lambda)$ 为输出电压的均方根值（V）；$\Phi(\lambda)$ 为单色入射
辐通量的均方根值（W）。

　　探测器的光谱响应率为入射辐射波长、调制频率、温度及偏置电压或偏置电流的
函数。

　　（2）积分响应率

　　假设探测器的输出信号单位为电压，则其对辐通量的积分响应率 R_Φ 定义为

$$R_\Phi = \frac{V}{\Phi} = \frac{\displaystyle\int_\lambda V(\lambda)\mathrm{d}\lambda}{\displaystyle\int_\lambda \Phi(\lambda)\mathrm{d}\lambda} = \frac{\displaystyle\int_\lambda R_\Phi(\lambda)\Phi(\lambda)\mathrm{d}\lambda}{\displaystyle\int_\lambda \Phi(\lambda)\mathrm{d}\lambda} \qquad (2-79)$$

式中，R_Φ 为积分响应率（V/W）；V 为输出电压的均方根值（V）；Φ 为入射辐通量的均方
根值（W）。

　　探测器的积分响应率不仅与探测器的光谱响应率有关，还与入射光的光谱特性有关。
因此，在给出积分响应率时，必须明确测量时使用的辐射源特性。

　　（3）黑体响应率

　　探测器的黑体响应率 R_{BB} 与光谱响应率的定义基本相同，所不同的是入射辐射来自黑
体。黑体响应率也是入射辐射波长、调制频率、温度及偏置电压或偏置电流的函数。

2.8.3.2　响应时间常数

　　探测器响应时间常数 τ 是一个反映探测器响应速度的参数。如果把探测器的响应率降低
到其最大值的 $1/\sqrt{2}$ 处的调制频率记为 f_0，则下降时间常数（Decay Time Constant）定义为

$$\tau = 1/(2\pi f_0) \qquad (2-80)$$

　　上升时间常数（Rise Time Constant）定义为输出电压或电流值达到其渐近值的 0.63
（即 $1-1/e$）倍所需要的时间。它利用光脉冲方法测得，即利用方波辐射脉冲照射探
测器。

2.8.3.3　光谱噪声等效功率

探测器的光谱噪声等效功率 NEP(λ) 定义为使探测器输出均方根信噪比为 1 时所需波长为 λ 的单色入射辐通量的均方根值。在给定 NEP(λ) 的值时，一般需要说明波长、调制频率、探测器光敏元面积及测量电路的电子带宽等参数，在某些情况下还需要明确观测立体角和背景温度。如果用 $\Phi(\lambda)$ 表示信噪比为 1 时单色入射辐通量的均方根值，则有：

$$\text{NEP}(\lambda) = \Phi(\lambda) \qquad (2-81)$$

根据式（2-78），NEP(λ) 可以表示为

$$\text{NEP}(\lambda) = V(\lambda)/R_\Phi(\lambda) \qquad (2-82)$$

式中，NEP(λ) 的单位为 W。

2.8.3.4　光谱探测率

光谱探测率 $D(\lambda)$ 定义为光谱噪声等效功率 NEP(λ) 的倒数。光谱噪声等效功率用来描述探测器的探测能力，NEP(λ) 越小，探测器的探测能力越高。然而，很多人不习惯这种表示方法，所以就引入了光谱探测率 $D(\lambda)$，其幅值随探测器性能的提高而增大。同样，在给定 $D(\lambda)$ 的值时，一般需要指明波长、调制频率、探测器光敏元面积及测量电路的电子带宽等参数，在某些情况下还需要明确观测立体角及背景温度。$D(\lambda)$ 的单位为 W^{-1}，其定义为

$$D(\lambda) = 1/\text{NEP}(\lambda) \qquad (2-83)$$

2.8.3.5　光谱 D^*

光谱 D^* 即比探测率，为归一化光谱探测率，它考虑了探测器光敏元面积和测量电路带宽等因素的影响。测量电路带宽 Δf 通常取 1 Hz。此外，还要标明测量时使用的调制频率 f_0。例如，光谱 D^* 可以表示为 $D^*(2\ \mu\text{m},\ 1\ 000\ \text{Hz},\ 1\ \text{Hz}) = 10^{10}\ \text{cmHz}^{1/2}/\text{W}$。对于背景限探测器，还必须标明探测器的观测立体角和背景温度。光谱 D^* 的定义为

$$D^*(\lambda, f_0, \Delta f) = D(\lambda)\sqrt{A_\text{d}\Delta f} \qquad (2-84)$$

式中，A_d 为探测器光敏元面积（cm^2）；Δf 为测量电路带宽（Hz）。

作为描述探测器性能的参数，D^* 将探测器的响应率与噪声结合在一起。D^* 主要用来描述红外探测器的性能。

2.8.3.6　峰值波长与截止波长

峰值波长 λ_p 定义为最大光谱 D^* 对应的波长。截止波长 λ_c 定义为 $D^*(\lambda, f_0, \Delta f)$ 下降到其峰值的 50% 时对应的波长。峰值波长 λ_p 和截止波长 λ_c 的单位都是 μm，它们受探测器材料和温度等影响。

2.8.3.7　峰值 D^*

峰值 D^* 即 $D^*(\lambda_\text{p}, f_0, \Delta f)$，是指调制频率为 f_0 时，在峰值波长 λ_p 处探测器输出的均方根信噪比达到最大值。峰值 D^* 的表达式为

$$D^*(\lambda_\text{p}, f_0, \Delta f) = D(\lambda_\text{p})\sqrt{A_\text{d}\Delta f} = \frac{\sqrt{A_\text{d}\Delta f}}{\text{NEP}(\lambda_\text{p})} \qquad (2-85)$$

2.8.3.8　光谱 D^{**}

光谱 D^{**} 即 $D^{**}(\lambda, f_0, \Delta f)$，是指考虑探测器有效加权立体角 Ω 后的 $D^*(\lambda, f_0, \Delta f)$ 归一化。光谱 D^{**} 仅适用于光子噪声限探测情况。如果 $\Omega = \pi$，则 $D^{**} = D^*$。D^{**} 的表达式为

$$D^{**}(\lambda, f_0, \Delta f) = (\Omega/\pi)^{1/2} D^*(\lambda, f_0, \Delta f) \tag{2-86}$$

2.8.3.9　背景限 D^*

背景限 D^* 即 D^*_{blip}，为理论上最大可能的探测率，它出现在探测受限于背景光子噪声的情况。如果用 η 表示探测器的响应量子效率，用 E_{p} 表示背景的光子辐照度，则有：

$$D^*_{\text{blip}} = \frac{\lambda}{2hc} \left(\frac{\eta}{E_{\text{p}}} \right)^{1/2} \tag{2-87}$$

式中，h 为普朗克常数；c 为光速。

式（2-87）仅对光导探测器成立。光伏探测器和热探测器的 D^*_{blip} 是光导探测器的 $\sqrt{2}$ 倍。在给定 D^*_{blip} 的值时，需要注明峰值波长 λ_{p}、背景温度及探测器的观测视场。D^*_{blip} 的单位为 $\text{cm} \cdot \text{Hz}^{1/2}/\text{W}$。

2.8.3.10　波段探测率

波段探测率是指在工作波段（$\lambda_1 \sim \lambda_2$）内红外探测器的积分探测率，其表达式为

$$D^*_{\Delta\lambda} = \frac{\int_{\lambda_1}^{\lambda_2} M(\lambda) D^*_{\lambda} \, \mathrm{d}\lambda}{\int_{\lambda_1}^{\lambda_2} M(\lambda) \, \mathrm{d}\lambda} \tag{2-88}$$

式中，$D^*_{\Delta\lambda}$ 为波段探测率；$\Delta\lambda = \lambda_2 - \lambda_1$ 为工作波段宽度；D^*_{λ} 为比探测率；$M(\lambda)$ 为黑体的单色辐射出射度。

2.8.3.11　响应量子效率

响应量子效率 RQE 定义为可数的输出事件的数目（电荷数）与入射到探测器上的光子数目之比，即

$$\text{RQE} = N_0 / N_{\text{p}} \tag{2-89}$$

式中，N_0 为可数的输出事件的数目（电荷数）；N_{p} 为入射光子数目。

在给定 RQE 的值时，需要指明偏置电压、时间常数及探测元的几何尺寸。

2.8.3.12　噪声

探测器是空间光学遥感器的关键组成部分之一，其噪声会对遥感数据质量产生影响。

当以恒定的辐通量照射探测器时，在探测器输出端得到的并不是一个恒定的电信号。探测器输出信号中总是存在着某种不可预知的波动，称这种波动为噪声。噪声的大小不仅限制了输出信号的测量精度，而且还限制了由输出变化确定输入辐通量变化的精度。探测器的噪声源主要包括散粒噪声、$1/f$ 噪声、约翰逊（Johnson）噪声及温度噪声等。下面对探测器的主要噪声源做简要介绍。

（1）约翰逊噪声

约翰逊噪声也称为热噪声，它是在热平衡状态下由阻性元件中电荷载流子的随机运动产生的，可使元件两端存在随机电压。当阻性元件温度上升时，元件中的电荷载流子的平均动能增加，从而引起噪声电压增加。约翰逊噪声电压可表示为

$$V_{n,rms} = (4kTR_d\Delta f)^{1/2} \qquad (2-90)$$

式中，k 为玻尔兹曼常数；T 为探测器的温度；R_d 为探测器的阻抗；Δf 为测量电路的带宽。

所有类型的探测器中都存在约翰逊噪声。由于光电倍增管在电流信号较低时表现出的阻抗很小，因此约翰逊噪声对其影响不大。约翰逊噪声的谱密度与频率无关，因此其为白噪声。

（2）温度噪声

探测器与周围环境之间的辐射热平衡或探测器与热沉之间的传导热平衡变化会引起探测器的温度波动。这种温度波动会引起探测器输出信号电压波动，故称之为温度噪声。所有类型的探测器都存在温度噪声，但热探测器的温度噪声比较显著。温度噪声的谱密度与频率无关。对于热探测器，温度波动的均方值 $\overline{\Delta T^2}$ 可以表示为

$$\overline{\Delta T^2} = \frac{4kT^2K\Delta f}{K^2 + 4\pi^2 f^2 C^2} \qquad (2-91)$$

式中，k 为玻尔兹曼常数；K 为热导率；C 为热容；f 为频率；Δf 为测量电路的带宽。

温度噪声与 $\overline{\Delta T^2}$ 之间的关系需要根据每个探测器来确定。

（3）$1/f$ 噪声

$1/f$ 噪声的特点是噪声功率谱密度与频率的 n 次方成反比，即噪声功率谱呈 $1/f^n$ 形式，其中 n 为系数，其值通常为 $0.8\sim2$。所有探测器都存在 $1/f$ 噪声。目前，人们对 $1/f$ 噪声的产生机理还不是很清楚，但一般认为它与半导体的接触及表面和内部存在的势垒等因素有关。$1/f$ 噪声可以用电压均方根值来表示，即

$$V_{n,rms} \propto R_d I \left(\frac{\Delta f}{A_d d_e} \right)^{\frac{1}{2}} \left(\frac{1}{f} \right)^n \qquad (2-92)$$

式中，R_d 为探测器的阻抗；I 为流过探测器的电流；Δf 为测量电路带宽；A_d 为探测器光敏元面积；d_e 为探测器光敏元厚度；f 为频率。

（4）产生-复合噪声

产生-复合（G-R）噪声是由探测器光敏元中带电粒子的产生率和复合率的统计起伏引起的。这种起伏可由电荷载流子/光子相互作用或由背景光子的随机到达引起。如果背景光子对产生-复合率的起伏起主要作用，则这种噪声也称为光子噪声、辐射噪声或背景噪声。产生-复合噪声电压均方根值可以表示为

$$V_{n,rms} \propto R_d I \left[\frac{2\tau\Delta f}{N(1+4\pi^2 f^2 \tau^2)} \right]^{\frac{1}{2}} \qquad (2-93)$$

式中，R_d 为探测器的阻抗；I 为流过探测器的电流；τ 为载流子寿命；Δf 为测量电路带宽；N 为探测器光敏元自由电荷载流子平均数目；f 为频率。

对于光伏探测器，由于只有自由电荷载流子产生率的起伏对噪声有贡献，而自由电荷

载流子复合率的起伏对探测器输出电压没有影响，因此光伏探测器的产生-复合噪声电压为光导探测器的产生-复合噪声电压的 $1/\sqrt{2}$ 。

（5）散粒噪声

散粒噪声是由于流经势垒的电流是单个电子和（或）空穴产生的电流脉冲作用的结果，即散粒噪声是由电荷的离散性质引起的。散粒噪声电压均方根值可以表示为

$$V_{n,rms} = R_d (2qI\Delta f)^{1/2} \tag{2-94}$$

式中，R_d 为探测器阻抗；q 为电子电荷量；I 为流过探测器的电流；Δf 为测量电路的带宽。

当探测器中有光电子产生或有暗电流电子存在时，就有散粒噪声。散粒噪声近似服从泊松统计分布。根据泊松统计分布，方差等于平均值，即

$$\langle n_{SHOT}^2 \rangle = \langle n_{PE}^2 \rangle + \langle n_{DARK}^2 \rangle = n_{PE} + n_{DARK} \tag{2-95}$$

式中，$\langle n_{PE}^2 \rangle$ 为光电子噪声方差；$\langle n_{DARK}^2 \rangle$ 为暗电流电子噪声方差；$\langle n_{SHOT}^2 \rangle$ 为两者之和；n_{PE} 为光电子的数目；n_{DARK} 为暗电流电子的数目。

尽管暗电流平均值可以从输出中减掉而剩下光电子信号，但暗电流散粒噪声减不掉。

（6）量化噪声

有些探测器内部集成了模数转换器，直接输出数字信号。对于模数转换器，一定范围的模拟输入信号会产生相同的数字输出，这种不确定性或者误差称为量化噪声，其表达式为

$$V_{ADC-NOISE} = V_{LSB} / 12^{1/2} \tag{2-96}$$

式中，$V_{ADC-NOISE}$ 为量化噪声；V_{LSB} 为最小有效位对应的电压。

对于 N 比特的模数转换器，V_{LSB} 为

$$V_{LSB} = V_{MAX}/2^N \tag{2-97}$$

式中，V_{MAX} 为最大电压。

通常情况下，V_{MAX} 与探测器满阱 N_{WELL} 相对应，则以电子数表示的量化噪声 $\langle n_{ADC} \rangle$ 可由下式计算：

$$\langle n_{ADC} \rangle = N_{WELL} / (2^N 12^{1/2}) \tag{2-98}$$

（7）空间噪声

对于线阵和面阵探测器，特别是大规模线阵和面阵探测器，受材料和制造工艺等因素限制，很难做到探测器所有像元的特性完全一致，导致在无辐射照射的条件下各像元的暗电流存在差异或非均匀性，在均匀辐射照射条件下各像元的响应率存在不一致性或非均匀性，这些非均匀性统称为空间噪声、固定模式噪声（Fixed Pattern Noise，FPN），也有文献称其为固定图案噪声、固定图形噪声、像元响应非均匀性或模式噪声等。有的文献则称探测器阵列处于黑暗条件下暗电流随像素变化为固定模式噪声，而将在有光照条件下响应率随像元变化导致的输出信号不一致性称为光响应非均匀性（Photo Response Non - Uniformity，PRNU）。

利用非均匀性校正算法对线阵和面阵探测器输出信号进行校正，可以使固定模式噪声

降到较低水平。评价非均匀性校正效果一般采用将校正后的残余固定模式噪声（RFPN）或残余非均匀性与时间噪声进行比较，如果 RFPN 低于时间噪声，则认为校正有效。对于成像系统分析，一般使用校正后的 RFPN。

对于单线阵或 TDI 阵列探测器，其获取的图像中存在条带（Banding）和条纹（Streaking）现象，分别称为条带噪声和条纹噪声，这也是固定模式噪声的表现形式。其中，条带噪声为多个探测元形成的低频噪声，而条纹噪声指的是由于探测元间不一致形成的高频噪声。

2.8.3.13　MTF

探测器的 MTF 会对遥感图像质量产生影响。影响探测器 MTF 的因素很多，如探测器光敏元的空间积分、探测器光电子扩散等。对于 TDI 探测器，若其时钟频率与目标像在探测器上的运动速率不匹配，则会影响 MTF；若像的运动方向与 TDI 方向存在夹角，则会同时影响 TDI 方向和垂直于 TDI 方向上的 MTF。此外，探测器 MTF 还与其生产厂家的设计和制作工艺有关。这里重点介绍探测器空间积分 MTF。

探测器的光敏元形状通常为正方形或矩形。对于光敏元为矩形的探测器，其二维空间积分 MTF 可以表示为

$$\mathrm{MTF}_{\mathrm{DETECTOR}}(f_x, f_y) = |\mathrm{sinc}(d_x f_x)| \, |\mathrm{sinc}(d_y f_y)| \qquad (2-99)$$

式中，d_x 和 d_y 分别为探测器光敏元在 x 和 y 方向上的尺寸；f_x 和 f_y 分别为 x 和 y 方向上的空间频率；$\mathrm{sinc}(x) = \sin(\pi x)/(\pi x)$。

由式（2-99）可知，探测器空间积分 MTF 的第一个零值分别出现在 $f_{\mathrm{dcx}} = 1/d_x$ 和 $f_{\mathrm{dcy}} = 1/d_y$，它们分别称为探测器在 x 和 y 方向上的空间截止频率。将空间频率相对于空间截止频率归一化，则在归一化空间频率为 0～1 的范围内，探测器的归一化空间积分 MTF 如图 2-34 所示。

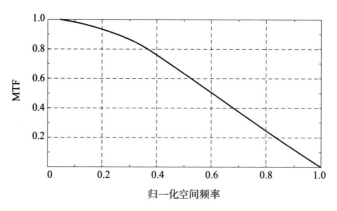

图 2-34　探测器归一化空间积分 MTF

2.8.3.14　有效像元率

从红外焦平面探测器总像元数中扣除无效像元（或缺陷像元）后得到的像元数称为有效像元数。有效像元数占总像元数的百分比称为有效像元率。不同文献对无效像元的判定

标准不同，因此在评价红外焦平面探测器有效像元率时需要弄清无效像元的判定标准。例如，在《红外焦平面阵列参数测试方法》（GB/T 17444—2013）中，定义无效像元包括死像元和过热像元。死像元定义为像元响应率小于平均像元响应率 1/2 的像元，过热像元定义为像元噪声电压大于平均噪声电压 2 倍的像元。无效像元数占总像元数的百分比称为盲元率。又如，文献 [39] 的无效像元判定标准为 SNR＜50％平均信噪比（SNR_{mean}）及响应率超过平均响应率±30％的像元。除了限制盲元总数外，还要限制连续盲元（盲元簇）的占比，如大于 50 以上的盲元簇占比＜0.1％。

参 考 文 献

［1］ SLATER P N. Remote sensing：Optics and optical systems ［M］. Addison – Wesley Publishing Company，Inc. Massachusetts. 1980.

［2］ Fundamentals of Remote Sensing. Canada Centre for Remote Sensing.

［3］ 车念增，闫达远. 辐射度学和光度学 ［M］. 北京：北京理工大学出版社，1990.

［4］ 侯增祺，胡金刚. 航天器热控制技术：原理及其应用 ［M］. 北京：中国科学技术出版社，2007.

［5］ ［苏］JI. 3. 克利克苏诺夫. 红外技术原理手册 ［M］. 俞福堂，孙南星，程促华，等译. 北京：国防工业出版社，1986.

［6］ 马文坡. 航天光学遥感技术 ［M］. 北京：中国科学技术出版社，2011.

［7］ Holst G C. CCD arrays cameras and displays ［M］. 2nd ed. Copublished by JCD Publishing and SPIE Optical Engineering Press，1998.

［8］ 曾禹村. 信号与系统 ［M］. 北京：北京理工大学出版社，1992.

［9］ CASTLEMAN K R. Digital image processing ［M］. Prentice – Hall International，Inc. ，1996.

［10］ 余松煜，周源华，吴时光. 数字图像处理 ［M］. 北京：电子工业出版社，1989.

［11］ Leachtenauer J C，Driggers R G. Surveillance and Reconnaissance Imaging Systems Modeling and Performance prediction ［M］. Artech House Inc. Norwood，MA. 2001.

［12］ ROGATTO W D. Electro – optical components，the infrared and electro – optical systems handbook，volume 3. Copublished by Infrared Information Analysis Center，Environment Research Institude of Michigan，Ann Arbor，Michigan USA，and SPIE Optical Engineering Press，Bellingham，Washington USA.

［13］ HOLST G C. Electro – optical imaging system performance ［M］. 2nd ed. Copublished by JCD Publishing and SPIE Optical Engineering Press，2000.

［14］ JOSEPH G. 对地观测遥感相机研制 ［M］. 王小勇，何红艳，等译. 北京：国防工业出版社，2018.

［15］ MIKA A M. Three decades of landsat instruments ［J］. Photogrammetric Engineering & Remote Sensing，1997，63 （7）：839 – 852.

［16］ GUEGUEN F，BETTES A，TOULEMONT Y，et al. SPOT series camera improvement for the HRG – very high resolution instrument of SPOT 5 ［J］. SPIE Vol. 3737. 1999：301 – 312.

［17］ GLEYZES J P，MEYGRET A，FRATTER C，et al. SPOT5 —system overview and image ground segment ［J］. IEEE. 2003：300 – 302.

［18］ LENCIONI D E，DIGENIS C J，BICKNELL W E，et al. Design and performance of the EO – 1 Advanced Land Imager ［J］. SPIE Vol. 3870. 1999：269 – 280.

［19］ LAMARD J L，FRECON L，BAILLY B，et al. The high resolution optical instruments for the pleiades hr earth observation satellites. IAC – 08 – B1.3.5.

［20］ 李林. 应用光学 ［M］. 4 版. 北京：北京理工大学出版社，2010.

［21］ DRIGGERSR G，COX P，EDWARDS T. Introduction to infrared and electro – optical systems ［M］. Artech House，Inc. Norwood，MA.

[22]　何力，杨定江，倪国强，等. 先进焦平面技术导论 [M]. 北京：国防工业出版社，2011.

[23]　KRAUSE K S. QuickBird relative radiometric performance and on‐orbit long term trending [J]. Proc. of SPIE. 2006 (6296)：62960P‐1～62960P‐12.

[24]　SEONGICK CHO，AHN Y H，HAN H J，et al. Prelaunch characterization of the Geostationary Ocean Color Imager [J]. Proc. of SPIE，2009 (7459)：74590I‐1～74590I‐9.

[25]　GONTHIER P M，MAGNAN P，CORBIERE F，et al. CMOS detectors for space applications：From R&D to operational program with large volume foundry [J]. Proc. of SPIE，2010 (7826)：78261P‐1～78261P‐11.

[26]　LACHERADE S，TREMAS T，LONJOUET V，et al. Introduction to the Sentinel 2 Radiometric calibration activities during commissioning phase [J]. Proc. of SPIE，2014 (9241)：924113‐1～924113‐10.

[27]　张卫锋，张若岚，赵鲁生，等. InGaAs 短波红外探测器研究进展 [J]. 红外技术，2012，34 (6)：361‐365.

[28]　DAVID Z‐Y，SOIBEL A，Hill C J，et al. Antimonide superlattice complementary barrier infrared detector (CBIRD) [J]. Infrared Physics & Technology 54 (2011) 267‐272.

[29]　PEREZ J P，EVIRGEN A，ABAUTRET J，et al. MWIR InSb detector with nBn architecture for high operating temperature [J]. Proc. of SPIE，2015 (9370)：93700N‐1～93700N‐7.

[30]　COOKE B J，LOMHEIM T S，LAUBSCHER B E，et al. Modeling the MTI electro‐optic system sensitivity and resolution [J]. IEEE Transactions on Geoscience and Remote Sensing，2005，43 (9).

[31]　BELETIC J W，BLANK R，GULBRANSEN D，et al. Teledyne Imaging Sensors‐infrared imaging technologies for astronomy and civil space [J]. Proc. of SPIE，2008 (7021)：70210H‐1～70210H‐14.

[32]　史衍丽. 第三代红外探测器的发展与选择 [J]. 红外技术，2013，35 (1)：1‐8.

[33]　LEROY C，FIEQUE B，JAMIN N，et al. SWIR space detectors and future developments at SOFRFADIR [J]. Proc. of SPIE，2013 (8889)：88891A‐1～88891A‐13.

[34]　ZANDIAN M，FARRIS M，MCLEVIGE W，et al. Performance of science grade HgCdTe H4RG‐15 image sensors [J]. Proc. of SPIE，2016 (9915)：99150F‐1～99150F‐11.

[35]　尚林涛，王静，邢伟荣，等. 红外探测Ⅱ类超晶格技术概述（一） [J]. 激光与红外，2021，51 (4)：404‐414.

[36]　MAINZER A，LARSEN M，STAPELBROEK M G，et al. Characterization of flight detector arrays for the wide‐field infrared survey explorer [J]. Proc. of SPIE，2008 (7021)：70210X‐1～70210X‐12.

[37]　I RIBET‐MOHAMED，NGHIEM J，CAES M，et al. Temporal stability and correctability of a MWIR T2SL focal plane array [J]. Infrared Physics & Technology (2018). doi：https：//doi.org/10.1016/j.infrared.2018.10.028.

[38]　中华人民共和国国家质量监督检验检疫总局，中国国家标准化管理委员会. 红外焦平面阵列参数测试方法：GB/T 17444—2013 [S]. 北京：中国标准出版社，2014.

[39]　DELANNOY A，FIEQUE B，CHORIER P，et al. NGP，a new large format infrared detector for observation，hyperspectral and spectroscopic space missions in VISIR，SWIR and MWIR wavebands [J]. Proc. of SPIE，2015 (9639)：96390R‐1～96390R‐13.

第3章 空间光学遥感器工作原理

3.1 概述

3.1.1 功能与组成

空间光学遥感器是指装在卫星等空间平台上的遥感器，也称为航天光学遥感器，其主要功能是以光辐射（包括紫外、可见光、红外辐射）为遥感信息载体获取地球或宇宙中其他目标的信息。空间光学遥感器的种类繁多，如早期应用较多的以胶片作为记录和保存图像介质的侦察相机和测量（测绘）相机，目前广泛应用的以光电探测器为敏感器件的 CCD 相机、多光谱扫描仪和成像光谱仪等[1-3]。

不同类型空间光学遥感器的设计和组成存在很大差异，同一类型空间光学遥感器由于指标要求和用途不同也会存在较大差异，但它们均包含几个基本组成部分，即光学系统、探测器、电子学系统、结构与机构及热控装置，如图 3-1 所示。除了上述基本组成外，很多空间光学遥感器还包含星上定标装置等。

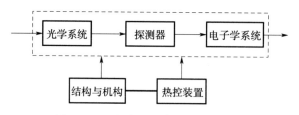

图 3-1 空间光学遥感器的基本组成

光学系统用于收集来自目标的光辐射信号，并将其聚焦到探测器上。光学系统一般由若干个光学零件组成，如光学窗口、透镜、反射镜、滤光片、分光镜及棱镜和光栅等，由机械结构将其按要求组装在一起。空间光学遥感器的工作谱段、观测视场（或幅宽）、空间分辨率、光谱分辨率、辐射分辨率和调制传递函数等指标会对光学系统的结构形式（如折射式、反射式和折反式）及结构参数（如口径、焦距、视场、尺寸）产生直接影响。

探测器用于将接收到的光辐射信号转换成电信号。一些探测器还具有信号处理功能，如放大、滤波、A/D 转换等。多数探测器以组件形式出现，称为探测器组件或焦面组件，其由探测器及相关的光、机、电、热等部分组成。例如，可见光探测器组件通常由探测器、滤光片、外围电路及相关的控温元件和支撑结构等组成，而红外探测器组件通常由探测器、滤光片、杜瓦、冷屏、外围电路及支撑结构等组成。一些空间光学遥感器所需探测器的规模很大，需要将多个探测器进行拼接来满足要求，因此探测器组件非常复杂。

空间光学遥感器电子学系统的主要功能包括信号处理、机构控制、温度控制和管理控制（如遥测和遥控）等。信号处理电路的主要功能是对探测器输出信号进行放大和滤波，并进行 A/D 转换（有些探测器直接输出数字信号，不需要信号处理电路做 A/D 转换），有的还要做一些遥感数据非均匀性校正及遥感数据和辅助数据格式化编排等处理工作。机构控制电路的主要作用是与相应的机构配合，实现诸如扫描成像、调焦和机械制冷控制等功能。温度控制电路的主要作用是与热控装置配合，通过闭环温度控制使空间光学遥感器各部分的温度保持稳定，即利用电加热器、温度传感器和温度控制电路实现特定部位的温度测量与闭环控温。管理控制电路的主要作用是对空间光学遥感器工作状态和配电等进行监测和管理，并与空间飞行器平台进行通信联络。

空间光学遥感器的结构用于连接和支撑各个零件和部组件，使之成为一个有机整体，满足对整机刚度及光学精度和稳定性等要求，并能够经受住发射环境、重力变化环境、压力变化环境及温度变化环境等考验。空间光学遥感器的机构用于实现一些特定功能，常用的机构包括扫描机构、指向机构、调焦机构、星上定标机构、机械制冷机和热门机构等。

空间光学遥感器热控装置的作用是通过采取各种热控措施，保证其在空间热环境条件下温度稳定。热装置一般由多层隔热薄膜、热控涂层、热管、导热索、散热器、电加热器等组成，与温度控制电路配合来满足控温要求。

3.1.2　基本工作原理

利用空间光学遥感器对目标进行成像或探测，是通过其接收目标反射或（和）辐射的电磁辐射能量来实现的。空间光学遥感器之所以能够对目标进行成像或探测，是因为目标的不同部位及目标与其背景在反射或（和）辐射电磁辐射能量方面存在差异。导致上述差异的因素很多，如目标的物理化学特性、表面特性及入射和出射电磁辐射的角度等。典型空间光学遥感器的基本工作原理如下：

1）利用空间光学遥感器获取目标图像（包括单谱段图像、多光谱图像、高光谱图像、时间序列图像、多角度图像、偏振图像等），通过目标的形状、尺寸、辐射强度、光谱（色彩）和偏振特征，以及目标随观测时间和观测角度变化特征等获取目标信息。

2）利用空间光学遥感器获取目标的光谱特征数据（不对目标成像），通过目标光谱及其随时间的变化特征等获取目标信息。

3）利用空间光学遥感器获取目标的辐射强度特征数据（不对目标成像），通过目标辐射强度及其随时间的变化特征等获取目标信息。

上述成像或探测手段均涉及工作谱段选择。在空间光学遥感领域，工作谱段应根据具体成像或探测任务、目标与背景特性、大气与气象条件及相关的技术基础等综合确定。工作谱段会影响空间光学遥感器的很多方面，如光学系统、探测器、制冷器、电子学系统等。

就空间光学成像遥感而言，不同谱段的成像特点存在较大差异，需要根据应用需求合理选择工作谱段。各谱段的特点简要概括如下：

1）可见光谱段的波长较短，易实现高空间分辨率成像，而且为人眼的感光谱段，可实现真彩色成像，但对烟、雾、霾等的穿透能力差，且通常仅能在有光照条件下工作。

2）近红外和短波红外谱段的波长较长，可实现较高空间分辨率成像，对烟、雾、霾等具有一定的穿透能力，但一般仅能在有光照条件下工作。

3）中波红外和长波红外谱段的波长长，对烟、雾、霾、尘等具有较强的穿透能力，可昼夜成像并获取目标温度信息，但实现高空间分辨率和高温度分辨率成像的难度和代价较大。

3.2　空间光学遥感器的分类

空间光学遥感器的分类方法很多，如可以按照遥感机理、观测波长范围、仪器类型、传感器（接收器）类型和应用领域等进行分类。根据观测波长范围不同，空间光学遥感器可以分为紫外遥感器、可见光遥感器和红外遥感器等；按照应用领域不同，空间光学遥感器可以分为用于陆地资源观测的光学遥感器、用于海洋观测的光学遥感器、用于气象观测的光学遥感器、用于空间目标监测的光学遥感器等，有些空间光学遥感器兼顾了多个应用领域。下面对主动式与被动式空间光学遥感器及成像型与非成像型空间光学遥感器做简要描述[2-5]。

3.2.1　主动式与被动式空间光学遥感器

根据遥感机理不同，空间光学遥感器可以分为主动式和被动式空间光学遥感器。在主动式空间光学遥感器中，要向感兴趣的目标发射电磁辐射（电磁波），并接收从目标返回的电磁辐射；对于被动式空间光学遥感器，不向目标发射电磁辐射，通常是探测目标反射的自然辐射（如太阳辐射）和目标自身发射的电磁辐射。

（1）主动式空间光学遥感器

激光雷达是典型的主动式空间光学遥感器。激光雷达为光探测和测距仪器，它向目标发射激光脉冲，通过测量目标后向散射或反射的激光可以获取目标信息。通过发出激光与接收到后向散射激光的时间间隔，可以确定目标到激光雷达的距离。激光雷达不仅可用于测高（激光高度计）和测距（激光测距仪），还可用于测风及测量大气中气溶胶、云等的成分分布。

（2）被动式空间光学遥感器

被动式空间光学遥感器的工作谱段范围涵盖了紫外、可见光和红外光谱区。被动式空间光学遥感器包括各种成像仪、辐射计和光谱仪。成像仪是一种在选定波段获取目标空间信息（图像）的仪器，辐射计是一种在选定波段定量获取目标电磁辐射强度信息的仪器，光谱仪是一种在选定波段定量获取目标光谱特征信息的仪器。有些被动式空间光学遥感器可以同时获取两种以上的信息。既获取空间信息又获取光谱信息的被动式遥感器称为光谱成像仪或成像光谱仪，既获取空间信息又获取辐射强度信息的被动式遥感器称为成像辐射计，既获取光谱信息又获取辐射强度信息的被动式遥感器称为光谱辐射计，而能够同时获取空间信息、光谱信息和辐射强度信息的被动式遥感器称为成像光谱辐射计。成像光谱仪根据其谱段数目、谱段宽度及谱段连续程度，可分为多光谱（Multispectral）成像仪、高光谱（Hyperspectral）成像仪和超高光谱（Ultraspectral）成像仪。

多光谱成像仪的谱段数目为 10 的量级范围，其谱段宽度相对较宽，多数在 100 nm 的量级范围。目前在轨运行的空间光学遥感器中，多光谱成像仪占据主导地位。

高光谱成像仪的谱段数目多，谱段宽度相对较窄，且各谱段连续。其谱段宽度一般为 10 nm 量级，谱段数目为 100 的量级范围。

超高光谱成像仪的谱段数目更多，谱段宽度更窄，通常具有数百个乃至更多连续且较窄（<10 nm）的谱段。

3.2.2　成像型与非成像型空间光学遥感器

在空间光学遥感中使用的仪器类型可分为成像型空间光学遥感器和非成像型空间光学遥感器，目前多数为成像型空间光学遥感器，成像型空间光学遥感器主要包括成像仪、成像光谱仪、成像辐射计等。非成像型空间光学遥感器主要包括辐射计、光谱仪、高度计及一些探测大气温度、湿度和成分分布的探测仪等。需要说明的是，非成像型空间光学遥感器获取的信息（如地球热辐射分布信息）常以"图像"形式来展示。

在空间光学成像遥感领域，早期多采用以胶片作为记录和保存图像介质的空间光学遥感器（称为胶片相机），后来逐渐被以光电探测器作为接收器的空间光学遥感器所取代。以光电探测器作为接收器的空间光学成像遥感器称为采样成像型空间光学遥感器。

3.3　图像获取原理

对于采样成像型空间光学遥感器，其主要图像获取方式包括光机扫描、推扫和凝视。基于这些图像获取方式的空间光学遥感器通常分别称为光机扫描成像仪、推扫成像仪和凝视成像仪[2,6-10]。

3.3.1　光机扫描成像

光机扫描成像仪也称机械扫描成像仪，包含扫描机构（含扫描镜）。光机扫描成像仪单独或与其他运动配合实现光机扫描成像。光机扫描成像仪的具体扫描方式有多种，包括旋转扫描、摆动扫描、圆锥扫描和步进扫描等，既有一维扫描，又有二维扫描，每一种扫描方式都有其优点和局限性。对于工作在低轨卫星上的光机扫描成像仪，通过光机扫描和卫星飞行运动来获取图像；对于工作在地球静止轨道卫星上的光机扫描成像仪，有些通过一维光机步进扫描和卫星自旋运动（对于自旋稳定卫星平台）来获取图像，而有些通过二维光机扫描（对于三轴稳定卫星平台）来获取图像。表 3-1 列举了几种典型光机扫描成像仪的扫描方式及获取图像特点。

表 3 - 1　典型光机扫描成像仪的扫描方式及获取图像特点

仪器名称	仪器扫描方式	获取图像特点
AVHRR（高级甚高分辨率辐射计）	45°镜旋转扫描	通过45°镜旋转扫描和卫星飞行运动获取图像。扫描视场大，扫描效率低
MODIS（中分辨率成像光谱仪）	双面镜旋转扫描	通过双面镜旋转扫描和卫星飞行运动获取图像。扫描视场大，扫描效率较低
VIIRS（可见光红外成像辐射计）	望远镜旋转扫描/半角镜补偿	通过望远镜旋转扫描/半角镜补偿和卫星飞行运动获取图像。扫描视场大，扫描效率较低
MSS（多光谱扫描仪）	扫描镜单向摆动扫描	通过扫描镜单向摆动扫描和卫星飞行运动获取图像。扫描视场较小，扫描效率较高
IRMSS（红外多光谱扫描仪）	扫描镜双向摆动扫描/扫描线校正镜补偿	通过扫描镜双向摆动扫描/扫描线校正镜补偿和卫星飞行运动获取图像。扫描视场较小，扫描效率高
AATSR（先进沿轨道扫描辐射计）	扫描镜圆锥扫描	通过扫描镜圆锥扫描和卫星飞行运动获取图像。扫描视场较大，扫描效率较高
SEVIRI（旋转增强型可见光红外成像仪）	扫描镜步进扫描	通过扫描镜步进扫描和卫星自旋运动扫描获取图像。扫描视场较大，扫描效率较低
"FY - 4"卫星扫描成像辐射计	双扫描镜二维扫描（一维线性扫描＋一维步进扫描）	位于地球静止轨道三轴稳定卫星平台上，通过东西扫描镜线性扫描和南北扫描镜步进扫描获取图像。扫描视场较大，扫描效率较高

图 3 - 2 所示为基于 45°镜旋转扫描的光机扫描成像仪的工作原理，扫描镜围绕沿轨道方向的轴转动，扫描镜法线与其旋转轴的夹角为 45°。这种类型的光机扫描成像仪通常每个谱段配备一个单元探测器。

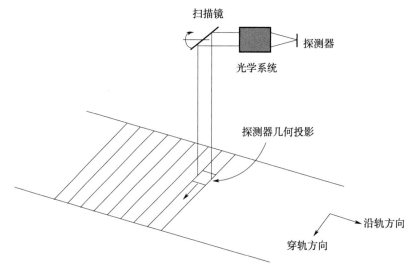

图 3 - 2　基于 45°镜旋转扫描的光机扫描成像仪的工作原理

　　对于扫描镜绕短轴旋转扫描的光机扫描成像仪,其工作原理如图 3 - 3 所示。这种类型的光机扫描成像仪通常每个谱段配备多元探测器。对于扫描镜绕短轴摆动扫描的光机扫描成像仪,其布局与图 3 - 3 类似。

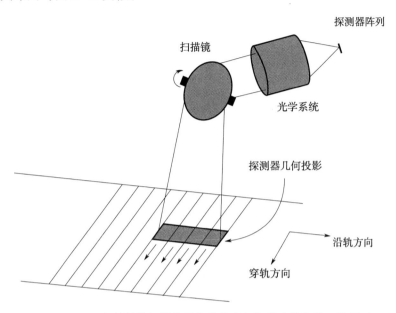

图 3 - 3　基于扫描镜绕短轴旋转扫描的光机扫描成像仪的工作原理

　　沿轨道扫描辐射计(Along - Track Scanning Radiometer,ATSR)、先进沿轨道扫描辐射计(Advanced Along - Track Scanning Radiometer,AATSR)及海洋和陆地表面温度辐射计(Sea and Land Surface Temperature Radiometer,SLSTR)采用双视观测,即分别从天底方向和相对天底方向 55°方向观测景物。ATSR 的观测几何如图 3 - 4 所示。两个观测角度的大气路径长度不同,这样可以提高大气校正精度,从而提高景物辐射反演精度。

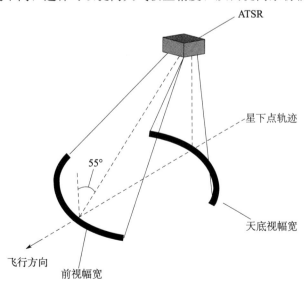

图 3 - 4　ATSR 的观测几何

光机扫描成像仪的主要优点是观测视场范围大，光谱覆盖范围宽，对探测器探测元数量的要求相对较低。此外，由于它的光学视场通常比较小，且探测器元数一般比较少，因此各探测元的输出一致性较好，比较容易定标。其缺点是数据采集效率较低，扫描机构复杂，且活动部件会引起图像畸变。但如果能够对畸变进行物理建模，则可以对其进行有效校正。

3.3.2 推扫成像

推扫成像仪采用线阵探测器成像，线阵探测器沿穿越轨道方向排列，卫星沿其轨道方向的飞行运动实现推扫成像。推扫成像仪的工作原理如图 3-5 所示。

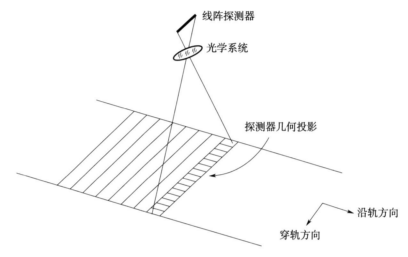

图 3-5 推扫成像仪的工作原理

对于多数应用，在推扫成像仪成像时，卫星姿态保持相对稳定，这样可以沿飞行轨迹连续获取图像。对于有些应用，为了增加积分时间，提高信噪比，在推扫成像仪成像时卫星姿态按照一定的规律变化。其典型工作过程可以描述如下：在对感兴趣的区域成像前，先将卫星姿态调整到前视状态，然后开始成像；成像过程中，卫星在沿轨迹飞行的同时，还绕俯仰轴转动（推扫成像仪沿轨方向的观测角度不断变化），从而使卫星对成像区域的观测时间加长，如图 3-6 所示，这样可以增加积分时间，提高信噪比。这种工作方式不能在沿轨道方向进行大范围连续成像，而只能分段成像，有的文献称这种工作方式为"步进与凝视（Step and Stare）"成像方式，而有的文献称之为"慢扫"成像方式。

推扫成像仪的优点是成像效率高，图像畸变较小，能够实现较高的空间分辨率。此外，其成像不需要扫描机构，因此其结构紧凑、质量较小、可靠性相对较高。其缺点是幅宽通常比较窄。

利用推扫成像仪不仅可以获取平面图像，还可以获取立体图像。获取立体图像的典型方式如下：

1）采用单台推扫成像仪进行异轨倾斜观测，获取立体图像。

2）采用单台推扫成像仪通过改变卫星姿态（指向）实现前、后视成像，或者前视、

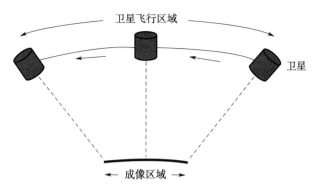

图 3 - 6　"慢扫"成像剖面

正视和后视成像,从而在同一轨道获取立体图像。这种方式要求卫星的敏捷性比较好。

　　3)采用具有一定交会角的两台推扫成像仪获取立体图像,称为双线阵立体成像。法国 SPOT - 5 卫星装载的高分辨率立体成像仪(HRS)就采用了这种方式,两台推扫成像仪在卫星上沿轨道方向倾斜安装,一个前视 20°,一个后视 20°。

　　4)采用具有一定交会角的三台推扫成像仪进行前视、正视和后视成像,从而获取立体成像,称为三线阵立体成像。

3.3.3　凝视成像

　　凝视成像仪利用面阵探测器成像,通过对目标凝视一段时间来获取目标图像,其工作原理如图 3 - 7 所示。有的凝视成像仪如韩国的 GOCI 配备了二维指向机构,通过二维指向机构改变凝视成像仪的视线,从而扩大观测范围。

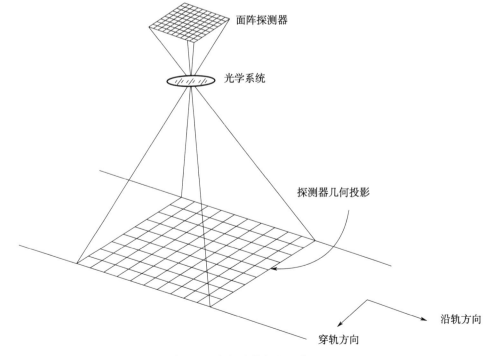

图 3 - 7　凝视成像仪的工作原理

对于地球静止轨道光学遥感卫星，凝视成像是一种很有效的成像方式，其时间分辨率高。当凝视成像仪装在相对于目标快速运动的卫星平台上时，对目标进行高分辨率凝视成像需要采取像移补偿措施。凝视成像仪也可用于立体成像，获取目标三维空间信息。

3.4　光谱获取原理

空间光学遥感器获取光谱信息的方式有多种，包括二向色性分光镜（也称为分色片）、滤波器、色散元件（棱镜和光栅）和傅里叶变换光谱仪（Fourier Transform Spectrometer，FTS）等。下面对一些光谱信息获取方式做简要介绍[2, 11-19]。

3.4.1　二向色性分光镜

二向色性分光镜也称分色片，其工作原理如图 3-8 所示。入射宽谱段辐射被分成两个不同的光谱通道，其中一部分光谱范围（谱段 1）的光透射，另一部分光谱范围（谱段 2）的光被反射，两个光谱通道还可以利用该方法进一步细分成多个光谱通道。很多空间光学遥感器采用分色片进行分光。例如，日本先进气象成像仪（JAMI）采用分色片将可见光辐射反射到可见光焦平面上，而使红外辐射透过到达红外焦平面上。JAMI 光学系统布局如图 3-9 所示。

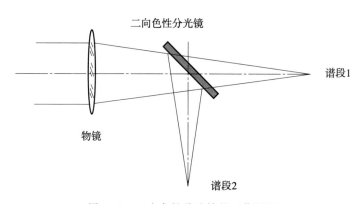

图 3-8　二向色性分光镜的工作原理

3.4.2　滤波器

滤波器也称滤光器或滤光片。很多空间光学遥感器利用滤波器把收集到的辐射限制在一个或多个谱段。实现滤波器分光的主要技术途径包括离散滤波器、声光可调谐滤波器（Acousto-Optic Tunable Filter，AOTF）、线性渐变滤光片等，下面对这几种滤波器做简要介绍。

（1）离散滤波器

常用的离散滤波器为带通干涉滤光片，简称带通滤光片，如图 3-10 所示。这种滤光

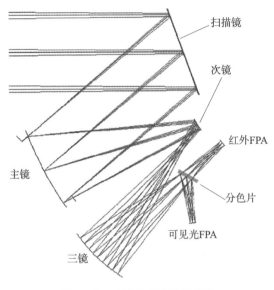

图 3 - 9   JAMI 光学系统布局

片由沉积在基底上的多层电介质或者多层电介质和金属材料构成，在空间光学遥感器中应用很广。使用带通干涉滤光片时，应注意两个问题：一是它对入射角度敏感，当光的入射角增大时，滤光片起始和截止波长向波长较短的方向漂移；二是要注意滤光片通带外的光谱透过率带来的影响，特别是当所用探测器的光谱响应范围较宽时要注意该问题。

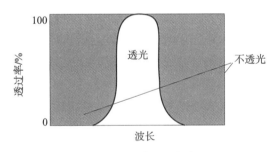

图 3 - 10   带通滤光片

带通滤光片的主要技术指标包括峰值 50% 全宽度 （Full Width at Half Maximum，FWHM）、平均透过率、陡度、通带波纹深度等。

（2） AOTF

AOTF 主要由声光介质、声换能器和声吸收器等组成，声换能器和声吸收器均连接到声光介质上，如图 3 - 11 所示。声光介质为双折射晶体，常用的声光介质包括 TeO_2 等。声换能器一般采用压电换能器，它将施加到其上的射频电信号转换成声波信号。声波对声光介质的折射率产生周期性调制，使得穿过声光介质的光产生衍射，衍射光的波长随射频信号产生的声波信号的频率变化，通过改变射频信号频率即可改变衍射光波长。衍射光有一定的带宽，因此 AOTF 为电调谐的光学带通滤波器。AOTF 的典型工作原理如图 3 - 11

所示，从 AOTF 出射的光包括衍射光和非衍射光，其中衍射光被分成具有正交偏振的两束光，分别对应寻常光（o 光）偏振和非寻常光（e 光）偏振。当入射到 AOTF 上的光为宽光谱辐射信号时，通过改变射频信号频率，可以使不同波长的光辐射信号产生衍射，从而实现光谱分光。

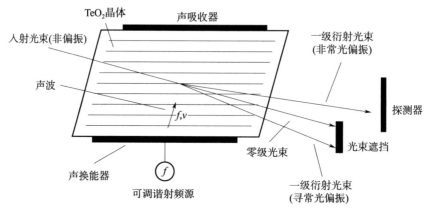

图 3 - 11　AOTF 的典型工作原理

在制造紧凑、低成本、可编程多光谱和高光谱成像仪方面，基于 AOTF 的光谱成像仪具有一定优势。由于它能够提供偏振信息，因此便于探测和识别目标。基于 AOTF 的成像和非成像光谱仪已经在深空探测等任务中得到应用。

（3）线性渐变滤光片

线性渐变滤光片也称为线性楔形滤波器或线性楔形滤光片，它是一种光谱特性随位置线性变化的分光器件，通过在基底表面镀制多层厚度线性渐变的薄膜制造而成。线性渐变滤光片的制作难度大，而且比一般的带通干涉滤光片昂贵。线性渐变滤光片的主要优点是尺寸小、质量小、结构紧凑，而且可以输出连续光谱。

线性渐变滤光片通常与面阵探测器集成为一个整体使用，如图 3 - 12 所示。其中，一维为光谱维，用于接收来自目标的不同波长的光；另一维为空间维，用于接收来自目标的同一谱段不同空间位置的光。

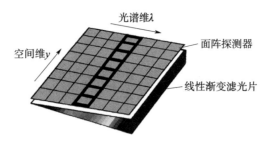

图 3 - 12　线性渐变滤光片与面阵探测器集成

文献［15］给出了由 21 层薄膜构成的 VNIR 线性渐变滤光片的实测透过率曲线，如图 3 - 13 所示，其中 1 层为银膜，另外 20 层为二氧化硅（SiO_2）和氧化钽（Ta_2O_5）。

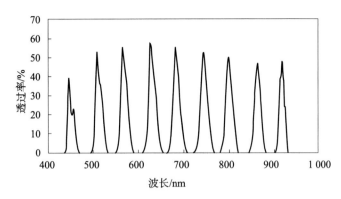

图 3 - 13　由 21 层薄膜构成的 VNIR 线性渐变滤光片的实测透过率曲线

3.4.3　色散元件

常用的两种色散元件为棱镜和光栅，它们能够以类似的布置获取特定目标辐射的光谱，即不同波长的入射辐射被以不同的角度分开，如图 3 - 14 所示。

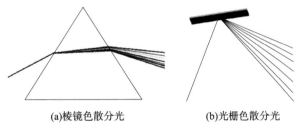

(a)棱镜色散分光　　　　　　(b)光栅色散分光

图 3 - 14　色散分光

在空间光学遥感器中，应用较多的色散分光装置为基于凸面光栅的 Offner 光谱仪、基于凹面光栅的 Dyson 光谱仪及采用曲面棱镜的光谱仪。例如，美国 EO - 1 卫星上的 Hyperion 采用的是 Offner 光谱仪，欧空局 Sentinel - 3 对地观测卫星上的 OLCI 采用的是 Dyson 光谱仪。图 3 - 15 所示为一种采用凸面光栅的成像光谱仪的工作原理。

3.4.4　傅里叶变换光谱仪

为了获得较高的光谱分辨率，人们提出一种采用干涉仪原理配合后续信号处理的仪器作为光谱仪使用。由于该仪器通过数字信号处理（傅里叶变换）产生光谱数据，因此被称为傅里叶变换光谱仪。傅里叶变换光谱仪的基本工作原理如下：将入射光束分离成两束相干光束，并在它们之间引入可变光程差（Optical Path Difference，OPD）。两束光进而合并形成干涉，产生强度随光程差变化的亮暗图案（干涉图），利用探测器对干涉图进行测量。干涉图给出光源的空间域（光程差）信息，需要转换到频率域才能获得其频谱。傅里叶变换是实现两个域间相互转换的一种数学方法，通过对干涉图进行傅里叶变换，就可获得入射光中每一频率（波长）的强度。不同种类干涉仪的主要区别在于两个光束间可控的光程差是如何产生的。若光程差随时间变化，则称其为时域（或时间调制）傅里叶变换光

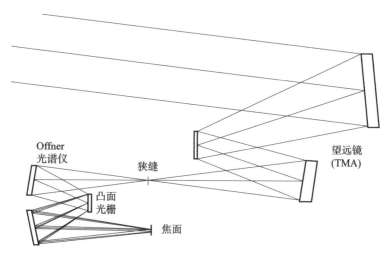

图 3-15　一种采用凸面光栅的成像光谱仪的工作原理

谱仪，比较有代表性的是迈克尔逊干涉仪及目前在轨应用较多的摆臂角镜干涉仪，分别如图 3-16 和图 3-17 所示，它们需要机构进行光程扫描以获得干涉图。若光程差随空间变化，则称其为空域（或空间调制）傅里叶变换光谱仪，比较有代表性的是 Sagnac 干涉仪。Sagnac 干涉仪有多种形式，其中将分束器和反射镜合并为一个整体的设计非常具有代表性，整体式 Sagnac 干涉仪的工作原理如图 3-18 所示。在该设计中，干涉仪由 A 和 B 两部分组成，沿分束器（Beam Splitter，BS）膜层面黏合在一起成为一个整体。入射光束 a 被分束器分成两部分，分别经 M_1 和 M_2 反射镜反射。这种设计抗振动、冲击和热效应的能力强，且还减少了可能导致杂散光和产生"鬼影干涉图"的表面数量。

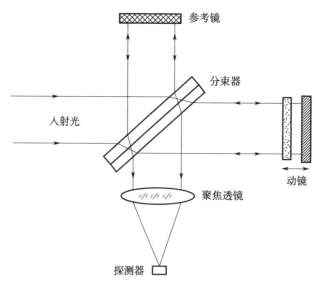

图 3-16　迈克尔逊干涉仪的工作原理

由美国空军研究实验室研制的强力卫星 II.1（MightySat II.1）上的傅里叶变换高光谱成

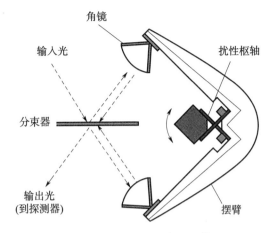

图 3 - 17　摆臂角镜干涉仪的工作原理

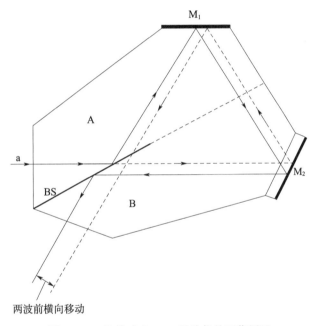

图 3 - 18　整体式 Sagnac 干涉仪的工作原理

像仪（FTHSI）采用的是整体式 Sagnac 干涉仪，干涉仪由两个玻璃元件构成，均为分束器和反射镜的一半，黏结在一起装入铝外罩内。FTHSI 的基本工作原理如图 3 - 19 所示。

　　对于高光谱分辨率和宽光谱覆盖应用来讲，时间调制傅里叶变换光谱仪（TFTS）的结构比较紧凑。由于 TFTS 的光谱分辨率主要由干涉图中的最大 OPD 来决定，因此同一硬件系统只要工作在不同的 OPD，就可以通过对 TFTS 进行优化来实现多光谱、高光谱和超高光谱成像仪的功能。

　　空间调制傅里叶变换光谱仪（SFTS）的优点是光学系统相对简单且没有活动部件。SFTS 比较适合应用在那些用较小范围的 OPD 产生的干涉图来获得感兴趣的目标或现象的光谱信息的场合。

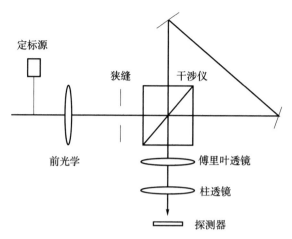

图 3 - 19　FTHSI 的基本工作原理

3.5　典型空间光学遥感器简介

不同空间光学遥感器由于观测对象和应用目的不同，在任务要求、技术指标、设计理念和具体实现技术途径等方面存在较大差异。以 Landsat - 8 卫星业务型陆地成像仪（Operational Land Imager，OLI）为例，作为成像辐射计的典型代表，其需要满足一些长期科学目标需求。它与目前广泛在轨应用的商用卫星高分辨率成像仪存在较大差异，主要包括：

1) 设计理念不同。根据文献 [20]，辐射计和成像仪可根据 Q 值来区分。Q 值为像元采样频率与衍射限光学截止频率之比，即

$$Q = \lambda \cdot F / p = \lambda \cdot H / (D \cdot \mathrm{GSD}) \tag{3-1}$$

式中，λ 为谱段平均波长；p 为探测器像元中心间距；F 为光学系统 F 数；H 为轨道高度；D 为光学系统有效通光口径；GSD 为地面采样距离。

一般来讲，辐射计的 $Q < 0.8$，成像仪的 $Q > 0.8$。Landsat - 8 卫星 OLI 的全色谱段（Pan）、可见光谱段（VIS）和短波红外谱段（SWIR）的 Q 值分别为 0.22、0.12 和 0.32。商用卫星高分辨率成像仪的 Q 值一般大于 0.8，甚至大于 1。

2) 技术要求不同。Landsat - 8 卫星 OLI 的空间分辨率为 15 m（全色谱段）和 30 m（其他谱段），幅宽为 185 km，要求实现全球覆盖成像，而且对辐射性能（如绝对辐射定标精度、偏振灵敏度和辐射稳定性等）和光谱性能（如光谱定标精度）等要求较高。商用卫星高分辨率成像仪的空间分辨率指标一般优于 1 m（全色谱段）和 4 m（可见光近红外多光谱谱段），幅宽指标通常为 10～20 km。

3) 实现技术途径存在较大差异。Landsat - 8 卫星 OLI 采用有效通光口径为 135 mm、视场角为 15°的光学系统，配备了星上全口径全光路太阳定标及灯定标等星上定标装置提升在轨辐射定标精度；商用卫星高分辨率成像仪的有效通光口径通常为几百毫米到 1 m 以

上，视场角多数为 $1°\sim2°$，一般不配备星上定标装置。

下面简要介绍几种有代表性的被动式空间光学遥感器，包括光谱仪、辐射计及光机扫描成像仪、推扫成像仪、凝视成像仪和成像光谱仪等。通过这些实例，进一步阐明前面所述空间光学遥感器的工作原理及不同类型空间光学遥感器的特性差异。

3.5.1　大气红外探测仪

大气红外探测仪（Atmospheric Infrared Sounder，AIRS）作为美国地球观测系统（Earth Observing System，EOS）计划中"水"（Aqua）卫星上的光学遥感载荷之一，于 2002 年 5 月发射，其主要任务是回答大气展现出的各种气候和全球变化问题，其中一些科学问题包括[21-26]：

1）全球水和能量循环：水汽全球分布如何变化？蒸发与降雨循环是否在加速？

2）气候－天气联系：异常天气如飓风和干旱等是否与气候变化有关？怎样联系？

3）大气成分：AIRS 如何对测量大气化学物类（Chemical Species）和痕量气体如 CO_2、CO、CH_4、SO_2 等做出贡献？

4）天气预报：AIRS 数据如何用于提高天气预报的精度和范围？

AIRS 之前的星载大气探测仪受滤光片分光等技术限制，光谱和辐射测量精度不足，对大气温度和湿度的反演精度低，难以满足数值天气预报需求。为了实现所需探测精度，要求 AIRS 提高光谱分辨率，为此其采用光栅光谱仪获取红外光谱信息。AIRS 的光谱覆盖范围为 $3.7\sim15.4~\mu m$，分成 3 个谱段，分别是 $3.74\sim4.61~\mu m$、$6.20\sim8.22~\mu m$ 和 $8.8\sim15.4~\mu m$，共 2 378 个光谱采样，光谱分辨率（$\lambda/\Delta\lambda$）约为 1 200（1 086~1 570）。

AIRS 采用扫描镜 360°旋转获取景物数据和定标数据，扫描周期 2.667 s，其中 2 s 用于在天底点 $\pm49.5°$ 角度范围获取景物数据，共 90 个景物数据采样点，每个采样点的瞬时视场（IFOV）为 1.1°，对应天底点空间分辨率为 13.5 km；其余 0.667 s 用于获取定标数据（包括冷空间定标、星上黑体定标和星上光谱定标等）。AIRS 观测几何与覆盖如图 3-20 所示。

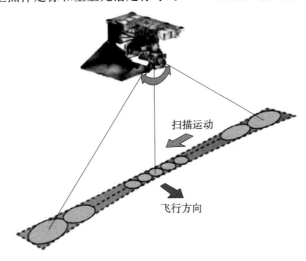

扫描运动

飞行方向

图 3-20　AIRS 观测几何与覆盖

为了满足高光谱分辨率、宽红外光谱覆盖范围及高灵敏度、高稳定性、高精度、高可靠性要求，采用辐射制冷器将光栅光谱仪制冷到约 155 K。AIRS 的红外探测器采用 HgCdTe 线阵探测器，其中在 3.7～13.7 μm 谱段范围采用光伏 HgCdTe，在 13.7～15.4 μm 谱段范围采用光导 HgCdTe，采用脉冲管制冷机将红外探测器制冷到 58 K。AIRS 扫描镜的工作温度约为 265 K，AIRS 的辐射灵敏度约为 0.2 K。AIRS 实物如图 3 - 21 所示。

图 3 - 21　AIRS 实物

AIRS 中还包含了 VIS/NIR 光度计，光谱覆盖范围为 0.4～1.0 μm，分为 4 个谱段，IFOV 为 0.185°，对应天底点空间分辨率为 2.3 km，与红外光谱仪共同开展可见光和红外谱段辐射测量。

3.5.2　云和地球辐射能量系统

云和地球辐射能量系统（Clouds and the Earth's Radiant Energy System，CERES）是一种星载扫描辐射计，它通过测量地球反射的太阳辐射和地球自身发射的辐射来监测地球辐射能量收支，目前已经有 1 台原型飞行模型（PFM）和 6 台飞行模型（FM）发射入轨[27-33]。

第一个在轨运行的 CERES 仪器为其 PFM，装在热带降雨观测卫星上，并于 1997 年发射；1999 年和 2002 年美国地球观测系统计划中的"土"（Terra）和"水"（Aqua）卫星发射升空，每颗卫星各携带两台 CERES 仪器，分别为飞行模型 FM1 和 FM2 及 FM3 和 FM4；2011 年发射的 Soumi NPP 卫星和 2017 年发射的 NOAA - 20 卫星各携带了一台 CERES 仪器，分别为飞行模型 FM5 和 FM6。

所有 CERES 仪器均配备了 3 个测量通道，其中测量地球反射太阳辐射的短波通道（0.2～5.0 μm）和测量宽谱辐射能量的全波通道（0.2～＞100 μm）相同，而 FM1～FM5 采用窗口通道（8～12 μm）测量地球辐射能量，FM6 则采用长波通道（5～35 μm）测量地球辐射能量。在夜间，全波通道对地球自身辐射的辐亮度进行测量；在白天，全波通道对地球自身辐射的辐亮度和反射太阳辐射的辐亮度进行测量，并利用短波通道测量数据计算白天地球自身辐射的辐亮度。

CERES 由传感器装置、俯仰轴驱动系统、方位轴驱动系统和相关电子学组件等构成，如图 3-22 所示。CERES 每个探测通道配备了独立的望远镜和探测器，其中短波通道和窗口通道采用带通滤光片限制响应波长范围，全波通道无带通滤光片。望远镜采用 $f/1.8$ 的卡塞格林系统，主镜直径 18 mm；探测器采用的是热敏测辐射热计。

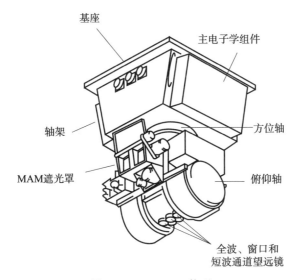

图 3-22　CERES 构型

CERES 有 3 种工作模式：一是固定方位模式（也称穿轨模式），该模式下传感器装置绕俯仰轴扫描，扫描平面与轨道面垂直；二是双轴模式，该模式下传感器装置绕俯仰轴和方位轴运动；三是沿轨模式，该模式下方位固定，扫描平面与轨道面一致。在 CERES 的扫描平面内，除了观测地球外，还可观测星上定标系统进行星上辐射定标。

CERES 配备了内定标系统和太阳定标系统进行星上定标。内定标系统采用黑体（用于全波和窗口通道）和由光电二极管监测的钨丝灯照明系统（用于短波通道）进行辐射定标；太阳定标系统采用反射镜衰减器镶嵌（Mirror Attenuator Mosaic，MAM），即太阳照射的漫射板对全波和短波通道进行辐射定标。

3.5.3　Landsat 系列卫星光学遥感器

NASA 于 1972 年 7 月 23 日发射了第一颗地球资源技术卫星（Earth Resources Technology Satellites，ERTS），即 ERTS-1，该卫星后来更名为陆地卫星（Landsat）1

号，即 Landsat - 1 卫星。在 1983 年之前，Landsat 卫星一直是 NASA 的研究与试验项目。此后，Landsat 卫星进入业务运行阶段。到目前为止，Landsat 系列卫星共发射了 9 颗，其中 Landsat - 6 卫星发射失败[34-46]。

Landsat 系列卫星的轨道均为太阳同步近极地轨道。Landsat - 1/2/3 卫星的重访周期为 18 天，其他卫星为 16 天。Landsat - 1/2/3 卫星配备的光学遥感器为多光谱扫描仪 (Multi - Spectral Scanner，MSS) 和反束光导摄像管 (Return Beam Vidicon，RBV)，其中 MSS 发挥了主要作用。Landsat - 4/5 卫星配备的光学遥感器为 MSS 和主题制图仪 (Thematic Mapper，TM)。Landsat - 6 卫星配备的光学遥感器为增强型主题制图仪 (Enhanced Thematic Mapper，ETM)。Landsat - 7 卫星配备的光学遥感器为增强型主题制图仪＋ (Enhanced Thematic Mapper Plus，ETM＋)。Landsat - 8 卫星配备的光学遥感器为 OLI 和 TIRS。与 Landsat - 7 卫星相比，Landsat - 8 卫星的光学遥感器由一个改为两个，即把原来 ETM＋的热红外谱段成像功能单独由 TIRS 实现。OLI 和 TIRS 与 ETM＋在成像方式、谱段设置和辐射分辨率等方面有显著变化。Landsat - 9 卫星配备的光学遥感器与 Landsat - 8 卫星相同，仅做了少量改进，被称为 OLI - 2 和 TIRS - 2。表 3 - 2 对 Landsat 系列卫星及其光学遥感器的一些基本情况进行了汇总。

表 3 - 2　Landsat 系列卫星及其光学遥感器的基本情况

卫星名称	发射时间	轨道高度/km	重复覆盖周期/天	光学遥感器	备注
Landsat - 1	1972 年 7 月 23 日	907	18	MSS RBV	1978 年停止工作
Landsat - 2	1975 年 1 月 22 日	908	18	MSS RBV	1982 年停止工作
Landsat - 3	1978 年 3 月 5 日	915	18	MSS RBV	1983 年停止工作
Landsat - 4	1982 年 7 月 16 日	705	16	MSS TM	1993 年停止工作
Landsat - 5	1984 年 3 月 1 日	705	16	MSS TM	2013 年停止工作
Landsat - 6	1993 年 10 月 5 日			ETM	发射失败
Landsat - 7	1999 年 4 月 15 日	705	16	ETM＋	
Landsat - 8	2013 年 2 月 11 日	705	16	OLI、TIRS	
Landsat - 9	2021 年 9 月 27 日	705	16	OLI - 2、TIRS - 2	

3.5.3.1　MSS

MSS 为光机扫描成像仪，其扫描方式为物空间摆动扫描，但仅在正扫 (自西向东扫描) 期间获取图像，其工作原理如图 3 - 23 所示，其主要特性参数如表 3 - 3 所示，位于可见近红外光谱区的 4 个谱段是基于能够提供与伪彩色航空摄影测量胶片类似的图像产品而确定的。来自目标的辐射信息经扫描镜和望远镜到达位于望远镜焦面处的由 24 根光纤组成的光纤阵列上，经光纤传输分别到达 4 个谱段的 24 元分立探测器上，即每个谱段有 6 个探测元。在 24 元探测器中，18 元为光电倍增管，6 元为分立的硅光电二极管。MSS 的扫描镜自西向东扫描地球，提供了一维空间信息；卫星自北向南飞行运动 (扫描)，提供了另一维空间信息。

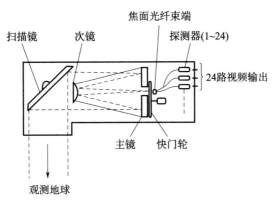

图 3-23　MSS 的工作原理

表 3-3　MSS 的主要特性参数

谱段/μm	0.5~0.6
	0.6~0.7
	0.7~0.8
	0.8~1.1
空间分辨率/m	79
幅宽/km	185
望远镜	类型:R-C
	通光口径:ϕ229 mm
	相对孔径:1/3.6
探测器	探测元数量:每个谱段 6 元
	类型:光电倍增管(0.5~0.6 μm、0.6~0.7 μm、0.7~0.8 μm)
	硅光电二极管(0.8~1.1 μm)
扫描频率/Hz	13.5
效率/%	45
量化/bit	6
数据率/(Mbit/s)	15
体积/(m×m×m)	0.5×0.6×1.3
质量/kg	64
平均成像功耗/W	50

　　扫描镜对于 MSS 实现扫描成像至关重要。扫描镜的动态平面度必须足够高,以保证光学性能,同时其质量和转动惯量要尽可能小,以适应较高的扫描频率,这些技术要求通过选择铍作为扫描镜材料并进行轻量化设计得以满足。铍是一种高刚度、低密度金属,用铍作为扫描镜材料并利用电火花加工技术去掉扫描镜中心部位的材料,使得扫描镜在质量和转动惯量足够小的同时可保持足够高的刚度。为了提高可靠性,MSS 的扫描镜采用挠性枢轴支撑。MSS 的望远镜采用的是 R-C 系统,反射镜材料为熔石英,其支撑结构材料为因瓦(Invar)合金。MSS 的信号处理电路由放大器、模/数转换器和多路传输器组成。

　　需要说明的是,Landsat-3 上的 MSS 增加了一个热红外谱段(10.4~12.6 μm),空间分辨率为 240 m，探测器采用 HgCdTe，有 2 个探测元，通过辐射制冷将探测器制冷到 90 K。由于 1 个探测元失效且辐射制冷器不断发生水汽凝结，因此热红外谱段未得到应用。

3.5.3.2　TM

在研制 MSS 的同时，就开始了下一代 Landsat 卫星光学遥感器即 TM 的研究工作。根据 MSS 在轨运行和图像应用情况及任务需求，经过分析论证确定了 TM 的技术要求。之所以将其命名为主题制图仪，是因为其图像用于针对不同的对地观测主题如农业、水文和地质等制作专用地图。TM 的主要设计要求如表 3-4 所示，工作原理如图 3-24 所示，主要特性参数如表 3-5 所示。

表 3-4　TM 的主要设计要求

谱段	光谱范围/μm	空间分辨率/m	辐射分辨率（NE$\Delta\rho$，%）
1	0.45～0.52	30	0.8
2	0.52～0.60	30	0.5
3	0.63～0.69	30	0.5
4	0.76～0.90	30	0.5
5	1.55～1.75	30	1.0
7	2.08～2.35	30	2.4
6	10.4～12.5	120	0.5 K（NEΔT）

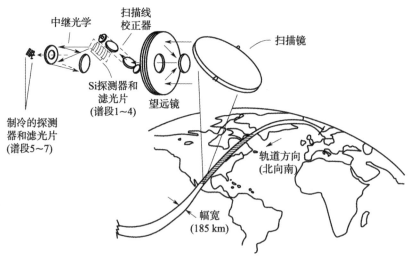

图 3-24　TM 的工作原理

表 3 - 5　TM 的主要特性参数

谱段/μm	0.45～0.52(蓝色) 0.52～0.60(绿色) 0.63～0.69(红色) 0.76～0.90(NIR) 1.55～1.75(SWIR) 2.08～2.35(SWIR) 10.4～12.5(TIR)
分辨率/m	120(TIR) 30(其他谱段)
幅宽/km	185
望远镜	类型:R-C 通光口径:ϕ406 mm 相对孔径:1/6
探测器	每个谱段 16 元 Si 光电二极管(谱段 1～4) 每个谱段 16 元 InSb 光电二极管(谱段 5、7) 4 元 PC HgCdTe(谱段 6)
扫描频率/Hz	7
扫描效率/%	85
量化/bit	8
数据率/(Mbit/s)	85
体积/(m×m×m)	1.1×0.7×2.0
质量/kg	258
平均成像功耗/W	332

TM 也为光机扫描成像仪,扫描方式也为物空间摆动扫描,但其性能如空间分辨率、光谱分辨率、光谱覆盖范围和辐射分辨率等较 MSS 有显著提高。空间分辨率提高使 TM 比 MSS 能够观测到更小的目标及目标细节,并且可以针对较小的耕作田地提高农业监测和庄稼分类精度。TM 的谱段是在对大量植被和矿物的光谱反射特征进行综合分析和研究的基础上确定的,其光谱分辨率的提高和光谱覆盖范围的扩大使其比 MSS 的光谱分类精度提高、应用领域扩大。TM 的辐射分辨率提高使其比 MSS 能够探测更小的反射率差,从而提高分类精度。

就空间光学遥感器硬件的技术水平而言,TM 比 MSS 有较大提高,主要表现在 TM 的口径加大、焦距加长、探测器阵列密度提高、使用了复合材料及采用了双向摆动扫描成像和小规模集成电路技术。采用双向扫描成像(正扫和反扫均成像)技术,不仅使扫描效率提高,而且使扫描镜回弹段的加速度适中。扫描效率提高使得探测器的驻留时间加长,可以提高辐射分辨率和(或)空间分辨率;扫描镜回弹段的加速度适中便于提高扫描线性度及减小振动和机械应力。

对于双向扫描成像,若不进行补偿,沿轨迹方向的飞行运动和穿越轨迹方向的扫描运动会导致相邻扫描条带之间出现严重的重叠和漏扫,如图 3 - 25 (a) 所示。TM 利用同步像运动补偿系统（称为扫描线校正器）解决了该问题。扫描线校正器的工作原理是，利用光路中的一对摆动镜引入补偿运动来抵消卫星沿轨迹方向的飞行运动，如图 3 - 25（b）所示。补偿后相邻扫描条带平行，没有重叠和漏扫，如图 3 - 25（c）所示。

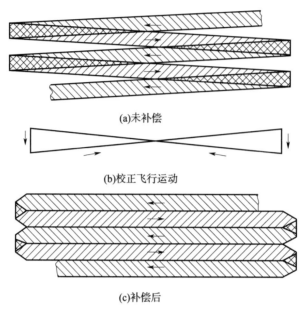

(a)未补偿

(b)校正飞行运动

(c)补偿后

图 3 - 25　扫描线校正器的工作原理

由于 TM 的扫描镜尺寸大（长轴为 53 cm）、动态平面度和扫描线性度要求高，因此其也选用铍作为扫描镜材料并采取了比 MSS 更复杂的轻量化方案。首先，将铍镜镜坯分成两半，然后采用电火花技术将两半加工成相同的蛋箱（Egg - Crate）结构形式，再利用铜焊的方法将两半焊接在一起。TM 的扫描镜采用挠性枢轴支撑，并利用磁补偿系统抵消挠性枢轴的弹力。扫描镜的运动由完全冗余的数字微处理器控制系统来控制。

TM 的口径大、焦距长、空间分辨率较高，必须采取措施减小光学系统热变形，以满足光学性能要求。TM 的望远镜采用的是 R - C 系统，反射镜材料为超低膨胀（Ultra - Low Expansion，ULE）玻璃。R - C 系统主镜采用蛋箱结构形式进行了轻量化。光学支撑结构采用的是环氧碳纤维复合材料（Graphite - Epoxy Composite Material）。ULE 反射镜和光学支撑结构具有超低热膨胀系数，这样在温度变化时仍能够保证光学精度。

对于 TM 的谱段 1～4，每个谱段采用的是由 16 个探测元组成的单片 Si 光电二极管阵列；对于谱段 5 和谱段 7，每个谱段采用的是由 16 个探测元组成的单片 InSb 光电二极管阵列；谱段 6 采用的是由 4 个探测元组成的光导（PC）HgCdTe 阵列。谱段 5～7 的探测器必须工作在低温环境，因此采用两级辐射制冷器将它们制冷到约 90 K。

TM 的模拟信号处理须采用低噪声宽带模拟电路。在模拟信号处理电路及模/数转换器和高速多路传输器中大量使用了混合集成电路（Hybrid Integrated Circuits），这样可在缩小尺寸、减小质量和降低功耗的同时最大限度地提高性能。

TM 采用定标灯、黑体及与扫描镜同步运动的摆动快门进行星上辐射定标。

3.5.3.3　ETM＋

ETM＋是在 ETM 基础上研制的。相对于 TM，ETM 做了一些改进。为了增加竞争力，ETM 增加了一个 15 m 分辨率的全色谱段。ETM 比 TM 的光学视场略微增大，以容纳增加的全色谱段。增加全色谱段对望远镜的加工和调试及扫描镜的动态平面度和扫描线性度的要求提高，而且会影响光学系统的消杂光隔板设计。ETM 的所有可见近红外谱段（包括全色谱段）采用一个单块的探测器阵列，即所有可见近红外谱段探测器位于同一硅衬底上，这样谱段与谱段间的几何配准精度和稳定性提高；而 TM 的谱段 1～4 采用的是 4 个独立的探测器阵列，通过精密的光机调试来保证几何配准精度。

增加全色谱段、提高辐射性能及通过冗余设计来提高可靠度，会导致 ETM 的电子学系统较 TM 变化很大。ETM 增加了一个 85 Mbit/s 的多路传输器，以处理全色谱段数据。ETM 的模/数转换器提供了 9 bit 辐射精度，但仅传输 8 bit 数据，这样扩展了 ETM 的灵敏度和动态范围。地面控制系统可选择增益，以便针对景物特性优化辐射性能。

ETM＋较 ETM 性能有所提高，主要表现在：增加了两个太阳定标器（全口径太阳定标器和部分口径太阳定标器），使辐射定标精度提高，辐射定标精度由 10% 提高到 5%；热红外谱段的空间分辨率由 120 m 提高到 60 m，对冷焦面组件、滤光片和电子学系统进行了改进；此外，针对提高可靠性采取了一些措施。谱段 5 和 7 采用背照式 InSb 探测器和石英衬底。光谱带通滤光片采用离子辅助沉积工艺制作，以便更好地控制谱段边缘特性，并将光谱响应的空气/真空漂移降到最小。对高速多路传输器重新进行了设计，输出两路 75 Mbit/s CCSDS（Consultative Committee for Space Data Systems，空间数据系统咨询委员会）格式的数据流，以便与对地观测系统的通信和数据处理协议兼容。数据率降低是由于采用了数据缓存，使得整个扫描周期（包括扫描回头段）都连续传输数据，而 TM 和 ETM 在扫描回头段不传输数据。新的多路传输器采用交叉切换，进一步提高了可靠性。

由于 ETM＋还用于提供精确的测量数据来支持"地球使命计划"，这要求其定标精度高。因此，ETM＋配置了 3 套独立的星上定标器，用于对可见近红外和短波红外谱段进行星上定标，它们分别是全口径太阳定标器、部分口径太阳定标器和内定标器（灯定标部分）。

ETM＋反射谱段的噪声等效光谱辐亮度差（NEΔL）和 SNR 要求（高增益）如表 3 - 6 所示，其主要特性参数如表 3 - 7 所示。

表 3 - 6　ETM＋反射谱段的 NEΔL 和 SNR 要求（高增益）

谱段	低信号			高信号		
	光谱辐亮度 L / $[W/(m^2 \cdot sr \cdot \mu m)]$	SNR	NEΔL / $[W/(m^2 \cdot sr \cdot \mu m)]$	光谱辐亮度 L / $[W/(m^2 \cdot sr \cdot \mu m)]$	SNR	NEΔL / $[W/(m^2 \cdot sr \cdot \mu m)]$
1	40.0	32	1.25	190.0	103	1.84
2	30.0	33	0.91	193.7	137	1.41

续表

谱段	低信号			高信号		
	光谱辐亮度 L / $[\mathrm{W}/(\mathrm{m}^2 \cdot \mathrm{sr} \cdot \mu\mathrm{m})]$	SNR	NEΔL / $[\mathrm{W}/(\mathrm{m}^2 \cdot \mathrm{sr} \cdot \mu\mathrm{m})]$	光谱辐亮度 L / $[\mathrm{W}/(\mathrm{m}^2 \cdot \mathrm{sr} \cdot \mu\mathrm{m})]$	SNR	NEΔL / $[\mathrm{W}/(\mathrm{m}^2 \cdot \mathrm{sr} \cdot \mu\mathrm{m})]$
3	21.7	25	0.87	149.6	115	1.30
4	13.6	28	0.49	149.6	194	0.77
5	4.0	24	0.17	31.5	134	0.24
7	1.7	18	0.094	11.1	96	0.115
8(全色)	22.9	15	1.53	156.3	88	1.78

表 3 - 7　ETM＋的主要特性参数

谱段/μm	0.50～0.90(全色)
	0.45～0.52(蓝色)
	0.52～0.60(绿色)
	0.63～0.69(红色)
	0.76～0.90(NIR)
	1.55～1.75(SWIR)
	2.08～2.35(SWIR)
	10.4～12.5(TIR)
分辨率/m	15(全色谱段)
	60(TIR)
	30(其他谱段)
幅宽/km	185
望远镜	类型:R－C
	通光口径:ϕ406 mm
	相对孔径:1/6
探测器	32 元 Si 光电二极管(全色谱段)
	每个谱段 16 元 Si 光电二极管(谱段 1～4)
	每个谱段 16 元 InSb 光电二极管(谱段 5、7)
	8 元 PC HgCdTe(谱段 6)
扫描频率/Hz	7
扫描效率/%	85
量化	9 bit 量化、8 bit 传输
数据率/(Mbit/s)	2×75(CCSDS 格式)
体积/(m×m×m)	1.5×0.7×2.5(扫描仪)
	0.4 ×0.7×0.9(辅助电子学舱)
质量/kg	318(扫描仪)
	103(辅助电子学舱)
平均成像功耗/W	510

3.5.3.4　OLI

OLI 是一种推扫成像型光学遥感器,探测谱段范围涵盖可见光、近红外和短波红外,包括 1 个全色谱段和 8 个多光谱谱段，其中全色谱段地面像元分辨率为 15 m，多光谱谱段地面像元分辨率为 30 m，视场角约为 15°，地面成像幅宽 185 km，16 天可以对整个地球覆盖一遍，设计寿命为 5 年。ETM＋与 OLI 在可见近红外和短波红外谱段的谱段设置对比如表 3 - 8 所示。

表 3 - 8　ETM＋与 OLI 在可见近红外和短波红外谱段的谱段设置对比

编号	ETM＋谱段			编号	OLI 谱段		
	谱段	谱段范围/nm	分辨率/m		谱段	谱段范围/nm	分辨率/m
—	—	—	—	1	海岸带	433～453	30
1	蓝	450～515	30	2	蓝	450～515	30
2	绿	525～605	30	3	绿	525～600	30
3	红	630～690	30	4	红	630～680	30
4	近红外	775～900	30	5	近红外	845～885	30
5	短波红外 1	1 550～1 750	30	6	短波红外 1	1 560～1 660	30
7	短波红外 2	2 090～2 350	30	7	短波红外 2	2 100～2 300	30
8	全色	520～900	15	8	全色	500～680	15
—	—	—	—	9	卷云	1 360～1 390	30

相比 ETM＋，OLI 有几个谱段的谱段范围进行了调整，最大变化发生在 OLI 谱段 5（845～885 nm），该谱段避开了 ETM＋谱段 4（775～900 nm）中的水汽吸收峰。相比 ETM＋全色谱段，OLI 全色谱段的谱段宽度变窄，从而提高了多光谱图像中植被区与非植被区的对比度。另外，OLI 比 ETM＋增加了 1 个海岸带探测谱段（433～453 nm）和 1 个卷云探测谱段（1 360～1 390 nm）。其中，海岸带探测谱段主要用于海岸带区域海色观测，卷云探测谱段用于探测含有冰晶的薄云。卷云看上去较亮，而通过含有水汽的无云大气观测陆地表面，绝大部分看上去比较暗。

OLI 的辐射性能指标要求比较苛刻，要求 OLI 入瞳处绝对光谱辐亮度定标不确定度小于 5%，每个谱段大气层顶（Top of the Atmosphere，TOA）光谱反射率定标不确定度小于 3%。OLI 的信噪比指标明显高于 ETM＋。表 3 - 9 给出了 OLI 和 ETM＋的信噪比指标对比，其中 $L_{typical}$ 表示典型辐亮度，L_{high} 表示高辐亮度。ETM＋输出图像数据量化位数为 8 位，而 OLI 输出图像数据量化位数为 12 位。

表 3 - 9　OLI 和 ETM＋的信噪比指标对比

OLI 谱段编号	$L_{typical}$ 信噪比		L_{high} 信噪比	
	ETM＋	OLI	ETM＋	OLI
1	—	130	—	290
2	40	130	140	360
3	41	100	186	390
4	28	90	140	340

续表

OLI谱段编号	$L_{typical}$信噪比		L_{high}信噪比	
	ETM+	OLI	ETM+	OLI
5	35	90	244	460
6	36	100	183	540
7	29	100	137	510
8	16	80	90	230
9	—	50	—	—

OLI 光学系统采用四反射镜紧凑型消像散光学系统，如图 3 - 26 所示。表 3 - 10 给出了 OLI 光学系统的主要参数。除了大视场角近远心成像外，其最独特的设计是入瞳位于主镜前，这大幅度减小了作为主要星上定标源的全孔径、全视场太阳定标漫反射板的尺寸。OLI 的构型如图 3 - 27 所示。

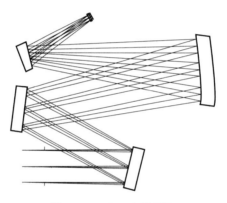

图 3 - 26 OLI 光学系统

表 3 - 10 OLI 光学系统的主要参数

参数名称	参数值
口径/mm	135
焦距/mm	886
F 数	6.5
穿轨视场角/(°)	15.4
沿轨视场角/(°)	1.64

OLI 通过对地观测口（Earth - view）对地面景物成像，利用遮光罩抑制杂散光。遮光罩和孔径光阑间有快门组件，在成像时快门组件上的光孔打开，使得来自地物目标的光辐射进入光学系统，光孔关闭后外部光辐射不能进入光学系统。太阳定标观测口（Solar - view）用于太阳定标，其也设置了遮光罩，与对地观测口遮光罩呈 90°夹角安装。

OLI 焦平面组件由 14 个探测器模块拼接而成，相邻探测器模块间探测元存在重叠，

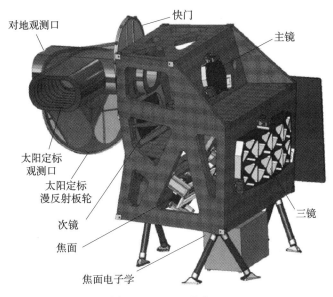

图 3 - 27　OLI 的构型

成像宽度覆盖整个 Landsat - 8 卫星的 15°穿轨视场，在标称轨道高度 705 km 下地面成像幅宽为 185 km。14 个模块沿着焦平面中心线分两行交错排列，如图 3 - 28 所示。每个探测器模块包括一组安装在母板上的传感器芯片阵列、基座和滤光片组件。传感器芯片阵列包括 3 个短波红外探测器阵列、6 个可见光近红外探测器阵列和 1 个 CMOS 硅读出集成电路。采用硅光电二极管探测器探测可见光近红外谱段辐射，采用 HgCdTe 探测器探测短波红外谱段辐射。对于单个探测器模块，多光谱谱段每个谱段有 494 个像元，像元中心间距为 36 μm；而全色谱段有 988 个像元，像元中心间距为 18 μm。每个多光谱谱段在穿轨方向共有 6 916 个像元，全色谱段在穿轨方向共有 13 832 个像元。对于可见近红外谱段，每个像元都有 1 个备份像元；对于短波红外谱段，每个像元有 2 个备份像元，通过读出电路可选择所需像元。在每个模块的探测器阵列之上放置干涉滤光片进行分光，得到 9 个较窄谱段。每个模块粘贴一个滤光孔径掩膜，用于减少杂散光。14 个探测器模块全部粘贴在基板上。

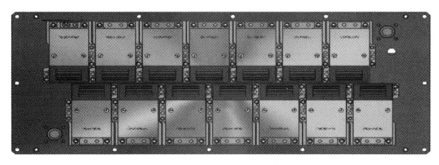

图 3 - 28　OLI 焦平面组件

为了保证短波红外谱段性能，焦平面阵列采用被动制冷方式将其制冷到 210 K。焦平面阵列与焦平面电子学之间由 14 个低热导率柔性电缆相连。

OLI 星上辐射定标装置包括快门组件、定标灯组件和漫反射板定标组件。此外，还利用月亮和地面场地进行辐射定标，并通过卫星偏航 90°飞行获取地球上均匀区域如沙漠、雪或冰的图像数据，用于像元间响应非均匀性校正。

快门组件关闭状态下，可采集每个探测器的暗电平，在地面处理时从每个探测器的响应信号中减掉，这样可去除探测器暗电流影响，减轻图像中的条带及探测元间的非均匀性。在正常情况下，白天成像前和成像后各收集一次快门暗电平数据。大约每 3 个月获取一次扩展的快门暗电平数据，持续时间约 36 min，用于评估典型对地成像时间段内暗电平的稳定性。

漫反射板定标装置为可旋转圆盘组件，圆盘上安装了两块漫反射板用于太阳定标，还开了一个通光孔用于 OLI 对地成像。两个漫反射板中一个为"工作"板，约 8 天进行一次太阳定标；另一个漫反射板为原始参考基准，约 6 个月进行一次太阳定标，这样便于对漫反射板退化和仪器退化进行区分。太阳定标的基本流程如下：卫星姿态机动，使得太阳观测口正对太阳→快门组件关闭，进行暗电平测量→漫反射板到达定标位置→快门组件打开→ 获取 2 s 太阳定标数据→快门组件关闭→漫反射板离开定标位置→进行暗电平测量→OLI 回到正常对低成像状态。还可利用太阳定标装置评价整个探测器和电子学链路的响应线性度，具体做法如下：在输入光信号不变的情况下进行积分时间扫描，即在一系列探测器积分时间条件下获取数据，用于评价整个探测器和电子学链路的响应线性度。

OLI 采用 3 组定标灯监测其性能变化，分别称为"工作"灯、"备份"灯和"原始参考"灯。定标灯以恒流模式工作，其辐射经过整个光学系统到达探测器上。每天用"工作"灯做一次定标，每 16 天用"备份"灯做一次定标，每 6 个月用"原始参考"灯做一次定标，这种组合可对定标灯退化和探测器退化进行区分。

OLI 每月在接近满月时观测一次月亮，进行对月定标。在月相角约 7°时，OLI 每个探测器模块对月球进行扫描，获取月球数据。获取的数据经偏置和线性校正后转换成辐亮度，然后将辐亮度数据对整个月球圆盘进行积分，并与月球辐照度模型预测的结果进行比较，在整个任务期间对测量值与预测值比值的变化趋势进行监测。月球还可用于评价 OLI 的杂光及发现可能存在的其他缺陷。

Landsat‐9 卫星的 OLI‐2 与 Landsat‐8 卫星的 OLI 设计基本相同，二者的一个显著差异是辐射分辨率。OLI‐2 和 OLI 输出信号均为 14 bit 量化，但 Landsat‐8 卫星只下传了 OLI 的 12 bit 数据，而 Landsat‐9 卫星下传了 OLI‐2 的所有 14 bit 数据，这样会降低噪声从而提高图像 SNR，特别是对于景物辐亮度较低的图像产品。此外，OLI‐2 在光谱和辐射特性测试方面进行了改进。

3.5.3.5　TIRS

TIRS 也采用推扫成像方案，其主要技术指标如表 3‐11 和表 3‐12 所示。

表 3 - 11　TIRS 的谱段、空间分辨率和成像幅宽指标

谱段编号	中心波长/μm	谱段范围/μm	空间分辨率/m	成像幅宽/km
10	10.9	10.6～11.2	100	185
11	12.0	11.5～12.5	100	185

表 3 - 12　TIRS 的饱和辐亮度和 NEΔT 指标

谱段编号	饱和温度/K	饱和辐亮度/$[W/(m^2 \cdot sr \cdot \mu m)]$	NEΔT (@240 K)	NEΔT (@300 K)	NEΔT (@360 K)
10	360	20.5	0.80 K	0.4 K	0.27 K
11	360	17.8	0.71 K	0.4 K	0.29 K

相比 Landsat - 7 ETM＋仅有一个热红外谱段（10.4～12.5 μm），TIRS 有两个热红外谱段。处理 ETM＋单波段热红外图像数据需要采用大气传输模型和大气数据对大气影响进行修正，而对于 TIRS 双谱段热红外图像数据，采用"分裂窗"算法即可对大气影响进行修正，这是一个很大的进步。虽然 TIRS 的 100 m 空间分辨率与 ETM＋热红外谱段的 60 m 空间分辨率相比有所降低，但也可以满足应用需要。

TIRS 由一个传感器单元和两个电子学设备构成，其光学系统如图 3 - 29 所示，传感器单元构型如图 3 - 30 所示。传感器单元包括望远镜组件、焦面组件、焦面电子学、低温制冷机、黑体定标器、景物选择机构、地球屏、散热面和热管等。景物选择机构可控制反射镜指向星下点观测（对地成像），或指向星上定标黑体和冷空间进行在轨辐射定标。

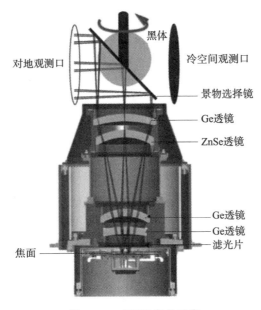

图 3 - 29　TIRS 光学系统

TIRS 光学系统由 3 片 Ge 透镜和 1 片 ZnSe 透镜构成（图 3 - 29），焦距为 178 mm，F 数为 1.64。光学系统采用辐射制冷方法制冷到 185 K，大幅降低了背景热辐射对仪器噪声

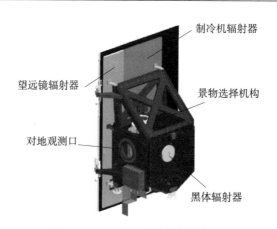

图 3 - 30　TIRS 传感器单元构型

的影响。Ge 的折射率对温度变化比较敏感，因此 Ge 透镜的温度直接影响光学系统聚焦。然而，这种特性提供了一种热调焦方式，即通过对其温度进行 ±5 K 调整，实现光学系统调焦。±5 K 的温度变化对仪器噪声性能的影响不大。

相比之前的 Landsat 卫星光学遥感器采用摆动扫描成像，TIRS 采用推扫成像积分时间更长，噪声性能更优，且不需要大尺寸连续运动的扫描镜及扫描线校正器，可靠性更高。TIRS 探测器采用量子阱红外探测器（QWIP），这是空间光学遥感器首次采用这种红外探测器。TIRS 焦面组件由 3 个像元规模为 640×512 的面阵量子阱红外探测器模块交错拼接而成，像元尺寸为 25 μm，如图 3 - 31 所示。其中，640 所在方向沿穿轨方向，相邻探测器模块间探测元存在重叠，有效像元数为 1 850 元，这样可满足 100 m 的空间分辨率和 185 km 的观测幅宽要求。每个探测器模块安装了两个窄带干涉滤光片，与探测器响应配合获得所需的探测谱段。TIRS 采用两级斯特林制冷机将探测器制冷到约 43 K，控温精度优于 ±0.01 K。

TIRS 配备了星上黑体定标装置，黑体表面加工出 V 形槽，以提高发射率。星上定标黑体如图 3 - 32 所示。黑体温度可根据需要控制在 270～320 K 范围内，通常固定在约 290 K，控温精度优于 ±0.1 K。

TIRS 每次对地成像前后，要通过景物选择机构观测冷空间和星上定标黑体进行在轨辐射定标。由于冷空间的辐射接近于 0，因此观测冷空间时获取的是仪器背景信号和探测器暗电平信号。此外，还利用月亮和地面场地进行辐射定标，并通过卫星偏航 90° 飞行获取地球上均匀区域的图像数据，用于探测器像元间响应非均匀性校正。

Landsat - 9 卫星 TIRS - 2 相对 Landsat - 8 卫星 TIRS 的主要变化包括：任务寿命从 3.25 年提升到 5.25 年，通过增加冗余设计等措施提高了可靠性。为了解决 TIRS 在轨出现的与景物有关的杂光问题，TIRS - 2 望远镜进行了改进设计，增加了消杂光光阑，大幅降低了杂光的影响；针对 TIRS 景物选择机构编码器在轨出现的问题进行了改进设计。此外，TIRS - 2 在光谱特性测试方面进行了改进。

图 3 - 31　TIRS 焦面组件

图 3 - 32　TIRS 星上定标黑体

3.5.4　"高分五号"卫星全谱段光谱成像仪

中国的"高分五号"卫星于 2018 年 5 月发射，全谱段光谱成像仪（Visible and Infrared Multispectral Imager，VIMI）是该卫星的主要有效载荷之一。该载荷以 60 km 幅宽及 20m 和 40m 的空间分辨率获取地物目标从可见光到长波红外共 12 个谱段的图像数据，可对水体、生态环境、国土资源进行综合监测，以满足环境保护、监测、监管、应急、评价、规划和资源调查等方面的需求。全谱段光谱成像仪的主要技术指标如表 3 - 13 所示[47]。

表 3 - 13　全谱段光谱成像仪的主要技术指标

项目	技术指标
谱段范围/μm	VIS：B1：0.45～0.52，B2：0.52～0.60，B3：0.62～0.68 NIR：B4：0.76～0.86 SWIR：B5：1.55～1.75，B6：2.08～2.35 MWIR：B7：3.50～3.90，B8：4.85～5.05 LWIR：B9：8.01～8.39，B10：8.42～8.83 　　　B11：10.3～11.3，B12：11.4～12.5
空间分辨率/m	≤20(0.45～2.35 μm) ≤40(3.5～12.5 μm)
幅宽/km	60
SNR 或 NEΔT	VIS/NIR：SNR＞200(地面反照率50%，太阳高度角60°) SWIR：SNR＞150(地面反照率50%，太阳高度角60°) MWIR/LWIR：NEΔT＜0.2 K(@300 K)
辐射定标精度	VIS/NIR/SWIR：绝对精度优于5%，相对精度优于3% MWIR/LWIR：绝对精度优于1K(@300 K)
量化位数/bit	12

　　全谱段光谱成像仪由光机头部、管理控制盒、信号处理盒、制冷控制盒、温控盒和扼流器组成，其系统组成框图如图 3 - 33 所示，光机头部三维模型如图 3 - 34 所示。

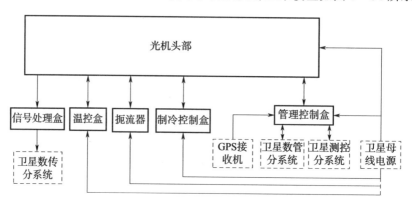

图 3 - 33　全谱段光谱成像仪系统组成框图

图 3 - 34　光机头部三维模型图

全谱段光谱成像仪光学系统采用二次成像三镜消像散（RUG‐TMA）全反射结构形式，无中心遮拦，其结构形式如图 3‐35 所示。短波红外谱段、中波红外谱段和长波红外谱段共用主镜、次镜和三镜，在三镜后面加入分色片，分成短中波红外通道和长波红外通道，两个通道成像视场角一致。可见光近红外谱段与其他谱段共用主镜和次镜，在中间像面处放置反射镜，将可见光近红外谱段分离出来。

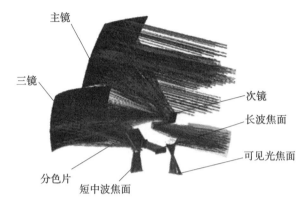

图 3‐35　全谱段光谱成像仪光学系统

全谱段光谱成像仪可见光近红外 4 个谱段采用集成 TDI CCD 探测器，各谱段探测器像元规模为 3 072 元。短中波红外谱段探测器采用 3 个探测器模块拼接而成，每个模块包括 B5～B8，4 个谱段。单个短中波红外探测器模块中，每个短波红外谱段有 1 024 个像元，每个中波红外谱段有 512 个像元。长波红外探测器也由 3 个模块拼接而成，每个模块包括 B9～B12，4 个谱段。单个长波红外探测器模块中，每个谱段有 512 个像元。通过在探测器芯片上方放置组合滤光片实现光谱细分。短中波红外探测器工作温度为 80 K，长波红外探测器工作温度为 60 K，采用两台脉冲管制冷机分别对短中波焦面和长波焦面制冷。红外探测器的结构如图 3‐36 所示。

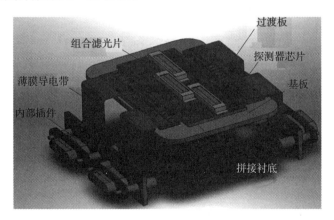

图 3‐36　红外探测器的结构

全谱段光谱成像仪采用可展开的太阳漫反射板置于入光口前，实现可见光近红外和短波红外谱段（B1～B6）在轨辐射定标，定标精度5％，并设置比辐射计监测漫反射板变化。进行太阳定标时，步进电动机通过减速齿轮带动齿轮轴旋转，进而驱动漫反射板旋转到达指定位置，将太阳光漫反射至光路中，获取在轨辐射定标数据；定标结束后，将漫反射板收回到零位，不遮挡成像光路；发射时由电磁铁加电锁定。太阳漫反射板定标如图3-37所示。

漫反射板

电磁铁组件

图3-37　太阳漫反射板定标

全谱段光谱成像仪采用黑体定标机构对中长波红外谱段进行在轨辐射定标。将变温黑体安装在转盘上，通过步进电动机驱动减速齿轮副带动转盘转动，实现黑体切入和切出光路。

3.5.5　"高分四号"卫星凝视相机

"高分四号"卫星为世界首颗地球静止轨道高分辨率光学成像遥感卫星，于2015年12月发射，星上装载了一台凝视相机。利用卫星长期驻留赤道上空、持续提供上行和下行数据通道及较强姿态机动能力，凝视相机可对中国及周边地区进行观测，可快速获取突发事件的遥感数据，并可根据需要灵活调整成像积分时间。

"高分四号"卫星主要为综合防灾减灾、气象预报、林业监测和地震监测等领域提供高时间分辨率和较高空间分辨率遥感数据，并可为海洋、农业、国土、水利等行业提供遥感数据服务。"高分四号"卫星凝视相机的主要技术指标如表3-14所示[48,49]。

表3-14　"高分四号"卫星凝视相机的主要技术指标

技术指标	指标要求	备注
谱段/μm	B1：0.45～0.90 B2：0.45～0.52 B3：0.52～0.60 B4：0.63～0.69 B5：0.76～0.90 B6：3.5～4.1	
地面像元分辨率/m	≤50(可见光近红外通道) ≤400(中波红外通道)	星下点
单景成像幅宽/km	≥500×500(可见光近红外通道) ≥400×400(中波红外通道)	星下点

续表

技术指标	指标要求	备注
静态 MTF(@Nyquist 频率)	B1：≥0.14 B2：≥0.15 B3：≥0.15 B4：≥0.15 B5：≥0.12 B6：≥0.15	
可见光近红外通道信噪比/dB	≥46(太阳高度角 80°,反射率 0.8) ≥23 (太阳高度角 10°,反射率 0.05)	
中波红外通道噪声等效温差/K	≤0.2 @350 K	
输出图像量化位数/bit	10(可见光近红外通道) 12(中波红外通道)	

"高分四号"卫星凝视相机采用较大规模的面阵探测器,配合大口径、长焦距光学系统及高速低噪声信号处理电路,实现了高时间分辨率、较高空间分辨率、较高辐射分辨率及较大单景成像幅宽。可见光近红外通道单谱段连续成像的时间分辨率为 5 s,全谱段连续成像的时间分辨率为分钟级,中波红外通道连续成像的时间分辨率为 1 s,特别适合于对动目标或快速变化目标进行监视成像。

相机主要由相机主体、遮光罩、可见光近红外管理控制器、中波红外管理控制器、中波红外制冷控制器和相机温度控制器等设备组成。相机采用面阵凝视成像方式,利用 700 mm 口径光学系统收集目标辐射信息。辐射信息经分色片分为可见光近红外通道和中波红外通道,再经各通道中继光学系统分别汇聚到各自的探测器上。可见光近红外通道利用滤光轮实现 5 谱段细分,中波红外通道利用低温滤光片配合探测器光谱响应满足谱段指标要求。细分后各谱段辐射能量由探测器转换为电信号,经视频电路处理后送入卫星数传分系统。"高分四号"卫星凝视相机组成框图如图 3-38 所示;相机构型如图 3-39 所示,其中测控天线和星敏感器安装在相机上。

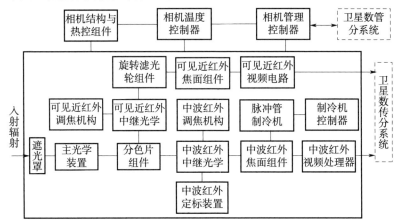

图 3-38 "高分四号"卫星凝视相机组成框图

图 3 - 39　相机构型

相机可见光近红外与中波红外通道既可同时成像也可分别成像，既可单次成像也可连续成像；可见光近红外通道 5 个谱段既可单谱段成像也可全谱段成像。"高分四号"卫星凝视相机的主要成像模式如表 3 - 15 所示。

表 3 - 15　"高分四号"卫星凝视相机的主要成像模式

谱段	成像模式
可见光近红外谱段	单谱段单次成像
	全谱段单次成像
	单谱段连续成像
	全谱段连续成像
中波红外谱段	单次成像
	连续成像

为满足成像幅宽、像元分辨率和空间布局等要求，相机光学系统采用可见光近红外谱段和中波红外谱段共用主光学系统的 R - C 双反系统加校正镜组的方案。R - C 双反系统的主镜为抛物面，次镜为双曲面；可见光近红外谱段辐射经分色片前表面反射进入可见光近红外校正镜组，再通过光路中设置的滤光轮上的滤光片实现光谱分光；中波红外谱段辐射透过分色片，经中波红外校正镜组二次成像，实现光学系统出瞳与探测器冷光阑匹配，并通过光路中的切换镜实现中波红外谱段主份与备份光路的切换。"高分四号"卫星凝视相机光学系统布局如图 3 - 40 所示。

相机可见光近红外通道采用旋转滤光轮将入射可见光近红外辐射分成 5 个谱段。旋转滤光轮机构三维构型如图 3 - 41 所示。

相机中波红外通道采用常温黑体和高温黑体进行星上定标，定标频次可根据需要进行设置，高温黑体的温度可根据需要进行调整。星上定标机构三维构型如图 3 - 42 所示。

相机可见光近红外通道采用基于全局电子快门曝光方式的 CMOS 面阵探测器，成像

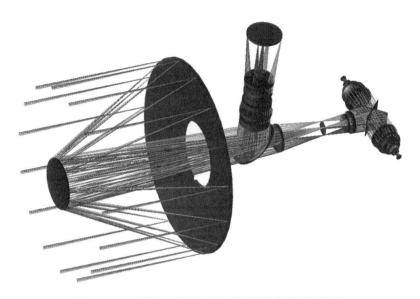

图 3 - 40　"高分四号"卫星凝视相机光学系统布局

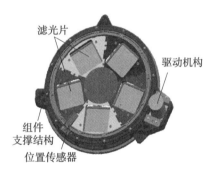

图 3 - 41　旋转滤光轮机构三维构型

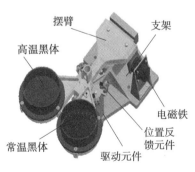

图 3 - 42　星上定标机构三维构型

时所有像元同时曝光，不存在曝光不同时引起的景内图像畸变。

相机中波红外探测器-制冷机组件由中波红外探测器和制冷机两部分构成，采用插入式耦合方式连接。中波红外探测器焦面电路靠近探测器安装。中波红外探测器-制冷机组件及焦面电路构型如图 3 - 43 所示。

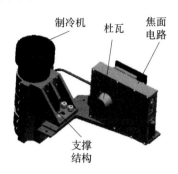

图 3 - 43　中波红外探测器-制冷机组件及焦面电路构型

中波红外探测器采用像元规模为 1 024×1 024 的面阵探测器，为第三代红外焦平面探测器，主要由探测器芯片、读出电路和金属杜瓦等构成，工作温度为 80 K。中波红外探测器采用目前主流的碲镉汞红外探测器芯片与硅读出电路倒装互连混成的技术路线，能够实现较高的探测灵敏度，相机中波红外通道噪声等效温差达到了 87 mK（@350 K）。

制冷机采用 3 W/80 K 分置式脉冲管制冷机，由压缩机、脉冲管、气库等部分构成，内部密封一定压力的高纯氦气作为工质。压缩机采用牛津型板弹簧支撑，音圈电动机驱动，气缸和活塞之间采取间隙密封。通过零件加工和装配过程中对精度进行严格控制，可使气缸和活塞在工作时没有接触摩擦，以保证长寿命、高可靠。在工质污染控制方面，主要通过充工质前对整机进行烘烤处理等措施清除污染物。通过采取上述措施，确保制冷机长时间性能稳定，设计寿命达到 10 年，能够满足地面测试试验及在轨连续工作 8 年的寿命要求。

探测器的积分时间准连续可调，可根据需要灵活设置每个谱段的积分时间，提升 SNR；还可对同一场景中的亮、暗目标采用不同的积分时间成像再进行图像融合，实现大动态范围观测；也可对目标多次曝光成像再进行累加，进一步提高 SNR。

针对"高分四号"卫星相机位于地球静止轨道冷热交变周期长（24 h）、热环境恶劣、午夜前后一段时间阳光进入相机的特点，同时还要满足相机自身对散热、温度稳定性和杂光抑制等要求，人们采取了多种热控措施，主要包括相机结构与热控一体化优化设计、遮光罩高效导热与散热设计、间接辐射热控和消杂光设计等，实现了光学系统高精度控温和杂光抑制。

3.5.6　Sentinel - 2 卫星多光谱仪器

欧洲研制的 Sentinel - 2 卫星的任务目标主要包括：1）以较高重访频率获取全球高分辨率多光谱图像；2）针对 SPOT 系列卫星的多光谱图像数据提供增强的连续获取能力；3）提供下一代陆地覆盖图、陆地变化探测图和地球物理参量等业务产品。Sentinel - 2 卫星直接用于陆地监测、应急响应和安全服务。Sentinel - 2A 和 Sentinel - 2B 卫星已经于 2015 年和 2017 年发射，轨道高度 786 km，设计寿命 7.25 年，两颗卫星的相位相差 180°，可确保对每个区域以相同观测条件实现 5 天重访（双星）。为了满足应急需求，卫星具备穿轨方向 ±20.6° 的指向能力。为了覆盖 20 年的任务时间，欧洲已开始研制另外两颗 Sentinel - 2 卫星，即 Sentinel - 2C 和 Sentinel - 2D 卫星。为了满足任务要求，为 Sentinel - 2 卫星设计了高分辨率、大视场、宽光谱覆盖空间光学遥感器，称为多光谱仪器（Multispectral Instrument，MSI）[50-58]。

MSI 采用推扫成像方案，成像幅宽为 290 km，光谱覆盖范围包括 VNIR 谱段和 SWIR 谱段，利用分色片将 VNIR 谱段与 SWIR 谱段分开，再采用滤光片实现 13 个谱段分光。在 MSI 的 13 个谱段中，4 个谱段的空间分辨率为 10 m，以便与 SPOT - 4 和 SPOT - 5 卫星图像兼容，从而满足陆地覆盖分类要求；6 个谱段的空间分辨率为 20 m，用于满足植被监测要求（如叶面积指数、归一化植被指数和叶绿素指数）；3 个谱段的空间分辨率为 60 m，主要用于大气校正和云筛查（433 nm 谱段用于气溶胶反演，940 nm 谱段用于水汽校正，1 375 nm 谱段用于卷云探测）。MSI 的谱段、空间分辨率和 SNR 指标如表 3 - 16 所示。MSI 的质量约为 290 kg，输出图像数据量化位数为 12 bit。

表 3 - 16　MSI 的谱段、空间分辨率和 SNR 指标

谱段序号	中心波长/nm	谱段宽度/nm	空间分辨率/m	$L_{min}/$ [W/(m²·sr·μm)]	$L_{ref}/$ [W/(m²·sr·μm)]	$L_{max}/$ [W/(m²·sr·μm)]	SNR @L_{ref}
1	443	20	60	15.97	129.11	587.87	129
2	490	65	10	11.70	128.00	615.48	154
3	560	35	10	6.49	128.00	559.01	168
4	665	30	10	3.31	108.00	484.13	142
5	705	15	20	2.61	74.60	449.55	117
6	740	15	20	2.06	68.23	412.92	89
7	775	20	20	1.67	66.70	387.08	105
8	842	115	10	0.95	103.00	307.80	174
8a	865	20	20	0.95	52.39	307.80	72
9	940	20	60	0.51	8.77	232.91	114
10	1 375	20	60	0.06	6.00	83.00	50
11	1 610	90	20	0.40	4.00	69.78	100
12	2 190	180	20	0.10	1.70	24.60	100

由相机输出图像数据获得目标物理量（辐亮度或反射率）的精度直接受相机绝对辐射定标不确定度的影响，为此任务要求绝对辐射定标不确定度优于 5%（目标 3%），谱段间辐射定标不确定度优于 3%；要求非线性测量精度优于 1% 且稳定，以便在轨可利用单个辐亮度点对探测器响应非均匀性进行定标。对于空间分辨率为 10 m 和 20 m 的谱段，在奈奎斯特频率处的系统 MTF（包括光学系统、探测器和模糊等影响）优于 0.15 且低于 0.3；对于空间分辨率为 60 m 的谱段，在奈奎斯特频率处的 MTF 优于 0.15 且低于 0.45。

MSI 采用 TMA 远心光学系统，以确保光谱响应一致性。光学系统入瞳直径为

150 mm，焦距为 598 mm，视场角为 21°×4.5°，反射镜及其主支撑结构采用 SiC，以减小热弹性变形。VNIR 焦面组件采用 12 个 CMOS 探测器模块拼接而成，每个模块包含 10 个谱段，相邻两个模块间重叠 98 个像元尺寸为 15 μm×15 μm 的像元。每个探测器模块中 10 m 分辨率谱段有 2 592 个像元，20 m 和 60 m 分辨率谱段有 1 296 个像元。SWIR 焦面组件采用 12 个 HgCdTe 探测器模块拼接而成，每个探测器模块包含 3 个谱段，像元尺寸为 15 μm×15 μm，采用被动制冷方法将其制冷到约 190 K。在 SWIR 谱段每个探测器模块中，谱段 B10 有 3 个线阵，谱段 B11 和 B12 有 4 个线阵。为了优化使用 SNR 最佳的像元，谱段 B10 在列方向从 3 个线阵中选择 1 个像元，谱段 B11 和 B12 在列方向从 4 个线阵中选择 2 个连续像元且以 TDI 模式工作。MSI 望远镜构型如图 3－44 所示，MSI 整机构型如图 3－45 所示。

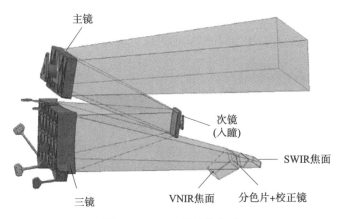

图 3－44　MSI 望远镜构型

图 3－45　MSI 整机构型

　　MSI 配备了定标与快门机构，位于 MSI 入口附近。其采用太阳光照射漫反射板对

MSI 进行全口径、全视场在轨辐射定标，包括绝对和相对辐射定标，漫反射板尺寸为 779 mm×287.54 mm×17 mm。除了漫反射板定标外，该机构还可保护仪器避免受太阳直射影响，并在发射时进行污染防护。

Sentinel - 2A 和 Sentinel - 2B 卫星入轨后，除了利用太阳照射漫反射板对 MSI 进行绝对和相对辐射定标外，还通过地面定标场（如北美和中东沙漠、南极积雪）进行定标和真实性检验，并对其稳定性进行监测。此外，还通过夜间获取海洋图像来评价暗信号，确定暗电流偏置校正所需的定标参数。Sentinel - 2C 和 Sentinel - 2D 卫星入轨后，拟每月开展月球定标，利用月球稳定性高和对月成像不受大气影响的特点对仪器性能随时间变化进行监测，并开展不同卫星光学遥感器之间的交叉定标。

3.5.7　EnMAP 卫星成像光谱仪

德国的环境制图与分析计划（Environmental Mapping and Analysis Program, EnMAP）的主要任务是通过研制高光谱成像卫星获取地球表面高光谱图像数据，对整个地球环境开展研究，应用范围包括气候变化影响、生态系统监测、陆地覆盖变化、生物多样性过程、自然资源勘察及地质灾害和风险评估等[59-62]。

EnMAP 卫星上的光学遥感器采用推扫成像和棱镜色散分光原理获取可见光近红外和短波红外谱段高光谱图像数据。EnMAP 卫星的任务要求和对光学遥感器的要求如表 3 - 17 所示。EnMAP 光学遥感器光学系统原理如图 3 - 46 所示，主要组成部分的布局如图 3 - 47所示，其由望远镜、视场分光狭缝装置（FSSA）、VNIR 光谱仪光学系统、SWIR 光谱仪光学系统、VNIR 焦面组件、SWIR 焦面组件及制冷机、太阳定标装置等构成，VNIR 和 SWIR 谱段共用一个望远镜。

表 3 - 17　EnMAP 卫星的任务要求和对光学遥感器的要求

任务要求	光谱范围/nm	420～2 450
	地面采样距离/m	30
	成像幅宽/km	30
	成像长度	每轨长达 1 000 km
	覆盖	全球（近天底模式，观测天顶角 VZA≤5°）
	轨道	太阳同步轨道，降交点地方时 11:00
	每天覆盖	5 000 km 长
	目标重访时间/天	4（30°穿轨指向）
	指向精度（确定度）/m	500(100)@海平面
仪器要求	工作原理	推扫成像-棱镜光谱仪
	光谱范围/nm	VNIR：420～1 000；SWIR：900～2 450
	平均光谱采样距离/nm	VNIR：6.5；SWIR：10
	光谱过采样	1.2

续表

仪器要求	SNR(@参考辐亮度*)	>400：1@495 nm，>180：1@2 200 nm
	光谱定标精度/nm	VNIR：0.5；SWIR：1
	光谱稳定性/nm	0.5
	辐射定标精度/%	<5
	辐射稳定性/%	<2.5
	辐射分辨率/bit	14，VNIR 双增益
	偏振灵敏度/%	<5
	谱线弯曲和色畸变	<0.2 像元
	VNIR 与 SWIR 配准精度	<0.2 像元

注：* 参考辐亮度条件：反照率 0.3，太阳天顶角 30°，海平面以上 500 m，大气能见度 21 km。

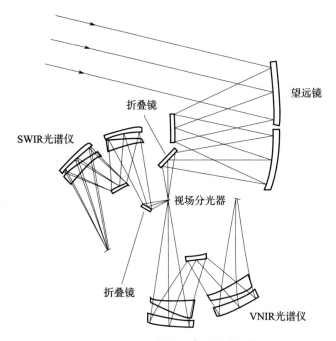

图 3-46　EnMAP 光学遥感器光学系统原理

　　EnMAP 卫星光学遥感器的设计难点在于实现高光学透过率和低图像畸变。其望远镜采用三镜消像散（Three-Mirror Anastigmat，TMA）系统，入瞳直径 180 mm，视场角 2.6°。FSSA 包含两个独立狭缝，用于分离 VNIR 和 SWIR 光谱仪视场，两个狭缝的大小均为 24 μm×24 mm，间隔 480 μm，狭缝采用硅晶片和刻蚀技术制造而成。FSSA 还包含一个微型反射镜，用于把来自 SWIR 狭缝的光引入 SWIR 光谱仪。VNIR 和 SWIR 光谱仪的设计源于 Offner 中继成像概念，采用曲面棱镜作为色散元件，如图 3-46 所示。

　　VNIR 焦面组件采用高功能集成的背照式 CMOS 图像传感器，像素规模为 1 056×256，像元尺寸为 24 μm×24 μm。探测器工作温度为 21 ℃，采用热电制冷器实现主动控温精度优于 ±50 mK。

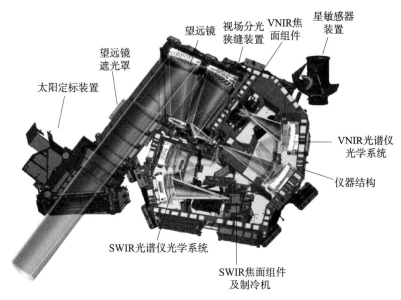

图 3-47　EnMAP 光学遥感器主要组成部分的布局

SWIR 焦面组件采用 HgCdTe 探测器，截止波长为 2.55 μm，像素规模为 1 024×256，像元尺寸为 24 μm×32 μm。采用 8 路并行模拟视频输出满足读出速率要求。探测器工作温度约为 160 K，采用脉冲管制冷机制冷，控温精度优于±25 mK。

地面定标和星上定标是数据处理的基础。为了满足应用需求，需要对 EnMAP 光学遥感器进行完善的地面定标和星上定标。地面定标的目的是对 EnMAP 光学遥感器建立完整的定标基线，主要包括辐射定标、偏振定标、光谱定标、几何定标和杂光定标；星上定标用于追踪整个寿命期内光学遥感器的变化和更新定标数据，包括绝对辐射定标、相对辐射定标、光谱定标、探测器定标和暗电平定标。

EnMAP 光学遥感器星上绝对辐射定标主要通过全口径漫反射板定标装置来实现，漫反射板材料采用 Spectralon，其双向反射分布函数（Bidirectional Reflectance Distribution Function，BRDF）在地面进行高精度测量。全口径漫反射板装置位于仪器入口处，通过机构切换可实现对地观测、全口径太阳定标和发射保护 3 种工作模式。当需要进行太阳定标时，机构将漫反射板引入望远镜遮光罩前的光路，打开漫反射板保护盖，使太阳光照到上面。由于 Spectralon 漫反射板材料受紫外光照射会导致衰减，因此对其进行遮蔽保护，且仅每月用一次。

EnMAP 光学遥感器还配备了星上定标装置（OBCA），用于监测两次太阳定标间的辐射稳定性及整个任务寿命期内的光谱稳定性。OBCA 包含一个主积分球，装有钨丝灯和蓝光发光二极管（Light Emitting Diode，LED），蓝光 LED 用于增强定标光源在短波长的辐射强度。采用定标中继光学和旋转反射镜轮机构将积分球出口成像到光谱仪狭缝处。相对辐射定标约每周一次。光谱定标采用内部涂掺杂稀土元素漫反射材料的光谱积分球来实现，每 2 周定标一次。光谱积分球连接到主积分球上，来自光谱积分球的辐射经主积分球到达出口。掺杂稀土元素漫反射材料在积分球输出光谱辐亮度中产生清晰稳定的光谱特征，作为光谱仪光谱定标参考基准。光谱积分球的光谱特征在地面进行定标。

探测器定标包括线性度定标、像元响应测量及绘制可疑像元分布图，通过安装在探测器前的 LED 及在较大范围调整探测器的积分时间来实现。VNIR 和 SWIR 谱段采用的 LED 不同，它们根据相应探测器的量子效率进行优选。探测器定标的时间间隔计划每月一次。

暗电平定标通过安装在光谱仪狭缝前的快门机构来实现，该机构可切断从望远镜到光谱仪的光路，从而实现暗电平定标。通常在每次对地观测成像前后要利用快门机构进行暗电平测量。为了评估快门的辐射，在轨调试阶段同步开展冷空间观测和快门测量。

参 考 文 献

［1］ 陈世平. 空间相机设计与试验 ［M］. 北京：中国宇航出版社，2003.

［2］ 马文坡. 航天光学遥感技术 ［M］. 北京：中国科学技术出版社，2011.

［3］ SLATER P N. Remote sensing：Optics and optical systems ［M］. Addison - Wesley Publishing Company，Inc. Massachusetts. 1980.

［4］ REEVES R G. 遥感手册：第一分册 ［M］. 汤定元，陈宁锵，等译. 北京：国防工业出版社，1979.

［5］ 李德熊. 遥感技术 ［M］. 北京：北京工业学院出版社，1987.

［6］ 王淦泉，陈桂林. 地球同步轨道二维扫描红外成像技术 ［J］. 红外与激光工程，2014，43（2）：429 - 433.

［7］ FRERICK J，NIEKE J，MAVROCORDATOS C，et al. Next generation along Track Scanning Radiometer - SLSTR ［J］. Proc. of SPIE，2012（8516）：851605 - 1～851605 - 10.

［8］ GUEGUEN F，BETTES A，TOULEMONT Y，et al. SPOT series camera improvement for the HRG —very high resolution instrument of SPOT 5 ［J］. SPIE，1999（3737）：301 - 312.

［9］ GLEYZES J P，MEYGRET A，FRATTER C，et al. SPOT5 - system overview and image ground segment ［J］. IEEE. 2003：300 - 302.

［10］ OH E，KIM S W，JEONG Y，et al. In - orbit image performance simulation for GOCI from integrated ray tracing computation ［J］. SPIE，2011（8175）：81751H - 1 ～ 81751H - 9.

［11］ PUSCHELL J J，LOWE H A，JETER J，et al. Japanese advanced meteorological imager ［J］. SPIE ，2005（5658）：75 - 90.

［12］ BURMEN M，PERNUS F，LIKAR B，et al. Spectral characterization of near - infrared Acousto - optic Tunable Filter（AOTF）hyperspectral imaging systems using standard calibration materials ［J］. APPLIED SPECTROSCOPY，2011，65（4）：393 - 401.

［13］ VOELZ D，KODALI B. Characterization of an acousto - optic tunable filter imaging system ［J］. SPIE，2006（6302）：63020P - 8～63020P - 8.

［14］ ALLENDER E J，STABBINS R B，GUNN M D，et al. The ExoMars Spectral Tool（ExoSpec）- an image analysis tool for ExoMars 2020 PanCam imagery ［J］. SPIE，2018（10789）：107890I - 1～107890I - 19.

［15］ PIEGARI A，SYTCHKOVA A，BULIR J，et al. Compact imaging spectrometer with visible - infrared variable filters for Earth and planet observation ［J］. SPIE，2011（8172）：81721B - 1～81721B - 8.

［16］ OTTEN L J，SELLAR R G，RAFERT J B. MightySat II. 1 Fourier - transform hyperspectral imager payload performance ［J］. SPIE，1995（2583）：566 - 575.

［17］ YARBROUGH S，CAUDILL T，KOUBA M E，et al. MightySat II. 1 hyperspectral imager - summary of on - orbit Performance ［J］. SPIE，2002（4480）：186 - 197.

［18］乔治·约瑟夫. 对地观测遥感相机研制 ［M］. 王小勇，何红艳，等，译. 北京：国防工业出版社，2018.

［19］侯立周，徐彭梅，王彩琴. 大光程差高鲁棒性摆臂角镜干涉仪设计与实现 ［J］. 红外与激光工程，2018，39（3）：51-59.

［20］TARDE R W，DITTMAN M G，KVARAN G E. Next - generation pushbroom filter radiometers for remote sensing. SPIE，2012（8510）：851008-1～851008-21.

［21］PAGANO T S，AUMANN H H，STROW L. Prelaunch performance characteristics of the Atmospheric Infrared Sounder（AIRS）［J］. SPIE，2001（4169）：268-278.

［22］MORSE P，BATES J，MILLER C. Development and test of the Atmospheric Infrared Sounder（AIRS）for the NASA Earth Observing System（EOS）［J］. SPIE，1999（3870）：281-292.

［23］WEILER M H，OVEROYE K R，STOBIE J A，et al. Performance of the Atmospheric Infrared Sounder（AIRS）in the radiation environment of low - earth orbit ［J］. SPIE，2005（5882）：588210-1～588210-7.

［24］LAMBRIGTSEN B，FETZER E，FISHBEIN E，et al. AIRS - The atmospheric infrared sounder ［J］. IEEE，2004：2204-2207.

［25］PAGANO T S. Ultraspectral infrared technology development on the Atmospheric Infrared Sounder（AIRS）and future applications ［J］. SPIE，2004（5425）：304-310.

［26］LAMBRIGTSEN B，FETZER E，LEE S Y，et al. The atmospheric infrared sounder - An overview ［J］. SPIE，2004（5652）：157-164.

［27］THOMAS S，PRIESTLEY K J，SMITH N P，et al. Performance stability evaluation of clouds and the Earth's Radiant Energy System（CERES）Flight Model 5（FM5）Instrument on S - NPP ［J］. IEEE，2018：3292-3295.

［28］SMITH N P，SZEWCZYK Z P，HESS P C，et al. A strategy to assess the pointing accuracy of the CERES FM1 - FM5 scanners ［J］. SPIE，2017（10402）：104020R-1～104020R-10.

［29］THOMAS S，PRIESTLEY K J，HESS P C，et al. Performance of the Clouds and the Earth's Radiant Energy System（CERES）Flight Model 5（FM5）instrument on NPP mission ［J］. SPIE，2012（8510）：851005-1～851005-8.

［30］THOMAS S，PRIESTLEY K J，SMITH N M，et al. Characterization of the clouds and the Earth's radiant energy system（CERES）sensors on Terra and Aqua spacecraft ［J］. SPIE，2010（7862）：78620N-1～78620N-9.

［31］McCARTHY J K，BITTING H，EVERT T A，et al. A summary of the performance and long - term stability of the pre - launch radiometric calibration facility for the clouds and the earth's radiant energy system（ceres）instruments. ［J］. IEEE，2011：1009-1012.

［32］SMITH N P，WILSON R，SZEWCZYK Z P，et al. Early trends on the Clouds and the Earth's Radiant Energy System（CERES）Flight Model 6（FM6）instrument's performance ［J］. SPIE，2018（10764）：107640R-1～107640R-12.

［33］PRIESTLEY K，THOMAS S，SMITH G L，et al. CERES FM - 6 on NOAA - 20 enabling continuity of earth radiation budget measurements initial results ［J］. IEEE，2018：7739-7742.

［34］MIKA A M. Three decades of landsat instruments ［J］. Photogrammetric Engineering & Remote Sensing 1997，63（7）：839-852.

［35］ Landsat 7 image assessment system（IAS）radiometric algorithm theoretical basis document（ATBD）. Version 1 Draft，June 2003.

［36］ BARKER J L. Landsat - 4 science characterization early results. Volume II - Thematic Mapper（TM），Part 1. Proceedings of the Landsat - 4 Science Characterization Early Results Symposium. 1983.

［37］ FIGOSKI J W，ZAUN N，MOONEY T. Performance results for the Landsat OLI spectral filters［J］. SPIE，2009（7452）：74520T - 1～74520T - 12.

［38］ MARKHAM B L，BARSI J A，KAITA E，et al. Landsat - 8 operational land imager on - orbit radiometric calibration and stability［J］. SPIE，2014（9218）：921815 - 1～921815 - 7.

［39］ BARSI J A，SCHOTT J R，HOOK S J，et al. Landsat - 8 Thermal Infrared Sensor（TIRS）vicarious radiometric calibration［J］. Remote Sens，2014（6）：11607 - 11626.

［40］ IRONS J R，DWYER J L，BARSI J A. The next landsat satellite - The landsat data continuity mission［J］. Remote Sensing of Environment，2012（122）：11 - 21.

［41］ MARKHAM B L，DABNEY P W，REUTER D，et al. Landsat Data Continuity Mission operational land imager and thermal infrared sensor performance［J］. SPIE，2011（8153）：81530D -1～81530D - 7.

［42］ REUTER D，RICHARDSON C，IRONS J，et al. The thermal infrared sensor on the landsat data continuity mission［J］. IEEE，2010：754 - 757.

［43］ MONTANARO M，BARSI J，LUNSFORD A，et al. Performance of the Thermal Infrared Sensor on - board Landsat 8 over the first year on - orbi［J］. SPIE，2014（9218）：921817 - 1～921817 - 14.

［44］ HAIR J H，REUTER D C，TONN S L，et al. Landsat 9 thermal infrared sensor 2 architecture and design［J］. IGARSS，2018：8841 - 8844.

［45］ McCORKEL J，McANDREW B，BARSI J，et al. First results from laser - based spectral characterization of landsat 9 operational land imager - 2［J］. IEEE，2019：9044 - 9047.

［46］ BARSI J A，McCORKEL J，McANDREW B，et al. Spectral testing of the Landsat - 9 OLI - 2 instrument using the Goddard Laser Absolute Measurement of Radiance（GLAMR）［J］. SPIE，2018（1076）：1076405 - 1～1076405 - 8.

［47］ 赵艳华，戴立群，白绍竣，等. 全谱段光谱成像仪系统设计及实现［J］. 航天返回与遥感. 2018，39（3）：38 - 50.

［48］ 马文坡，练敏隆. "高分四号"卫星凝视相机的技术特点［J］. 航天返回与遥感，2016，37（4）：26 - 31.

［49］ 练敏隆，石志城，王跃，等. "高分四号"卫星凝视相机设计与验证［J］. 航天返回与遥感. 2016，37（4）：32 - 39.

［50］ TOULEMONT A，FERNANDEZ V，MAVROCORDATOS C，et al. Sentinel - 2C instrument new features and first instrument performance characterization［J］. SPIE，2019（11151）：111510P - 1～111510P - 6.

［51］ DECHOZ C，LANGUILLE F，TREMAS T，et al. SENTINEL - 2 - geometric calibration during commissioning phase［J］. SPIE，2014（9244）：92440B - 1～92440B - 13.

［52］ MEYGRET A，BAILLARIN S，GASCON F，et al. SENTINEL - 2 image quality and level 1 processing［J］. SPIE，2009（7452）：74520D - 1～74520D - 10.

[53]　VAN DER MEER F D, VAN DER WERFF H M A, VAN RUITENBEEK F J A. Potential of ESA's Sentinel - 2 for geological applications [J]. Remote Sensing of Environment, 2014 (148): 124 - 133.

[54]　LACHERADE S, T. TRÉMAS T, LONJOU V, et al. Introduction to the Sentinel - 2 radiometric calibration activities during commissioning phase [J]. SPIE, 2014 (9241): 924113 - 1～924113 - 10.

[55]　CHORVALLI V, CAZAUBIEL V, BURSCH S, et al. Design and development of the Sentinel - 2 Multi Spectral Instrument and satellite system [J]. SPIE, 2010 (7826): 78260J - 1～78260J - 4.

[56]　TRÉMAS T L, DÉCHOZ C, LACHERADE S, et al. Sentinel - 2 - presentation of the CAL/VAL commissioning phase [J]. SPIE, 2015 (9643): 964309 - 1～964309 - 12.

[57]　DRUSCH M, BELLO U D, CARLIER S, et al. Sentinel - 2: ESA's optical high - resolution mission for GMES operational service [J]. Remote Sensing of Environment, 2012 (120): 25 - 36.

[58]　DARIEL A, CHORIER P, LEROY C, et al. Development of an SWIR multispectral detector for GMES/Sentinel - 2 [J]. SPIE, 2009 (7474): 747416 - 1～747416 - 12.

[59]　GUANTER L, SEGL K, FOERSTER S, et al. The enmap german imaging spectroscopy mission: status and summary of preparatory activities [J]. IEEE, 2018: 168 - 170.

[60]　KAISER S, SANG B, SCHUBERT J, et al. Compact prism spectrometer of pushbroom type for hyperspectral imaging [J]. SPIE, 2008 (7100): 710014 - 1～710014 - 11.

[61]　BAUR S, WACHTER R, BASILI P, et al. Calibration and characterization of the EnMAP hyperspectral imager [J]. SPIE, 2019 (11151): 111511B - 1～111511B - 8.

[62]　MÜCKE M, SANG B, HEIDER B, et al. EnMAP hyperspectral Imager (HSI) for Earth observation - current status [J]. SPIE, 2018 (11180): 1118067 - 1～1118067 - 10.

第4章 空间光学遥感器性能指标及图像质量评价和预估

4.1 概述

不同类型空间光学遥感器由于应用目的和观测对象不同,它们的性能要求存在较大差异。本章以成像型空间光学遥感器为例对其主要性能指标做概括性介绍,并对常用的一些像质评价和预估方法进行简要描述。

成像型空间光学遥感器的主要性能通常可分为空间性能、辐射性能、光谱性能和几何性能。不同文献对性能的分类方法存在差异。例如,有的文献把这里讲的空间性能和几何性能统称为几何性能;又如,有的文献把 MTF 指标划归空间性能,而有的文献则将 MTF 作为辐射性能。

4.2 空间性能

对于成像型空间光学遥感器,描述其空间性能的常用指标包括瞬时视场(Instantaneous Field of View,IFOV)、地面采样距离(Ground Sampling Distance,GSD)、MTF、对比度传递函数(Contrast Transfer Function,CTF)、幅宽(Swath Width,SW)和观测场(Field of Regard,FOR)等。有的成像型空间光学遥感器将边缘响应(Edge Response,ER)和混叠(Aliasing)等也纳入空间性能[1-9]。

4.2.1 瞬时视场

成像型空间光学遥感器的 IFOV 是一个描述与探测器光敏元尺寸相关的空间分辨率指标,在有些文献中称其为探测器张角(DAS)。IFOV 一般定义为探测器光敏元尺寸相对于光学系统第二主点的张角。如果探测器光敏元为长方形,则其在两个方向上的 IFOV 不同。探测器光敏元尺寸经光学系统在地面上的投影称为地面瞬时视场(Ground Instantaneous Field of View,GIFOV),有的文献称其为瞬时几何视场(Instantaneous Geometric Field of View,IGFOV)。

假设探测器光敏元为正方形,则 IFOV 的表达式如下:

$$\text{IFOV} = \frac{d}{fl'} \tag{4-1}$$

式中,IFOV 为瞬时视场(rad);d 为探测器光敏元尺寸(m);fl' 为焦距(m)。

假设探测器光敏元尺寸为正方形,则在星下点处 GIFOV 的表达式为

$$\text{GIFOV} = \frac{H \cdot d}{fl'} \qquad (4-2)$$

式中，GIFOV 为地面瞬时视场（m）；H 为卫星飞行高度（m）。

在偏离星下点处，GIFOV 的尺寸增大，而且在两个方向上的增大程度不同，如图 4 - 1 所示。对于沿 Y 方向偏离星下点角度为 θ 处，在不考虑地球曲率的情况下，沿 X 向和 Y 向的 GIFOV 分别为

$$\text{GIFOV}_x = \frac{d}{fl'} \cdot \frac{H}{\cos\theta} = \frac{H \cdot d}{fl'} \sec\theta \qquad (4-3)$$

$$\text{GIFOV}_y = \frac{d}{fl'} \cdot \frac{H}{\cos^2\theta} = \frac{H \cdot d}{fl'} \sec^2\theta \qquad (4-4)$$

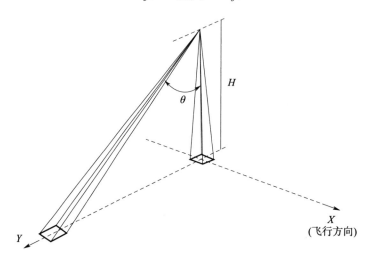

图 4 - 1　偏离星下点处 GIFOV 的变化

这里需要说明的是，有的文献把 IFOV 定义为探测器单个探测元对辐射的敏感角度范围，即单个探测元输出信号最大值的一半对应的全宽度（FWHM）。按照这一定义，IFOV 是一个包含光学系统和探测器等响应的综合性能指标。根据该定义，IFOV 的具体测试方法是首先用点孔靶标（或狭缝靶标）测量光学遥感器的静态 PSF［或线扩展函数（Line Spread Function，LSF）］，然后计算 PSF（或 LSF）峰值 50% 对应的全宽度，即可得到 IFOV。沿轨道方向和穿轨道方向上的 IFOV 可能存在差异，需要分别测量。

4.2.2　地面采样距离

GSD 为由采样决定的极限空间分辨率，也称为地面像元分辨率。GSD 主要取决于光学遥感器焦距、探测器相邻两个探测元中心间距、光学遥感器到目标的距离及观测角度等。在星下点，GSD 定义为

$$\text{GSD} = \frac{p}{fl'} H \qquad (4-5)$$

式中，p 为探测器相邻两个探测元的中心间距（m）；fl' 为焦距（m）；H 为卫星飞行高度（m）。

与 GIFOV 类似，在偏离星下点处，GSD 的尺寸增大，而且在两个方向上的增大程度

不同。当沿轨道方向和穿越轨道方向上的 GSD 不同时，可采用二维 GSD，即几何平均 GSD 来表示，它等于沿轨道方向和穿越轨道方向上 GSD 的几何平均，即

$$GSD_{GM} = \sqrt{GSD_{in-track}GSD_{across-track}} \qquad (4-6)$$

式中，GSD_{GM} 为 GSD 的几何平均；$GSD_{in-track}$ 为沿轨道方向上的 GSD；$GSD_{across-track}$ 为穿越轨道方向上的 GSD。

　　从 GSD 的定义来看，它仅代表探测器或电路采样间距的地面投影，可以根据采样成像型光学遥感器的成像几何关系计算出来，但其常作为系统指标来使用。

4.2.3　MTF

　　MTF 是空间频率的函数，它等于输出调制度与输入调制度之比在零空间频率处归一。通常情况下，随着空间频率升高，系统传递对比度差异的能力下降。传统上，MTF 用正弦靶标来测量，随着正弦靶标频率升高，输出对比度（调制度）下降。空间光学遥感器的 MTF 为其各组成部分的函数，并且可以通过各组成部分的 MTF 相乘来得到。MTF 是一个综合性度量，它将对比度和空间分辨率联系起来。

　　为了理解 MTF，首先介绍调制度（Modulation）。调制度定义为

$$M = \frac{V_{max} - V_{min}}{V_{max} + V_{min}} \qquad (4-7)$$

式中，M 为调制度；V_{max} 和 V_{min} 分别为正弦信号的最大和最小信号值。

　　由调制度的定义可以看出，它等于正弦信号相对于其平均值的变化。

　　基于调制度的 MTF 定义为

$$MTF(f) = \frac{M_{output}(f)}{M_{input}(f)} \qquad (4-8)$$

式中，f 为空间频率；$MTF(f)$ 为空间频率 f 下的 MTF 值；$M_{output}(f)$ 和 $M_{input}(f)$ 分别为空间频率 f 下的输出和输入调制度。

　　MTF 也可以通过系统 PSF、LSF 和边缘扩展函数（Edge Spread Function，ESF）来得到。对系统 PSF 或 LSF 做傅里叶变换，取"模"可得到 MTF；对 ESF 进行微分，并做傅里叶变换取"模"，也可以得到 MTF。

　　从 MTF 对图像质量的影响来看，用户最终得到的图像不仅受空间光学遥感器 MTF 的影响，而是受包含空间光学遥感器在内的整个空间光学遥感成像系统中各环节 MTF 的影响。整个空间光学遥感成像系统的 MTF 包含空间光学遥感器、卫星运动、大气和图像处理〔如 MTF 补偿（MTF Compensation，MTFC）〕等环节的 MTF。

4.2.4　对比度传递函数

　　（1）CTF 的定义

　　CTF 或方波响应（SWR）是系统对方波靶标信号的响应在零频处归一，其定义与 MTF 的定义类似，计算方法与式（4-7）和式（4-8）相同。由于方波靶标比正弦波靶标容易制作，测量 CTF 比测量 MTF 方便，因此 CTF 在采样成像型光学遥感器的性能评

价方面用得比较多。CTF 与 MTF 的含义不同，不能通过将系统各个部分的 CTF 相乘来得到系统 CTF。

方波靶标信号可由其基频 f_1 来反映，当展开成傅里叶级数时，其包含无限多个频率。方波靶标信号重构后的形状取决于光学、探测器和电路等的 MTF。虽然可以对方波靶标信号的基频进行过采样，但对其高频谐波则不能。在采样时，方波靶标信号的高次谐波会被欠采样产生混叠，方波的形状会改变，靶与靶之间的强度会发生变化，靶的宽度也不再恒定。

（2）CTF 与 MTF 的关系

CTF 和 MTF 是评价采样成像系统性能常用的两个指标，从前面的定义来看，二者既有区别又有联系。由于测量 CTF 比测量 MTF 容易，因此若可通过测量 CTF 来计算出 MTF，就可以简化 MTF 的测量。

对于采样成像系统，由于 CTF 和 MTF 都与采样相位有关，因此它们的值不唯一。但在实际测量 CTF 和 MTF 时，一般都采用同相位测量，即靶标的像与探测器对准，这样采样相位对测量结果的影响通常可以忽略。

对于线性移不变系统及基频为 f_1 的无限长方波靶标，可以得出 MTF 与 CTF 存在如下关系：

$$\text{MTF}(f_1) = \frac{\pi}{4} \left| \text{CTF}(f_1) + \frac{\text{CTF}(3f_1)}{3} - \frac{\text{CTF}(5f_1)}{5} + \frac{\text{CTF}(7f_1)}{7} + \frac{\text{CTF}(11f_1)}{11} + \cdots \right|$$

$$(4-9)$$

由式（4-9）可知，通过测量系统的 CTF 可以求出它的 MTF。理论上讲，为了获得频率为 f_1 处的 $\text{MTF}(f_1)$，需要测量无限多个频率的方波靶标。然而，实际需要测量的方波靶标个数取决于系统的空间截止频率 $f_{\text{MTF}=0}$。当 $\frac{1}{3} f_{\text{MTF}=0} \leqslant f_1 < f_{\text{MTF}=0}$ 时，式（4-9）中除 $\text{CTF}(f_1)$ 外的其余项等于 0，所以 $\text{MTF}(f_1)$ 等于 $\pi/4$ 乘以 $\text{CTF}(f_1)$。也就是说，当 $\frac{1}{3} f_{\text{MTF}=0} \leqslant f_1 < f_{\text{MTF}=0}$ 时，只需要测量一个方波靶标的 $\text{CTF}(f_1)$ 就可以计算出 $\text{MTF}(f_1)$。

需要注意的是，式（4-9）只对于无限长方波靶标严格成立。对于有限长方波靶标（如 4 杆靶标），从数学上推导不出式（4-9）。

一般来讲，在同相位测量条件下，在奈奎斯特频率处 MTF 和 CTF 存在以下关系：

$$\text{MTF}_{\text{Nyquist}} \approx \frac{\pi}{4} \text{CTF}_{\text{Nyquist}} \qquad (4-10)$$

4.2.5 幅宽

空间光学遥感器的幅宽通常根据具体应用并考虑实现途径来确定。例如，在一些应用领域如气象和海洋观测，要求幅宽较宽，通常用光机扫描成像仪来满足幅宽要求。就满足幅宽要求而言，光机扫描成像仪通常比推扫成像仪和凝视成像仪具有优势，但其可实现的空间分辨率较低。此外，光机扫描成像仪需要扫描机构，这不仅会增加成像仪的体积和质量，而且会降低其可靠性，并且图像畸变相对比较大。

空间光学遥感器的幅宽与其在穿越轨迹方向上的视场角（Field of View，FOV）相对应，在不考虑地球曲率的情况下，星下点幅宽可根据视场角和卫星飞行高度计算得到：

$$\text{SW} = 2H \cdot \tan\left(\frac{\text{FOV}}{2}\right) \tag{4-11}$$

式中，SW 为幅宽（m）；H 为卫星的飞行高度（m）；FOV 为空间光学遥感器的视场角（°）。

在一定条件下，观测对象与空间光学遥感器之间的距离对空间光学遥感器的地面像元分辨率和观测幅宽影响较大。随着卫星平台与观测对象之间的距离增大，观测幅宽加大，但地面像元分辨率下降。

4.2.6　观测场

FOR 描述的是在给定足够时间的情况下光学遥感器能够实现的覆盖角度或覆盖范围。一些光学遥感器具有穿越轨迹方向和（或）沿轨迹方向的指向成像功能，这一功能可以使光学遥感器的 FOR 远大于其 FOV，这不仅增大了观测范围，还可以缩短重访周期，并可以获取立体图像。例如，韩国的 GOCI 的 FOV 为 0.51°（东西方向）× 0.40°（南北方向），对应覆盖区域约为 700 km × 700 km（中心位于 130°E、36°N），通过其指向镜做 4×4 步进凝视成像，可使 FOR 达到约 2 500 km × 2 500 km（中心位于 130°E、36°N，相邻覆盖区域存在重叠）。

4.2.7　边缘响应

有些空间光学遥感器除了规定 GSD 指标外，还规定了 ER 指标，主要包括边缘响应斜率（Edge Response Slope）和边缘扩展（Edge Extent）。

边缘响应指的是成像系统对边缘的归一化响应，也称为相对边缘响应（Relative Edge Response，RER）。边缘响应被归一化后，其平均低端稳态边缘响应为 0，平均高端稳态边缘响应为 100%。RER 如图 4-2 所示。

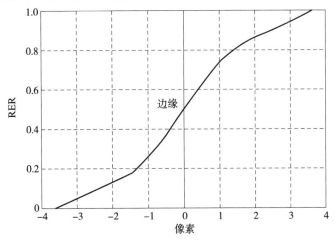

图 4-2　RER

文献［7］将边缘响应斜率定义为图 4-2 中 40％响应点与 60％响应点之间的斜率，单位为 m^{-1}，而将边缘扩展定义为图 4-2 中 10％响应点与 90％响应点之间的距离，单位为 m。例如，Landsat-9 卫星 OLI-2 要求多光谱谱段的边缘响应斜率不低于 0.027/m，全色谱段的边缘响应斜率不低于 0.054/m；Landsat-9 卫星 TIRS-2 要求边缘响应斜率不低于 0.0047/m，边缘扩展小于 245 m。

4.2.8 混叠

对于采样成像型空间光学遥感器，欠采样会引起混叠。为了使 GSD 与实际边缘响应斜率性能相匹配以降低欠采样的影响，一些空间光学遥感器如 OLI 等对混叠提出了要求。其要求在沿轨道和穿越轨道方向，OLI 仪器数据提供的相对边缘响应斜率与 GSD 的乘积小于 1.0。

4.3 辐射性能

辐射性能主要包括辐射分辨率、动态范围、量化位数、绝对辐射定标不确定度、杂散光系数、相对辐射校正后的残余非均匀性、偏振灵敏度、辐射测量稳定性和盲元率等[2, 10-15]。

4.3.1 辐射分辨率

辐射分辨率也称辐射灵敏度，是指系统能够区分最小信号强度差异的能力。它代表的是存在噪声的情况下系统能够探测到的最小信号，即系统探测弱目标的能力。一个空间光学遥感器的辐射分辨率越高，其探测反射或辐射能量微小差异的能力越强。辐射分辨率通常用信噪比（SNR）、噪声等效反射率差（$NE\Delta\rho$）和噪声等效温差（$NE\Delta T$ 或 NETD）等来表示。$NE\Delta\rho$ 代表的是产生与噪声标准差相等的信号差所需的目标反射率差，$NE\Delta T$ 代表的是产生与噪声标准差相等的信号差所需的黑体温度变化。

SNR 是表征光学遥感成像系统像质和辐射性能的一种常用指标，一般指的是信号（携带真实信息）与噪声（携带虚假信息）之比。在光学遥感领域，SNR 的定义很多，多数定义将 SNR 表示为平均目标信号与噪声标准差的比值，即

$$\text{SNR} = \frac{S_{\text{target}}}{\sigma_{\text{noise}}} \qquad (4-12)$$

式中，S_{target} 为平均目标信号；σ_{noise} 为噪声标准差。S_{target} 和 σ_{noise} 的单位相同。

如果两个目标或目标与其背景间的反射率差对应的信号差小于噪声引起的信号波动，则在图像中难以将两个目标或目标与其背景区分开。因此，按照两目标或目标与背景间的反射率差来定义信号很有意义。根据两目标的反射率差定义的 SNR 为

$$\text{SNR}_{\Delta\rho} = \frac{S_{\text{target}}\big|_{\rho_{\text{target}}=\rho_{\text{high}}} - S_{\text{target}}\big|_{\rho_{\text{target}}=\rho_{\text{low}}}}{\sigma_{\text{noise}}} = \frac{S_{\text{target}}\big|_{\rho_{\text{target}}=\Delta\rho}}{\sigma_{\text{noise}}} \qquad (4-13)$$

式中，ρ 为反射率；$\Delta\rho$ 为反射率差。

由于 S_{target} 和 σ_{noise} 与 ρ_{high} 和 ρ_{low} 的取值有关，因此 $\text{SNR}_{\Delta\rho}$ 也与 ρ_{high} 和 ρ_{low} 的取值有关。一般用 ρ_{high} 计算 σ_{noise} 中的光子噪声。

通过 $\text{SNR}_{\Delta\rho}$ 和 $\Delta\rho$ 可求出 $\text{NE}\Delta\rho$。如果 $\Delta\rho$ 与波长无关，则 $\text{NE}\Delta\rho$ 可以表示为

$$\text{NE}\Delta\rho = \frac{1}{\text{SNR}_{\Delta\rho}/\Delta\rho} = \frac{\Delta\rho}{\text{SNR}_{\Delta\rho}} \tag{4-14}$$

$\text{NE}\Delta T$ 是一个用于表征热成像系统探测灵敏度的性能指标，表示为

$$\text{NE}\Delta T = \frac{\Delta T}{\Delta V/V_{\text{n}}} \tag{4-15}$$

式中，ΔT 为温差；ΔV 为与 ΔT 对应的信号差；V_{n} 为均方根噪声。

$\text{NE}\Delta T$ 与温度有关，因此在确定 $\text{NE}\Delta T$ 指标时需要明确温度。

空间光学遥感器的辐射灵敏度指标需要根据具体应用来确定。例如，对于海洋观测，通常对辐射灵敏度的要求比较高。

4.3.2　动态范围

动态范围是空间光学遥感器的重要指标之一，根据应用场合不同，其有多种表达方式。动态范围通常定义为最大可探测能量（Q_{max}）与最小可探测能量（噪声等效能量，Q_{min}）的比值，即 $Q_{\text{max}}/Q_{\text{min}}$。当辐射能量小于 Q_{min} 时，没有信号输出或输出信号被噪声淹没；当辐射能大于 Q_{max} 时，输出饱和。有时称空间光学遥感器的最大信噪比（最大信号 V_{max} 与系统噪声 V_{noise} 之比）为动态范围，但要注意不能将其与空间光学遥感器的实际信噪比混淆。动态范围有时以分贝（dB）为单位来表示，其等于 $20\lg(Q_{\text{max}}/Q_{\text{min}})$ 或者 $20\lg(V_{\text{max}}/V_{\text{noise}})$。

在有些场合，动态范围定义为空间光学遥感器输出不饱和情况下其可观测的辐亮度或温度范围，即其响应单调变化的辐亮度或温度范围，它代表的是系统同时探测强目标和弱目标的能力。一些空间光学遥感器会在技术要求中明确观测辐亮度或温度范围的具体数值。例如，文献［10］给出 Sentinel-2 卫星 MSI 各谱段的最小和最大观测辐亮度值，其中规定最大辐亮度值是为了避免高辐亮度目标（如雪）饱和，规定最小辐亮度值是为了能够在低光照条件（低太阳高度角）下具有观测能力，并可以观测暗目标（如稠密针叶树林）。

需要说明的是，空间光学遥感器的动态范围随增益状态变化。例如，对于陆地卫星 7 号 ETM＋的热红外谱段，在低增益状态下，其低端黑体温度为 200 K ［对应光谱辐亮度为 0.110 mW/（cm²·sr·μm）］，其高端饱和黑体温度为 340 K ［对应饱和光谱辐亮度为 1.568 mW/（cm²·sr·μm）］；而在高增益状态下，其低端黑体温度为 260 K ［对应光谱辐亮度为 0.483 mW/（cm²·sr·μm）］，其高端饱和黑体温度为 320 K ［对应饱和光谱辐亮度为 1.232 mW/（cm²·sr·μm）］。

4.3.3　量化位数

空间光学遥感器的量化位数应根据其观测动态范围、噪声和 SNR 等指标综合确定，

量化太粗会损失有用信息；量化太细仅仅是对噪声量化，没有实际意义。确定有效量化位数的基本原则如下：在典型观测条件下，SNR 性能应为非量化噪声限，通常要求信号量化间隔对应的辐亮度差（ΔL）与噪声等效辐亮度差（$NE\Delta L$）相当。

早期空间光学遥感器的量化位数为 6～8 比特（bit），目前典型空间光学遥感器的量化位数为 11～12 bit，有的甚至达到 14 bit。信号的量化位数为 n，对应的量化级数为 $2^n - 1$，指数 n 与用于以二进制格式编码的比特数相对应。例如，量化位数 $n=8$，则量化级数为 255。与此相对应，图像中某一像素的值用 0～$2^8 - 1$（0～255）的某一整数值来表示。而如果量化位数为 12 bit，则图像中某一像素的值用 0～4 095 的某一整数值来表示。

4.3.4　绝对辐射定标不确定度

为了定量获取目标的辐射信息，空间光学遥感器要进行绝对辐射定标，即利用已知辐射特性的定标源作为基准，建立空间光学遥感器输出数字信号与输入辐射信号之间的定量关系。然而，受定标源自身的辐射不确定性及光学遥感器的噪声、稳定性、杂光、响应非线性和环境等因素的影响，绝对辐射定标存在一定程度的不确定度，有的文献称之为绝对辐射定标精度。根据具体应用不同，空间光学遥感器的绝对辐射定标不确定度指标存在差异。例如，文献［11］给出 IKONOS 光学遥感卫星多光谱图像的绝对辐射定标精度要求为±10％；文献［12］给出 Landsat - 8 卫星 OLI 的绝对辐射定标不确定度要求为：辐亮度不确定度≤5％（1σ），TOA 反射率不确定度≤3％（1σ）。

4.3.5　杂散光系数

杂散光简称杂光，是指通过空间光学遥感器任何部分到达像面的非成像光。杂散光既有来自视场内的，又有来自视场外的，两者叠加形成总的杂散光。杂散光会影响空间光学遥感器的成像质量，必须采取措施进行抑制。空间光学遥感器的杂散光通常用杂散光系数来表示，其定义为非成像光在像面上的照度与成像光在像面上的照度之比，如杂散光系数<1％。

4.3.6　相对辐射校正后的残余非均匀性

对于采用长线阵探测器的推扫成像型空间光学遥感器，常利用多片探测器进行拼接来满足成像幅宽要求。多片探测器之间、单片探测器各输出通道之间（很多探测器有多个输出通道）及各探测元之间都可能会存在响应差异（如光谱响应差异、响应非线性和稳定性等），再加上观测景物光谱辐亮度、大气光谱透过率、大气路径光谱辐亮度及光学系统杂散光和像面辐照度不均匀等因素影响，会导致对景物成的像存在明显的不均匀。对于光机扫描型和凝视型空间光学遥感器，也不同程度地存在类似问题。为了校正上述图像非均匀性，需要对空间光学遥感器进行相对辐射定标，并利用相对辐射定标数据对图像非均匀性进行校正。然而，图像校正后还可能会存在一定程度的残余非均匀性，也称为 RFPN。图像校正后的残余非均匀性可以用全视场残余非均匀性及条带（Banding）噪声和条纹

(Streaking) 噪声等来表征。其中, 条带噪声为多个探测元响应形成的低频噪声, 而条纹噪声指的是探测元间响应差异形成的高频噪声。为了降低残余非均匀性对图像质量的影响, 需要对空间光学遥感器输出图像的相对辐射校正效果提出要求。不同卫星对其图像相对辐射校正后的残余非均匀性指标要求不尽相同, 而且它们的计算方法也可能存在差异。例如, QuickBird 卫星要求其图像相对辐射校正后的条带噪声和条纹噪声小于 2%, Landsat-8 卫星 TIRS 要求其图像相对辐射校正后的全视场残余非均匀性及条带噪声和条纹噪声小于 0.5%。

Landsat-8 卫星图像相对辐射校正后的全视场残余非均匀性计算公式如下:

$$\mathrm{RFPN}_{\mathrm{FOV}} = \frac{\sqrt{\sum_{i=1}^{N} (\bar{L}_i - \bar{L}')^2 / (N-1)}}{\bar{L}'} \times 100\% \tag{4-16}$$

式中, N 为某谱段一行图像数据的像元总数; $\bar{L}_i$ 为某谱段第 i 个像元的时间平均辐亮度; $\bar{L}'$ 为某谱段的二维 (先时间、后空间) 平均辐亮度。

Landsat-8 卫星图像条带噪声是按照局部 100 个像元定义的, 要求对于所有的 "n", 图像条带噪声均满足技术要求。其具体计算公式如下:

$$B_n = \frac{\sqrt{\sum_{i=n}^{n+99} (\bar{L}_i - \bar{L}')^2 / 100}}{\bar{L}'} \times 100\% \tag{4-17}$$

式中, n 为某谱段一行图像的某像元数; 其他量的含义如前所述。

Landsat-8 卫星图像条纹噪声计算公式如下:

$$S_i = \left| \bar{L}_i - \frac{1}{2} (\bar{L}_{i-1} + \bar{L}_{i+1}) \right| / \bar{L}_i \tag{4-18}$$

式中, $\bar{L}_i$ 为像元 i 测得的辐亮度值的时间平均; $\bar{L}_{i-1}$ 和 $\bar{L}_{i+1}$ 的定义类似; 要求 S_i 的最大值不超过指标要求。

对于采用面阵探测器获取图像的空间光学遥感器, 相对辐射校正后的 RFPN 可采用如下公式计算:

$$\mathrm{RFPN}(\phi) = \sqrt{\frac{1}{N} \cdot \sum_i \sum_j \left[S_{i,j}(\phi) - \langle S_{i,j}(\phi) \rangle \right]^2} \tag{4-19}$$

式中, N 为面阵探测器总的像元数; i 和 j 为对应的行数和列数, 在实际计算时需要将无效像元去除, 即无效像元不参与计算; $S_{i,j}(\phi)$ 为第 (i, j) 个像元在入射辐射功率为 ϕ 的条件下测得的信号值; $\langle S_{i,j}(\phi) \rangle$ 为所有像元在入射辐射功率为 ϕ 的条件下测得的空间平均信号值。

对于采用面阵探测器获取图像的空间光学遥感器, 通常要求在典型入射辐射功率条件下 RFPN 低于时间噪声。为了在计算 RFPN 时剥离时间噪声的影响, 需要先进行多帧图像平均处理。

4.3.7　偏振灵敏度

空间光学遥感器偏振灵敏度通常用线偏振因子 (Polarization Factor, PF) 来表示,其计算公式如下：

$$PF = \frac{I_{\max} - I_{\min}}{I_{\max} + I_{\min}} \qquad (4-20)$$

式中，$I_{\max}$ 为偏振响应最大值；$I_{\min}$ 为偏振响应最小值。

4.3.8 辐射测量稳定性

空间光学遥感器辐射测量稳定性指标一般根据任务需求按照不同时间尺度来确定。例如，文献［11］对先进海洋辐射计的辐射测量稳定性要求如下：当仪器由恒定的辐亮度源照射时，发射前测得的仪器响应输出在一个轨道周期及更短的时间内变化不超过 0.1％，入轨后每月变化不超过 0.5％，整个在轨工作期间（5 年）的变化不超过 20％。Landsat-8 卫星 OLI 对辐射测量稳定性的要求如下：对于辐亮度 $\geqslant L_{\text{typ}}$ 的辐射恒定目标，按照要求进行辐射校正后，相邻两景图像的变化不超过 $\pm$0.5％，16 天时间内测得的辐亮度变化不超过 $\pm$1％，16 天到 5 年的时间内测得的辐亮度变化不超过 $\pm$2％。

4.3.9 盲元率

对于采用大规模线阵或面阵探测器，特别是大规模红外线阵或面阵探测器的空间光学遥感器，会存在一些像元没有响应或者响应率和噪声等性能偏离平均值较大，这些像元称为无效像元（或盲元），扣除无效像元后的像元称为有效像元。无效像元数占总像元数的百分比称为盲元率，有效像元数占总像元数的百分比称为有效像元率。除了限制盲元总数，还要限制连续盲元（盲元簇）数量。有效像元也可能存在一项或多项性能不满足要求。为了保证数据质量，需要限制无效像元（包括连续无效像元）及不满足指标要求的有效像元的数量，这些指标需要根据任务需求、探测器规模及相关领域的技术基础来确定。例如，Landsat-8 卫星 OLI 对无效像元及不满足指标要求的有效像元的数量要求如下：

1）对于 OLI，无效像元不超过所有像元的 0.1％。

2）对于 OLI 任一谱段，无效像元不超过所有像元的 0.2％。

3）在穿轨方向不能有相邻的无效像元，即在穿轨方向不能有连续无效像元。

4）对于任一谱段，有效像元中不满足一项或多项性能要求的像元不超过 0.25％。

4.4 光谱性能

空间光学遥感器整机光谱性能主要包括探测谱段和光谱分辨率。对于高光谱空间光学遥感器，光谱定标精度也是主要的光谱性能指标之一。针对每个探测谱段，还有一些具体的指标要求，如谱段宽度、中心波长、谱段平坦性、边缘陡度和带外响应等[2, 16, 17]。

4.4.1 谱段宽度与中心波长

对于带通滤光片，谱段宽度简称带宽或峰值半高宽，指的是光谱响应曲线峰值 50％点对应的全宽度，即光谱响应曲线上升段 50％峰值点到下降段 50％峰值点的宽度，两个

50％峰值点的中点即中心波长。

在确定谱段宽度与中心波长指标时，还要明确公差要求。例如，要求光谱响应曲线上升段 50％峰值点不小于某一波长值或不超过某一波长范围，光谱响应曲线下降段 50％峰值点不大于某一波长值或不超过某一波长范围，中心波长偏差不超过某一波长范围（如±5 nm）。

4.4.2　谱段形状

谱段形状包括谱段平坦性、带外响应和边缘陡度等。

谱段平坦性一般要求相对光谱响应曲线峰值 50％点之间的响应平均值（平均透过率）大于某一值（如 0.8），且响应最小值不小于某一值（如 0.6），有的还要求相对光谱响应曲线峰值 80％点之间的值大于某一值（如 0.7）。

带外响应一般要求相对光谱响应 1％峰值点以外的响应积分值与相对光谱响应 1％峰值点以内的响应积分值之比小于某一值（如 2％）。

边缘陡度一般通过相对光谱响应曲线上升段峰值 5％点到峰值 50％点的波长间隔及相对光谱响应曲线下降段峰值 50％点到峰值 5％点的波长间隔来表征，如峰值 5％点到峰值 50％点的边缘陡度 ≤0.2 μm；有的还针对相对光谱响应曲线上升段峰值 1％点到峰值 50％点的波长间隔及相对光谱响应曲线下降段峰值 50％点到峰值 1％点的波长间隔提出要求，如峰值 1％点到峰值 50％点的边缘陡度 ≤0.3 μm。边缘陡度有时用百分比来表示，即利用上述波长间隔与中心波长之比来表示，如边缘陡度 ≤5％。

4.4.3　光谱均匀性

谱段内每个像元的谱段宽度（FWHM 宽度）和中心波长相较谱段平均值变化不超过某一数值。例如，每个像元的响应谱段宽度相比谱段平均值变化 ≤3％，每个像元的响应谱段中心波长相比谱段平均值变化 ≤10 nm。

4.4.4　光谱分辨率

光谱分辨率是指分辨两条相邻谱线的能力，常采用能够区分的两个谱段的平均波长的最小间隔 $\Delta\lambda$ 来表示。由于 $\Delta\lambda$ 通常与波长 λ 有关，因此也常用 RP（Resolving Power）来表示光谱仪的光谱分辨率，RP $=\lambda/\Delta\lambda$ 。

4.5　几何性能

空间光学遥感器的几何性能主要包括光学系统畸变和谱段配准精度等。对于扫描成像型光学遥感器，还包括扫描速率非线性等；对于带有指向功能的空间光学遥感器，还要明确指向精度要求[18]。

光学系统畸变是指其横向（垂轴）放大率随视场的增大而变化所引起的一种失去物像相似性的像差。它通常用实际像高和理想像高之差与理想像高的百分比来表示，称为相对畸变，如相对畸变小于 1%。对于测绘用的光学系统，其畸变有时用绝对数值来表示，称为绝对畸变，如绝对畸变小于 10 μm。

很多空间光学遥感器拥有多个探测谱段，且这些谱段常位于不同的焦面上，为了保证多个谱段数据融合应用效果，需要对谱段配准精度提出要求。例如，美国 Landsat - 4 和 Landsat - 5 卫星上的光学遥感器 TM 有 7 个谱段，其中谱段 1~4 位于常温焦面上，而谱段 5~7 位于低温焦面上，且谱段 6 的像元尺寸为其他谱段的 4 倍。TM 的谱段配准精度要求如下：谱段 1~4 之间的配准精度≤0.2 像元，谱段 1~4 与谱段 5 之间的配准精度≤0.3 像元，谱段 6 与谱段 5 和 7 之间的配准精度≤谱段 6 的 0.2 像元（相当于谱段 5 和 7 的 0.8 像元）。又如，美国 EOS - Terra 卫星上的光学遥感器 MODIS 有 36 个谱段，位于 4 个焦面上，其谱段配准精度要求如下：任何谱段之间的配准精度≤0.2 km，这意味着所有 36 个谱段间的配准精度在沿扫描和沿轨道方向均应位于 0.2 km 宽的带内。

对于扫描成像型光学遥感器，理想情况下扫描镜在有效扫描时间内具有恒定的角速率，即扫描角位置相对于时间线性变化，但实际情况是扫描镜运动过程中扫描角速率会出现小的波动，即扫描角位置相对于时间存在非线性，被称为扫描速率非线性。扫描速率非线性既可以用百分比表示（如 0.5%），也可以用偏离角度表示（如 20μrad）。

有些空间光学遥感器具有指向成像功能，需要对指向精度提出要求。例如，GOCI 的指向精度指标为优于 150 μrad，指向位置确定度指标为优于 10 μrad。

4.6　性能要求举例

随着应用目的不同，光学遥感卫星及其光学遥感器的性能要求差别比较大。下面介绍两个典型案例[19-26]。

4.6.1　VIIRS 的主要用途和指标要求

可见光红外成像辐射仪（Visible - Infrared Imaging Radiometer Suite，VIIRS）为 Suomi NPP 卫星和 NOAA - 20 卫星的关键光学遥感器，Suomi NPP 卫星于 2011 年 10 月发射，NOAA - 20 卫星于 2017 年 11 月发射，标称运行轨道高度为 824 km。VIIRS 用于收集陆地、海洋、大气和冰层等的可见光和红外谱段遥感数据，这些数据在气象、环境和生态等领域具有非常广泛的应用。

VIIRS 是一台宽幅穿轨扫描成像辐射计，用于获取辐射和图像数据，其扫描成像幅宽约为 3 040 km（对应扫描角约为±56°），可实现每天覆盖全球。VIIRS 的光谱覆盖范围为 0.4~12.5 μm，共有 22 个谱段，其中包括 14 个反射太阳谱段（RSB）、7 个热辐射谱段（TEB）和 1 个白天-夜晚谱段（DNB）。在 14 个反射太阳谱段和 7 个热辐射谱段中，5 个用于精细分辨率成像（称为 I 谱段），16 个用于中等分辨率辐射测量（称为 M 谱段），它们的星下点标称空间分辨率分别为 375 m 和 750 m。白天-夜晚谱段在整个扫描成像幅宽范围内空间分辨率基本一致，标称空间分辨率为 750 m。

　　VIIRS 有 7 个谱段为双增益,以扩大观测动态范围。在反射太阳谱段,低增益用于观测云和沙漠等高反射率目标,高增益用于观测海洋等低反射率目标;在热辐射谱段,低增益用于观测火灾等高温目标,高增益用于观测海面等常温和较低温度目标。

　　VIIRS 的白天-夜晚谱段有高、中、低 3 档增益,采用 4 个 CCD 探测器来实现。其中,高增益采用两个 CCD 探测器来消除宇宙射线或其他粒子引起的虚警信号,探测器的 TDI 级数为 250 级;中增益采用一个 CCD 探测器,探测器的 TDI 级数为 3 级;低增益也采用一个 CCD 探测器,无 TDI,且还需要利用中性密度滤光片对信号进行衰减。

　　VIIRS 的谱段及谱段增益、水平采样间隔、典型光谱辐亮度 (L_{typ}) 或典型亮温 (T_{typ})、最大光谱辐亮度 (L_{max}) 或最大亮温 (T_{max}) 及在典型光谱辐亮度或典型亮温条件下的信噪比 (SNR) 或噪声等效温差 (NETD) 指标如表 4 - 1 所示。其中,光谱辐亮度的单位为 W/ ($m^2 \cdot sr \cdot \mu m$),亮温和 NETD 的单位为 K。

表 4 - 1　VIIRS 的主要技术指标

谱段		谱段增益	谱段范围 /μm	水平采样间隔/km (沿轨×扫描)		L_{typ} 或 T_{typ}	L_{max} 或 T_{max}	SNR 或 NETD
				星下点	扫描边缘			
反射谱段	M1	高增益 低增益	0.402~0.422	0.742×0.259	1.60×1.58	44.9 155	135 615	352 316
	M2	高增益 低增益	0.436~0.454	0.742×0.259	1.60×1.58	40 146	127 687	380 409
	M3	高增益 低增益	0.478~0.498	0.742×0.259	1.60×1.58	32 123	107 702	416 414
	M4	高增益 低增益	0.545~0.565	0.742×0.259	1.60×1.58	21 90	78 667	362 315
	I1	单增益	0.600~0.680	0.371×0.387	0.80×0.789	22	718	119
	M5	高增益 低增益	0.662~0.682	0.742×0.259	1.60×1.58	10 68	59 651	242 360
	M6	单增益	0.739~0.754	0.742×0.776	1.60×1.58	9.6	41	199
	I2	单增益	0.846~0.885	0.371×0.387	0.80×0.789	25	349	150
	M7	高增益 低增益	0.846~0.885	0.742×0.259	1.60×1.58	6.4 33.4	29 349	215 340
	M8	单增益	1.230~1.250	0.742×0.776	1.60×1.58	5.4	165	74
	M9	单增益	1.371~1.386	0.742×0.776	1.60×1.58	6	77.1	83
	I3	单增益	1.580~1.640	0.371×0.387	0.80×0.789	7.3	72.5	6
	M10	单增益	1.580~1.640	0.742×0.776	1.60×1.58	7.3	71.2	342
	M11	单增益	2.225~2.275	0.742×0.776	1.60×1.58	0.12	31.8	10

续表

谱段		谱段增益	谱段范围 /μm	水平采样间隔/km （沿轨×扫描）		L_{typ} 或 T_{typ}	L_{max} 或 T_{max}	SNR 或 NETD
				星下点	扫描边缘			
辐射谱段	I4	单增益	3.550～3.930	0.371×0.387	0.80×0.789	270	353	2.5
	M12	单增益	3.660～3.840	0.742×0.776	1.60×1.58	270	353	0.396
	M13	高增益 低增益	3.973～4.128	0.742×0.259	1.60×1.58	300 380	343 634	0.107 0.423
	M14	单增益	8.400～8.700	0.742×0.776	1.60×1.58	270	336	0.091
	M15	单增益	10.263～11.263	0.742×0.776	1.60×1.58	300	343	0.07
	I5	单增益	10.500～12.400	0.371×0.387	0.80×0.789	210	340	1.5
	M16	单增益	11.538～12.488	0.742×0.776	1.60×1.58	300	340	0.072
DNB		3 档增益	0.5～0.9	0.742×0.742	0.742×0.742	$6.70×10^{-5}$	—	6

由于大气会使来自地表的景物辐亮度产生偏振，因此需要控制光学遥感器的偏振灵敏度，以便满足辐射精度要求。NOAA - 20 卫星 VIIRS 可见近红外谱段偏振灵敏度要求如表 4 - 2 所示，要求在 ±45°扫描角范围内满足该要求，且测量的偏振因子不确定度小于 0.5%。

表 4 - 2　NOAA - 20 卫星 VIIRS 可见近红外谱段偏振灵敏度要求

谱段	中心波长/nm	在±45°扫描角内最大幅值（%）
M1	411	3
M2	445	2.5
M3	489	2.5
M4	556	2.5
M5	667	2.5
M6	746	2.5
M7	868	3
I1	642	2.5
I2	868	3

4.6.2　PLEIADES - HR 相机的主要用途和技术指标

PLEIADES - HR 相机用于满足民用和军事需要，其主要应用领域包括制图、农业、林业、地质和海洋等。综合考虑用户需求和费用等因素，确定了其技术指标。PLEIADES - HR 相机可观测的辐亮度如表 4 - 3 所示，其主要技术指标如表 4 - 4 所示。表 4 - 3 所示辐亮度为可观测的等效表观光谱辐亮度，要求相机在 L1～L3 的辐亮度范围内满足辐射性能（辐射分辨率和 MTF 等）要求，可测量的最大辐亮度范围为 L1～L4。

表 4 - 3　PLEIADES - HR 相机可观测的辐亮度

单位：W/(m² · sr · μm)

谱段	Pan	B0	B1	B2	B3
L1	13.5	30.4	20.5	12.3	5.10
L2	96.5	129	115	99.5	99.5
L3	204	269	245	209	209
L4	321	384	369	334	334

表 4 - 4　PLEIADES - HR 相机的主要技术指标

指标名称	要求值	备注
谱段	Pan：0.48～0.82 μm B0：0.45～0.53 μm B1：0.51～0.59 μm B2：0.62～0.70 μm B3：0.775～0.915 μm	
分辨率	0.7 m(Pan) 2.8 m(B0～B3)	轨道高度 695 km，星下点
幅宽	20 km	轨道高度 695 km，星下点
全色谱段图像质量	MTF · SNR＞7.3(对于辐亮度 L2) MTF＞0.073 SNR＞90(对于辐亮度 L2 下的信号和列噪声)	经地面图像复原处理后，系统级 MTF 达到 0.2
多光谱图像质量	MTF＞0.2 SNR＞90(对于辐亮度 L2 下的信号和列噪声)	
动态范围	12 bit/像素	

4.7　图像质量评价

图像质量（简称像质）这一术语是伴随着最早的光学仪器如光学望远镜和显微镜等的发明而出现的，后来其又用于摄影测量、电视及各种成像系统。虽然图像质量这一概念已经出现了很多年，但人类对图像质量，特别是图像质量模型的认识还不全面，尚有很多问题有待深入研究。也正因为如此，人们对图像质量的研究从未停止过，而且随着研究工作的不断深入，一些新的图像质量评价方法不断涌现[27-36]。

文献［27］中将图像质量描述为：图像以适合图像分析人员观测的形式，再现所包含信息的程度。一幅图像表示的是一个场景或一个目标。Schott 对图像质量和图像保真度做了区分，将保真度定义为遥感系统重现感兴趣特征（对场景或物体而言）的程度，认为图像质量与观测者的视觉和心理物理特性有关。因此，高质量的图像不一定有高的保真度。图像的保真度可以从 3 个尺度上定义，即空间的、辐射的、几何的或地理空间的。空间保真度是图像保持目标相对尺寸、形状和细节的程度，辐射保真度是图像保持场景相对或绝对能量分布的程度，几何或地理空间保真度是图像保持场景内目标相对或绝对位置的程度。图像质量可以在同样的 3 个尺度上定义，但没必要做 1：1 的映射。例如，增强图像的对比度能改善图像质量，但牺牲了辐射保真度。由于人类视觉系统对于几何畸变有很强的适应性，因此人们很少关心几何质量或几何保真度。除非进行实际尺寸或距离的测量，否则只要相对关系合理，性能就不受影响。对于视觉解译来说，很少关心辐射保真度；而对于计算机处理算法，辐射保真度则有重要意义。这些说明图像质量与前面所述的性能度量并不是严格的一一对应关系。

图像质量评价和预估是贯穿于整个空间光学成像遥感任务始终的一项重要任务，不同阶段的图像质量评价和预估的目的和作用不同。在方案论证阶段，利用系统分析方法可以对空间光学成像遥感系统，特别是空间光学遥感器的图像质量进行评价和预估，并对方案进行优化，力求在满足各种约束条件的情况下能够提供相对较好的图像质量；在制造阶段，通过实际测量可以确定空间光学遥感器的图像质量是否满足技术要求；在在轨运行阶段，通过实测和分析可以判定空间光学遥感器的图像质量是否满足技术要求，相对于其他空间光学遥感器的图像质量存在哪些优势和劣势。

空间光学遥感图像质量评价是借助于一些指标或标准来进行的。由于胶片相机出现得比较早，因此很多图像质量评价标准起初是针对胶片相机开发的。采样成像型光学遥感器出现后，一方面借鉴了胶片相机的图像质量评价指标，如分辨率和 MTF 等；另一方面还引入了一些新的评价指标，如地面采样距离和瞬时视场等。这些新的评价指标与原有的评价指标相结合，形成了现有的图像质量评价格局。

目前，空间光学遥感图像质量评价方法大致可以分为基于成像系统性能的图像质量评价方法、基于任务的图像质量评价方法和基于图像统计特性的图像质量评价方法，其中最后一种图像质量评价方法侧重于定性评价。下面重点介绍前两种图像质量评价方法。

4.7.1 基于成像系统性能的图像质量评价

基于成像系统性能的图像质量评价方法涉及的性能参数很多，主要包括空间分辨率、辐射分辨率和 MTF 等。

成像系统的分辨率是决定其图像质量和目标获取能力的重要性能参数之一。在图像质量评价方面，分辨率用得很普遍。分辨率被认为是基本的能够决定成像系统性能的一种度量，它暗含着能分辨的最小细节。常用的空间分辨率指标（如 GSD、IFOV 等）和辐射分辨率指标（如 SNR、$NE\Delta\rho$ 和 $NE\Delta T$ ）已经在前面做了介绍，这里不再重复。

4.7.2 基于任务的图像质量评价

目前，基于任务的图像质量评价方法主要是美国开发的一种图像质量评价标准，称为国家图像解译度分级标准（National Imagery Interpretability Rating Scale，NIIRS）。NIIRS 是一种综合性的图像质量度量。

4.7.2.1 NIIRS 开发背景

基于分辨率或 MTF 测量的图像质量评价方法具有很多局限性，不足以预估图像的解译度或可用性。为了克服空间分辨率等图像质量评价方法的缺陷，美国开发了 NIIRS。由于 NIIRS 不仅能描述图像的解译度和可用性，还便于图像分析人员之间进行交流，因此越来越多的国家开始使用 NIIRS。

4.7.2.2　NIIRS 概况

在美国政府图像分辨率与报告标准（Imagery Resolution Assessment and Reporting Standards，IRARS）委员会的赞助下，由政府和承包商组成的团队于 20 世纪 70 年代早期开始开发 NIIRS。此后，NIIRS 就被情报界用来表示图像的解译度。开发 NIIRS 的最初目的是建立一个量表，用来表示从一幅特定的图像中可以提取什么信息及不可以提取什么信息。在 NIIRS 开发的初始阶段，一组图像分析人员对一大批解译任务按照相对困难程度进行了分级。任务按照难易程度进行排列，从对大型设施的发现到对小型目标细节的确认。所有这些任务都与情报应用有关，并且涉及军事上感兴趣的目标和特征。再将另一批质量不同但已知的可见光图像提供给另一组图像分析人员，要求他们确定每幅图像能够勉强完成的最难的任务。

最终的标准是根据分辨率变化确定的。该标准每个级别代表分辨率增加或减小一倍。对于 10 个级别的每一级，分别选择了一组任务或判据（基于图像分析人员对能够完成什么任务的判断），将标准定义为 0～9 级。每个级别的任务都针对 5 个军兵种（空、陆、海、导弹、电子）进行了规定。这些任务或判据规定了具体目标和解译度等级（发现、识别、确认）。

很显然，在最初的 NIIRS 开始使用后，当标准中的参考目标没有在场景中出现时，图像分析人员很难确定它的等级。另外，随着时间的推移，很多参考目标已经不再使用，因此图像分析人员对它们不熟悉。随着雷达和红外系统的不断发展和应用，需要开发专门的标准，原因是雷达和红外系统的特性和作用与可见光系统不同，不能简单地应用可见光标准。正是由于这些原因，对原始的可见光标准进行了修订，并开发了用于雷达和红外系统的标准。此外，针对没有军事装备的情况，增加了人文类别的判据。可见光标准是 1994 年发布的，红外标准发布于 1996 年，雷达标准发布于 1999 年。这些 NIIRS 标准由美国国家图像与测绘局（National Imagery and Mapping Agency，NIMA）维护。表 4 - 5 和表 4 - 6 分别给出了可见光和红外国家图像解译度分级标准。

表 4 - 5　可见光国家图像解译度分级标准（1994 年 3 月）

等级	分级标准
0 级	由于模糊、质量退化或空间分辨率很差而使图像无法解译
1 级	发现中等规模的港口设施和/或区分大型机场的滑行道和跑道
2 级	发现机场的大型飞机修理库。 发现大型固定雷达（如"AN/FPS - 85"相控阵雷达、丹麦"眼镜蛇"雷达、"伯朝拉"雷达、"鸡笼"雷达等）。 发现军事训练场。 根据其道路和总体轮廓确认萨姆-5(SA - 5)地空导弹发射阵地。 发现海军的大型建筑（如仓库、结构大厅）。 发现大型建筑（如医院、工厂）

续表

等级	分级标准
3 级	确认所有大型飞机(如波音 - 707、"协和"运输机、"熊"轰炸机、"海盗族"轰炸机)的机翼轮廓(水平翼、后掠翼、三角翼)。 通过阵地布局、警戒防护设施、混凝土掩体辨别萨姆(SAM)地空导弹发射场的雷达和导航区域。 通过外形和标志发现直升机起落场。 发现机动导弹发射基地附近是否有保障车辆。 确认港口内的大型水面舰艇的类型(如巡洋舰、补给舰、非战斗用舰/商船)。 发现在铁道线上的火车或一串标准的移动台座(非独立的车厢)
4 级	确认所有大型战斗机的类型(如苏 - 24、米格 - 25、F - 15、F - 14)。 发现大型独立的雷达天线(如"高王"雷达)的存在。 根据一般类型确认车队中的履带式车辆、野战火炮、大型渡河装备和轮式车辆。 发现打开的导弹发射井口。 判定中型潜水艇(如苏联的 R 级,汉级,209 型常规动力潜艇,C Ⅱ、EⅡ、V/Ⅲ级核潜艇)的舰首形状(梭形、棒槌形、圆形)。 确认单个轨道、成对的铁轨、控制塔、铁路交汇点
5 级	通过有无加油装置(机身加油和机翼加油装置)区分 MIDAS 和 CANDID 运输机。 确认是车载雷达还是牵引雷达(安装在拖车上的雷达)。 确认展开的战术(地对地)导弹系统(如苏联的蛙、SS - 21、飞毛腿地对地导弹)的类型。 在没有伪装覆盖的情况下,在一个已知的补给基地内区分 SS - 25 机动导弹的运输-竖立-发射装置和保障车辆。 确认安装在"基洛夫"级巡洋舰、"光荣"级巡洋舰、"卡拉"导弹巡洋舰、"克列斯塔"导弹巡洋舰、"莫斯科"级直升机巡洋舰和"基辅"级航空母舰上的对空监视雷达。 确认单节车厢的类型(如敞车、棚车、平板车)和/或机车头的类型(如蒸汽机车、内燃机车)
6 级	区分不同型号的中/小型直升机(如米 - 24 D 型和 E 型,卡 - 27 A,B,C 型,米 - 8 反潜直升机 A,B,C 型)。 确认预警雷达/地面指挥拦截雷达/目标搜索雷达的天线形状为抛物面、修剪抛物面或矩形抛物面。 确认中型卡车上的备用轮胎。 区分 SA - 6、SA - 11 和 SA - 17 导弹弹体构架。 确认"光荣"级巡洋舰上每个 SA - N - 6 垂直发射对空导弹发射装置。 确认汽车为轿车还是厢式货车。
7 级	确认战斗机(米格 - 29、米格 - 31)的流线型外壳。 识别电动车的窗门、梯子、通风口。 发现是否装有反坦克制导导弹(如 BMP - 1 上的 AT - 3 反坦克导弹)。 发现在Ⅲ - F、Ⅲ - G、Ⅱ - H 型发射竖井和Ⅲ - X 型发射控制井上面的发射井盖铰合装置。 确认"基洛夫"级、"卡拉"级、"克里瓦克"级舰船上的 RBU 导弹的发射管。 确认单根铁道枕轨
8 级	确认轰炸机上的铆钉线。 发现"背陷阱"和"背网"雷达上"喇叭"形和"W"形天线。 确认便携式地对空导弹(如"萨姆 - 7/14""红眼""毒刺")。 确认 TEL 和 TELAR 上的连接和焊接点。 发现安装在甲板上的起重机的绞车钢丝绳。 确认车辆挡风玻璃的雨刮器

续表

等级	分级标准
9 级	区分飞机蒙皮紧固件是一字形还是十字形螺母。 确认天线遮棚连线用的小型轻质陶瓷绝缘子。 确认卡车上的车辆登记号码(VRN)。 确认导弹部件上的螺钉和螺栓。 确认绳索编织(直径 3～5 英寸)。 发现铁道枕轨上的单个道钉

注:1 英寸＝0.025 m。

表 4－6　红外国家图像解译度分级标准 (1996 年 4 月)

等级	分级标准
0 级	由于模糊、质量退化或空间分辨率很差而使图像无法解译
1 级	对于大型飞机场,根据规模、配置或布局区分跑道和滑行道。 发现密林中的大面积(如超过 1 km²)空旷区域。 在开阔水域发现远洋航行的大型舰船(如航空母舰、超级油船、"基洛夫"巡洋舰)。 发现大面积的(如超过 1 km²)湿地或沼泽
2 级	发现大型飞机(如 C－141、波音 707、"熊"轰炸机、伊尔－76TD 运输机、"文豪"运输机)。 在城区发现单个的大型建筑(如医院、工厂)。 辨别密林、稀疏林和开阔地。 通过建筑和道路的布局确认 SS－25 基地。 基于大型功能区域的类型和格局辨别海军用和民用港口设施
3 级	区分大型(如 C－141、波音 707、伊尔－76TD 运输机、空中客车 A－300)和小型飞机(如 A－4、L－39)。 在热电厂中确认连接烟囱与锅炉房之间的单根烟道。 通过堑壕、警戒防护设施、混凝土掩体发现大型防空雷达阵地。 在地面部队营区发现驾驶员训练场。 确认萨姆－5 综合发射设施的独立功能区域(如发射井、电子设备部分、支持部分和导弹存储部分)。 分辨大型(如超过 200 m)货船和油船
4 级	确认小型战斗飞机(如 GROGFOOT、F－16、FISHBED)的机翼外形。 在市区发现小型(如 50 m²)变电站。 在电子设备工厂中发现大型(如直径超过 10 m)圆形屋顶。 在部队营区中发现每一个内燃机车辆。 在部队营区中发现发动引擎的 SS－25 导弹支撑搬运车。 确认大型商船上单个关闭着的货物舱门
5 级	辨别单尾翼(如 FROGGER、F－16、TORNADO)和双尾翼战斗机(如 F－15、苏－27、米格－25)。 确认室外网球场。 确认大型(如大约 75 m)无线电中继塔的金属网格结构。 发现堑壕内的装甲车辆。 发现在 SA－10 发射场展开的移动式电子设备塔(TET)。 确认大型(如超过 200 m)商船的货舱形状(如方形、圆形、椭圆形)
6 级	发现大型轰炸机(如 B－52、"熊"轰炸机、BADGER)机翼上突出安装的装备(空对地导弹、炸弹)。 确认柴油机车顶部每个发热的引擎出烟口。 基于天线形式和间距区分 FIX FOUR 和 FIX SIX 基地。 区分引擎发动着的坦克和装甲运兵车。 区分双轨和 4 轨 SA－3 发射台。 确认潜水艇上的导弹发射舱口

续表

等级	分级标准
7级	基于飞机前端形状区分 MIG-23 的地面攻击型和拦截型机种。 确认汽车为轿车还是厢式货车。 确认无线电中继站的反射面天线(直径小于 3 m)。 确认 SA-6 装载机上的导弹转运起重机。 在没有装载导弹时区分 SA-2/CSA-1 和 SCUD-B 导弹运输车。 发现码头的系缆墩或系船柱
8级	确认歼击机 FISHBED J/K/L 背部的滑块式(RAM)空气进气口。 确认单兵的肢体(如胳膊、腿)。 确认雷达天线上的每个水平和垂直桁肋。 发现坦克炮塔上关闭的舱口。 根据半拖车前部单个或成对的附件,区分油料和氧化剂多系统推进剂运输车。 确认甲板边缘救生道上的立柱和围栏
9级	确认战斗机的进出舱口。 确认轻型敞篷卡车里的货物(如撅铲、搂耙、梯子)。 根据小型振子单元的存在与否区分 BIRDS EYE 和 BELL LACE 天线。 确认装甲车上舱口铰链。 确认 SA-2/CSA-1 导弹上每个带状制导天线。 确认舱壁梯子上的每个梯磴

  随着商业遥感卫星系统的出现和应用不断增长,促使了另外两个 NIIRS 的开发。第一个是民用 NIIRS,它是为了满足民用部门如美国地质勘测局、美国林务局及美国土地管理局的需要开发的。民用部门的用户无法使用军用标准,他们需要自然的和人文的标准。为此,建立了涉及自然、农业、城市及工业的民用 NIIRS 标准来满足这些要求,该标准在表 4-7 中给出,且仅适用于可见光图像。此外,利用军用可见光 NIIRS 对民用 NIIRS 进行了校准,这意味着一幅支持可见光军用 NIIRS 5 级任务的图像也支持可见光民用 NIIRS 5 级任务。

表 4-7　民用国家图像解译度分级标准 (1996 年 3 月)

等级	分级标准
0级	由于模糊、质量退化或空间分辨率很差而使图像无法解译
1级	区分土地使用的主要类型(如市区、农作物区、林区、水面、荒地)。 发现中型的港口设施。 区分大型飞机场的跑道和滑行道。 确认大型区域排水系统的布局类型(如树枝状、网格状、放射状)
2级	在生长季节确认大面积(大于 160 英亩)中央枢纽灌溉的田地。 发现大型建筑(如医院、工厂)。 确认主要公路系统的道路布局,如四叶苜蓿形的立体道路交叉点。 发现破冰船的航迹。 发现大型(如超过 300 英尺)船只的尾迹

续表

等级	分级标准
3 级	发现大面积(超过 160 英亩)的耕作区域。 发现住宅区内单个的房屋。 发现列车或铁路线上长串的车辆(并非每个车厢)。 确认适合驳船航行的内陆水路。 区分自然林和果园
4 级	确认农场建筑为畜棚、粮仓还是住房。 计算沿筑路用地或铁路调车场的空闲路轨数。 发现市区内的篮球场、网球场、排球场。 识别每个车厢、铁轨线、调度塔、铁道交汇点。 发现吉普车通过草地的轧痕
5 级	确认圣诞树种植园。 发现车辆存放建筑敞开的门。 确认娱乐野营区内的帐篷(大于两人使用的)。 区分针叶树木群和落叶状态下的落叶树木群。 发现草原上的大型动物(如大象、犀牛、长颈鹿)
6 级	基于纹理发现间作的麻醉作物。 区分中耕作物(如玉米、大豆)和小粒谷类作物(如小麦、燕麦)。 确认汽车是轿车还是厢式货车。 确认居民区内单根电线杆/电话线杆。 发现穿过荒地的足迹
7 级	确认已知棉花地内每株成熟的棉花。 确认单个铁路枕木。 发现楼梯的单个梯磴。 发现牧场或林中空地上的石块或树桩
8 级	计算猪仔的数目。 确认铺砌地面上的美国地质勘探局(USGS)基准标志。 确认客车或卡车上的格窗和/或牌照。 确认单独的松树苗。 确认池塘内单棵的睡莲。 确认车辆上挡风玻璃雨刮器
9 级	确认小粒谷类作物(如小麦、燕麦、大麦)的谷穗。 确认带刺围栏网上的单根刺。 发现铁路枕木上的单个道钉。 确认单串松针。 确认大型动物(如鹿、麋鹿、驼鹿)耳朵上的标记

注:1 英亩=4 046.856 m²;1 英尺=0.304 8 m。

随着多光谱成像系统的不断开发和使用,多光谱版本的 NIIRS 应运而生。该标准最初称为 MS IIRS,如表 4-8 所示。MS IIRS 包括人文的和自然的判据,它只有 7 个等级,而其他 NIIRS 有 10 个等级。

表 4 - 8　多光谱图像解译度分级标准（1995 年 2 月）

等级	分级标准
1 级	辨别市区和乡村。 确认大面积（大于 100 英亩）的沼泽地。 发现冲积平原（以渠道痕迹、弓形湖、曲流迂回等面貌为特征）。 描绘海岸线。 发现水面上的主要公路/铁路桥（如金门大桥、切萨皮克湾大桥）。 描绘冰雪覆盖范围
2 级	发现多车道高速公路。 发现露天矿。 通过颜色差异（如支流进入干流的特征、叶绿素或者沉积物图案）确定水流方向。 发现砍伐的林木。 描绘耕地范围。 确认河流冲积平原
3 级	发现植被和土壤湿度沿线状特征物（如存在的围栏线）的差异。 确认市区的主要街道格局。 确认高尔夫球场。 确认主干河流的岸线。 区分城市内的住宅区、商业区和工业区。 发现水库枯竭
4 级	根据植被区域中的堑壕、狭道及地面疤痕发现近来武器部署的位置（如坦克、火炮、自行火炮）。 区分已改造的和未改造的双车道公路。 发现天然型简易机场维护或改造（如跑道延长、坡度缓和、重铺路面、灌木清除、植被剪修）的迹象。 发现足以阻隔单行道公路的山崩或岩滑。 发现开阔水面的小型（15～20 英尺长）船只。 确认适合作为小型固定翼（如 Cessna、Piper Cub、Beechcraft）飞机降落场的小地域
5 级	发现停车场上的汽车。 确认适合两栖登陆作战的海滩地形。 发现甜菜地的灌溉沟渠。 发现地面军事设施中迷彩型和覆盖型伪装。 发现地面军事部署区域中的原始建筑材料（如木材、沙土、砂砾）
6 级	发现大小足以遮盖散生树木背景下的坦克的夏季林地伪装网。 发现穿过草原的足迹。 发现水中的航道标志和停泊处的浮标。 发现户外围栏中的家畜。 根据地面或植被有规则扰乱的痕迹发现地面部队防区最新的布雷区。 计算生存居住区域（如简易房、难民营）的单独居住点数量
7 级	区分坦克和三维坦克假目标。 确认单独的 55 加仑鼓形圆桶。 发现沙滩上小的海洋哺乳动物（如斑海豹）。 发现水下的桥墩基础。 通过洞口外环状堆砌的废料发现散兵坑。 区分单行的蔬菜作物

4.8　图像质量预估

空间光学遥感图像质量的预估方法很多, 有些是基于空间光学遥感成像系统性能参数来预估, 而有些是基于任务 (图像应用) 来预估。最简单的预估方法是根据其辐射分辨率和空间分辨率对图像质量进行预估。在可见光和反射红外谱段, 通常用 SNR 来表示辐射分辨率; 在热红外谱段, 通常用 NEΔT 来表示辐射分辨率。空间分辨率通常用 GSD 及奈奎斯特频率下的 MTF 来表示, MTF 将对比度与分辨率联系起来。此外, 为了预估 NIIRS, 专门开发了通用图像质量方程 (General Image Quality Equation, GIQE), GIQE 将 NIIRS 与成像系统的特性参数联系起来[18, 37-39]。

4.8.1　SNR 预估

信号通常指的是感兴趣的目标信息。在空间光学遥感中, 信号的具体含义随应用目的不同有所变化。噪声通常指的是使感兴趣的信号变得模糊和对感兴趣的信号产生干扰的随机或重复性事件。SNR 为信号与噪声的比值, 它是一个无量纲量。

SNR 预估方法有多种, 这里重点介绍基于信号电流和噪声电流预估 SNR、基于信号辐射功率和噪声等效辐射功率预估 SNR 及根据信号电子数和噪声电子数预估 SNR。不管哪一种预估方法, 都涉及探测器接收到的辐射功率计算。

4.8.1.1　探测器接收到的辐射功率

对于对地观测空间光学遥感, 光学遥感器通常需要透过地球周围的大气观察目标, 这样大气对电磁辐射的吸收、反射、散射及大气自身的辐射会对光学遥感器的工作产生影响。受大气的影响, 对地观测空间光学遥感器接收到的辐射成分很复杂, 且随着工作谱段和时间的不同存在较大差异。此外, 辐射源 (如太阳) 的特性、目标的反射和辐射特性及辐射源与目标和空间光学遥感器之间的相对位置也会对空间光学遥感器输出图像产生影响。概括来讲, 典型对地观测空间光学遥感器接收到的辐射成分主要包括:

1) 直接照射到目标上的太阳辐射经目标反射和大气传输到达空间光学遥感器上的辐射。

2) 大气向下散射的太阳辐射经目标反射和大气传输到达空间光学遥感器上的辐射。

3) 大气向上散射的太阳辐射。

4) 目标自身发射出的辐射经大气传输到达空间光学遥感器上的辐射。

5) 大气向下发射出的辐射经目标反射和大气传输到达空间光学遥感器上的辐射。

6) 大气向上发射出的辐射。

上述各辐射成分的计算方法可参见参考文献 [39]。

对于工作在可见光到短波红外谱段的空间光学遥感器, 其接收到的辐射成分主要包括上述前 3 部分, 后 3 部分通常可以忽略; 对于工作在长波红外谱段的空间光学遥感器, 其接收到的辐射成分主要包括上述后 3 部分, 前 3 部分通常可以忽略; 而对于工作在中波红外谱段的空间光学遥感器，其接收到的辐射成分包括上述 6 部分，哪一部分起主导作用要视具体情况而定。

进入空间光学遥感器的辐射经光学系统到达探测器上，还可能会受到下述因素的影响：

1）光学系统反射、吸收和散射导致能量衰减。

2）一些光学系统存在中心遮拦，部分辐射被遮挡。

3）光学系统渐晕等因素引起像面照度随视场变化。

4）光学系统引入杂散辐射。

假设入射辐射在空间光学遥感器入瞳处的光谱辐亮度为 $L(\lambda)$，则在给定探测谱段空间光学遥感器的像面辐照度为

$$E_{i\Delta\lambda} = \frac{\pi \cdot (1-R^2) \cdot K_N(\alpha) \cos^n\alpha}{4F^2(1-M_o)^2} \int_{\lambda_1}^{\lambda_2} \tau_o(\lambda) \cdot L(\lambda)\mathrm{d}\lambda + \int_{\lambda_1}^{\lambda_2} E_{\lambda f}\mathrm{d}\lambda \qquad (4-21)$$

式中，$E_{i\Delta\lambda}$ 为在给定探测谱段的像面辐照度（W/ cm^2）；$L(\lambda)$ 为入瞳处的光谱辐亮度 [W/（sr·cm^2·μm）]；R 为光学系统线遮拦比，对于无遮拦光学系统，$R=0$；$K_N(\alpha)$ 为光学系统渐晕系数；$\cos^n\alpha$ 为光学系统视场增加引起的像面照度下降，其中 α 为光学系统半视场角，n 通常为 3～4；F 为光学系统的 F 数，$F=fl'/D$；M_o 为光学系统的放大率，对于空间光学遥感，M_o 近似等于 0；$\tau_o(\lambda)$ 为光学系统的光谱透过率；λ_1 和 λ_2 分别为给定探测谱段的起始和截止波长（μm）；$E_{\lambda f}$ 为由空间光学遥感器的光学零件、结构件及探测器的反射、散射等产生的杂散辐射在像面上的光谱辐照度 [W/（cm^2·μm）]。

在对信噪比进行预估时，可以对式（4-21）进行简化处理，如取 $K_N(\alpha)=1$，$\cos^n\alpha=1$，$E_{\lambda f}$ 通常较小可以忽略。假设光学系统无遮拦，即 $R=0$。这样式（4-21）可简化为

$$E_{i\Delta\lambda} = \frac{\pi}{4F^2} \int_{\lambda_1}^{\lambda_2} \tau_o(\lambda) \cdot L(\lambda)\mathrm{d}\lambda \qquad (4-22)$$

如果探测谱段宽度 $\Delta\lambda = \lambda_2 - \lambda_1$ 较小，$L(\lambda)$ 和 $\tau_o(\lambda)$ 在积分区域内变化不大，可近似为常数从积分号中移出，则式（4-22）可简化为

$$E_{i\Delta\lambda} = \frac{\pi}{4F^2} \tau_o(\lambda) \cdot L(\lambda) \cdot \Delta\lambda \qquad (4-23)$$

探测器单个探测元接收到的辐射功率为

$$\Phi_{i\Delta\lambda} = E_{i\Delta\lambda} \cdot A_d = \frac{\pi \cdot A_d}{4F^2} \int_{\lambda_1}^{\lambda_2} \tau_o(\lambda) \cdot L(\lambda)\mathrm{d}\lambda \qquad (4-24)$$

式中，$\Phi_{i\Delta\lambda}$ 为探测器单个探测元接收到的辐射功率（W）；A_d 为探测器单个光敏元的面积（cm^2）。

同样，如果探测谱段宽度 $\Delta\lambda = \lambda_2 - \lambda_1$ 较小，$L(\lambda)$ 和 $\tau_o(\lambda)$ 在积分区域内变化不大，可近似为常数从积分号中移出，则式（4-24）可简化为

$$\Phi_{i\Delta\lambda} = \frac{\pi \cdot A_d}{4F^2} \tau_o(\lambda) \cdot L(\lambda) \cdot \Delta\lambda \qquad (4-25)$$

$$= A_o \cdot \omega \cdot \tau_o(\lambda) \cdot L(\lambda) \cdot \Delta\lambda$$

式中，A_o 为光学系统入瞳面积（cm^2）；ω 为探测器瞬时视场立体角（sr）；$\Delta\lambda$ 为探测谱段宽度（μm）。

4.8.1.2　基于信号电流和噪声电流预估 SNR

对于采用光电二极管分立探测器的光机扫描成像仪，其输出信噪比可以表示为信号电流与噪声电流的比值，即

$$SNR = \frac{I_s}{I_n} \qquad (4-26)$$

式中，I_s 为信号电流（A）；I_n 为噪声电流（A）。

信号电流可以表示为

$$
\begin{aligned}
I_s &= \frac{\pi \cdot A_d}{4F^2} \int_{\lambda_1}^{\lambda_2} R(\lambda) \cdot \tau_o(\lambda) \cdot L(\lambda) d\lambda \\
&= A_o \cdot \omega \int_{\lambda_1}^{\lambda_2} R(\lambda) \cdot \tau_o(\lambda) \cdot L(\lambda) d\lambda
\end{aligned}
\qquad (4-27)
$$

式中，$R(\lambda)$ 为探测器在波长 λ 处的电流响应率（A/W）。

光电二极管探测器的噪声电流可以表示为

$$I_n = \left[(i_{ns}^2 + i_{nd}^2 + i_{np}^2 + i_{nj}^2) \Delta f_n \right]^{1/2} \qquad (4-28)$$

式中，i_{ns} 为信号散粒噪声电流（A）；i_{nd} 为暗电流（A）；i_{np} 为前置放大器噪声电流（A）；i_{nj} 为负载电阻的约翰逊噪声电流（A）；Δf_n 为等效噪声带宽（Hz）。

4.8.1.3　基于信号辐射功率和噪声等效辐射功率预估 SNR

若已知空间光学遥感器所用探测器的噪声等效辐射功率，则可根据探测器接收到的信号辐射功率和探测器噪声等效辐射功率计算 SNR。

探测器的光谱噪声等效辐射功率为

$$NEP(\lambda) = \frac{(A_d \Delta f_n)^{1/2}}{D^*(\lambda, f_0, \Delta f)} \qquad (4-29)$$

式中，$NEP(\lambda)$ 为光谱噪声等效辐射功率（W）；$D^*(\lambda, f_0, \Delta f)$ 为比探测率（cm·$Hz^{1/2}$/W）。

探测器单个像元接收到的信号光谱辐射功率 $\Phi(\lambda)$ 为

$$\Phi(\lambda) = E_{i\lambda} \cdot A_d = \frac{\pi \cdot A_d}{4F^2} \tau_o(\lambda) \cdot L(\lambda) \qquad (4-30)$$

假设空间光学遥感器某一探测谱段的起始和截止波长分别为 λ_1 和 λ_2，则其输出 SNR 可以表示为

$$
\begin{aligned}
SNR &= \int_{\lambda_1}^{\lambda_2} \frac{\Phi(\lambda)}{NEP(\lambda)} d\lambda \\
&= \frac{\pi \cdot A_d^{1/2}}{4F^2 (\Delta f_n)^{1/2}} \int_{\lambda_1}^{\lambda_2} \tau_o(\lambda) \cdot D^*(\lambda, f_0, \Delta f) \cdot L(\lambda) d\lambda
\end{aligned}
\qquad (4-31)
$$

4.8.1.4 根据信号电子数和噪声电子数预估 SNR

对于采用线阵和面阵探测器的空间光学遥感器，常利用信号电子数和噪声电子数来预估 SNR。预估 SNR 所需的空间光学遥感器入瞳辐亮度可根据观测条件和遥感器参数利用一些专业软件（如 MODTRAN）计算得到。

对于给定探测谱段，空间光学遥感器单个像元输出的信号电子数可表示为

$$S_e = \int_{\lambda_1}^{\lambda_2} \Phi(\lambda) \cdot \frac{\lambda}{hc} \eta(\lambda) \cdot t_{int} d\lambda = \frac{\pi \cdot A_d \cdot t_{int}}{4F^2} \int_{\lambda_1}^{\lambda_2} \tau_o(\lambda) \cdot L(\lambda) \cdot \frac{\lambda}{hc} \cdot \eta(\lambda) d\lambda$$

$$= \frac{\pi \cdot A_d \cdot t_{int}}{4F^2} \int_{\lambda_1}^{\lambda_2} \tau_o(\lambda) \cdot L_q(\lambda) \cdot \eta(\lambda) d\lambda$$

$$(4-32)$$

式中，S_e 为信号电子数（e^-）；h 为普朗克常数，$h = 6.626 \times 10^{-34}$ J·s；c 为光速，$c = 2.998 \times 10^8$ m/s；$\eta(\lambda)$ 为探测器光谱量子效率；t_{int} 为积分时间（s）；$L_q(\lambda)$ 为入瞳光谱光子辐亮度 [photons/（s·sr·cm^2·μm）]。

对于采用 TDI 线阵探测器的空间光学遥感器，公式（4-32）还要乘上 TDI 级数。

如果探测谱段宽度 $\Delta\lambda = \lambda_2 - \lambda_1$ 较小，$\tau_o(\lambda)$、$L_q(\lambda)$ 和 $\eta(\lambda)$ 在积分区域内变化不大，可近似为常数从积分号下移出，则式（4-32）可简化为

$$S_e = \frac{\pi \cdot A_d \cdot t_{int}}{4F^2} \tau_o(\lambda) \cdot L_q(\lambda) \cdot \eta(\lambda) \cdot \Delta\lambda \qquad (4-33)$$

$$= A_o \cdot \omega \cdot t_{int} \cdot \tau_o(\lambda) \cdot L_q(\lambda) \cdot \eta(\lambda) \cdot \Delta\lambda$$

对于给定探测谱段，空间光学遥感器单个像元输出的噪声电子数可表示为

$$N_e = \sqrt{N_p^2 + N_d^2 + N_c^2 + N_{AD}^2} \qquad (4-34)$$

式中，N_e 为总噪声均方根电子数（e^-）；N_p 为光子噪声均方根电子数（e^-）；N_d 为探测器噪声均方根电子数（e^-）；N_c 为信号处理电路噪声均方根电子数（e^-）；N_{AD} 为量化噪声均方根电子数（e^-）。

对于设计良好的信号处理电路，其噪声在总噪声中的占比较小，可以忽略。此外，通过合理选取量化位数，可以将量化噪声降低到可忽略的程度。

对于给定探测谱段，空间光学遥感器单个像元在规定观测条件下的 SNR 为

$$SNR = \frac{S_e}{N_e} \qquad (4-35)$$

4.8.2 NEΔT 预估

对于配备了中、长波红外谱段的空间光学遥感器，其噪声等效温差（NEΔT）既可以根据探测器的比探测率等参数计算，也可以根据信号电子数和噪声电子数进行预估。NEΔT 与温度有关，在确定 NEΔT 指标时需要明确温度。当观测场景为常温时，一般规定 300 K 温度下的 NEΔT 指标。

（1）根据探测器的比探测率等参数预估 NEΔT

根据探测器的比探测率等参数预估 NEΔT 的常用表达式如下：

$$\mathrm{NE}\Delta T = \frac{4 \cdot F^2 \cdot (\Delta f_\mathrm{n})^{1/2}}{\tau_\mathrm{o}(\Delta\lambda) \cdot A_\mathrm{d}^{1/2} \cdot D^*(\Delta\lambda) \cdot \displaystyle\int_{\lambda_1}^{\lambda_2} \frac{\partial W(\lambda,T)}{\partial T}\mathrm{d}\lambda} \qquad (4-36)$$

式中，NEΔT 为噪声等效温差（K）；$\tau_\mathrm{o}(\Delta\lambda)$ 为 $\lambda_1 \sim \lambda_2$ 波长范围内的平均光学透过率；$D^*(\Delta\lambda)$ 为 $\lambda_1 \sim \lambda_2$ 波长范围内的谱段平均比探测率 $[\mathrm{cm} \cdot \mathrm{Hz}^{1/2}/\mathrm{W}]$；$\dfrac{\partial W(\lambda,T)}{\partial T}$ 为根据普朗克定律得到的光谱辐射出射度相对于温度 T 的变化率 $[\mathrm{W}/(\mathrm{cm}^2 \cdot \mu\mathrm{m} \cdot \mathrm{K})]$。

式（4-36）也可以表示为

$$\mathrm{NE}\Delta T = \frac{4 \cdot F^2 \cdot (\Delta f_\mathrm{n})^{1/2}}{\pi \cdot \tau_\mathrm{o}(\Delta\lambda) \cdot A_\mathrm{d}^{1/2} \cdot D^*(\Delta\lambda) \cdot \dfrac{\Delta L}{\Delta T}} \qquad (4-37)$$

式中，$\dfrac{\Delta L}{\Delta T}$ 为温度 T 处利用普朗克定律得到的谱段辐亮度相对于温度的变化率 $[\mathrm{W}/(\mathrm{cm}^2 \cdot \mathrm{sr} \cdot \mathrm{K})]$。

（2）根据信号电子数和噪声电子数预估 NEΔT

对于某一温度的黑体目标，在给定探测谱段空间光学遥感器单个像元输出的信号电子数和噪声电子数如式（4-32）和式（4-34）所示。根据 NEΔT 的定义，其可表述为

$$\mathrm{NE}\Delta T = \frac{N_\mathrm{e}}{\partial S_\mathrm{e}/\partial T} = \frac{\sqrt{N_\mathrm{p}^2 + N_\mathrm{d}^2 + N_\mathrm{c}^2 + N_\mathrm{AD}^2}}{\dfrac{\pi \cdot A_\mathrm{d} \cdot t_\mathrm{int}}{4F^2} \displaystyle\int_{\lambda_1}^{\lambda_2} \frac{\partial L_\mathrm{q}(\lambda)}{\partial T}\tau_\mathrm{o}(\lambda) \cdot \eta(\lambda)\mathrm{d}\lambda} \qquad (4-38)$$

式中，$\dfrac{\partial L_\mathrm{q}(\lambda)}{\partial T}$ 为根据普朗克定律得到的光谱光子辐亮度相对于温度 T 的变化率 $[\mathrm{photons}/(\mathrm{s} \cdot \mathrm{sr} \cdot \mathrm{cm}^2 \cdot \mu\mathrm{m} \cdot \mathrm{K})]$。

如果探测谱段宽度 $\Delta\lambda = \lambda_2 - \lambda_1$ 较小，$\tau_\mathrm{o}(\lambda)$、$L_\mathrm{q}(\lambda)$ 和 $\eta(\lambda)$ 在积分区域内变化不大，可近似为常数从积分号下移出，则式（4-38）可简化为

$$\mathrm{NE}\Delta T = \frac{\sqrt{N_\mathrm{p}^2 + N_\mathrm{d}^2 + N_\mathrm{c}^2 + N_\mathrm{AD}^2}}{\dfrac{\pi \cdot A_\mathrm{d} \cdot t_\mathrm{int}}{4F^2} \dfrac{\partial L_\mathrm{q}(\lambda)}{\partial T}\tau_\mathrm{o}(\lambda)\eta(\lambda)\Delta\lambda}$$

$$= \frac{\sqrt{N_\mathrm{p}^2 + N_\mathrm{d}^2 + N_\mathrm{c}^2 + N_\mathrm{AD}^2}}{A_\mathrm{o} \cdot \omega \cdot t_\mathrm{int} \cdot \tau_\mathrm{o}(\lambda) \cdot \eta(\lambda) \dfrac{\partial L_\mathrm{q}(\lambda)}{\partial T}\Delta\lambda} \qquad (4-39)$$

4.8.3　MTF 预估

空间光学遥感成像系统通常近似为线性移不变系统，这样系统 MTF 可根据其各子系统的 MTF 进行预估；子系统 MTF 可根据有关理论公式进行计算，或根据相关子系统的设计结果和类似子系统的实测结果进行预估。系统 MTF 等于其各子系统的 MTF 之

积，即

$$\mathrm{MTF_{sys}}(f_x, f_y) = \prod_{j=1}^{m} \mathrm{MTF}_j(f_x, f_y) \tag{4-40}$$

式中，$\mathrm{MTF_{sys}}(f_x, f_y)$ 为系统 MTF；$\mathrm{MTF}_j(f_x, f_y)$ 为第 j 个子系统的 MTF；m 为子系统的个数。

（1）静态 MTF 预估

空间光学遥感器的静态 MTF 主要取决于其光学系统（含设计和加工装调）、探测器和信号处理电路的 MTF，可表示为

$$\mathrm{MTF_{sta}} = \mathrm{MTF_o} \times \mathrm{MTF_d} \times \mathrm{MTF_c} \tag{4-41}$$

式中，$\mathrm{MTF_{sta}}$ 为空间光学遥感器的静态 MTF；$\mathrm{MTF_o}$ 为光学系统的 MTF；$\mathrm{MTF_d}$ 为探测器的 MTF；$\mathrm{MTF_c}$ 为信号处理电路的 MTF。

光学系统在奈奎斯特频率处的 MTF 值可由光学设计 MTF 值乘以光学加工装调因子（经验值，如 0.9）得到。若光学设计 MTF 达到衍射限，则光学系统在奈奎斯特频率处的 MTF 值可由其衍射限 MTF 值乘以光学加工装调因子得到。有关光学系统衍射限 MTF 计算公式详见第 2 章。

探测器的 MTF 主要受探测器空间积分（取决于光敏元尺寸）、光电子扩散及设计和制作工艺等因素影响。探测器空间积分 MTF 计算公式详见第 2 章。如果所选用探测器的 MTF 有实测数据，或有类似探测器的 MTF 实测数据，则尽可能采用实测数据进行预估。

对于设计良好的信号处理电路，其在奈奎斯特频率处的 MTF 值接近于 1（如 0.98），在预估时可取经验值。

（2）动态 MTF 预估

空间光学遥感器在轨工作时，其获取图像的质量除了受自身静态 MTF 的影响外，还受一些动态因素的影响。例如，低轨卫星上的空间光学遥感器在进行推扫成像时，会受到卫星飞行运动的影响。又如，卫星姿态漂移（低频运动）和颤振（高频运动）等因素也会影响空间光学遥感器动态 MTF。此外，对于对地观测空间光学遥感器，大气也可能会对成像质量带来一定影响。

对于低轨卫星推扫成像，假设推扫运动方向为 x 向，则推扫运动引起的 MTF 可表示为

$$\mathrm{MTF_{PB}}(f_x) = |\,\mathrm{sinc}(d_{\mathrm{int}} f_x)\,| \tag{4-42}$$

式中，d_{int} 为在积分时间内由卫星推扫运动引起的目标像在空间光学遥感器像面上的像移（mm），其等于积分时间乘以目标像在像面上的移动速率；f_x 为空间频率（周期/mm）。

空间光学遥感器在对目标成像时，卫星姿态稳定度会导致姿态存在一定漂移（低频运动），从而引起目标的像在空间光学遥感器像面上产生像移，像移量可近似表示为

$$d_{\mathrm{a}} = fl' \cdot N_{\mathrm{TDI}} \cdot \tan(\omega_{\mathrm{a}} \cdot t_{\mathrm{int}}) \approx fl' \cdot N_{\mathrm{TDI}} \cdot \omega_{\mathrm{a}} \cdot t_{\mathrm{int}} \tag{4-43}$$

式中，d_{a} 为像移量（mm）；fl' 为焦距（mm）；N_{TDI} 为 TDI 探测器级数（对于非 TDI 探测器成像，$N_{\mathrm{TDI}} = 1$）；ω_{a} 为卫星姿态稳定度 [（°）/s]；t_{int} 为积分时间（s）。

卫星姿态漂移在某一方向（如 x 方向）引起的 MTF 可表示为

$$\mathrm{MTF_a}(f_x) = |\,\mathrm{sinc}(d_a f_x)\,| \tag{4-44}$$

为保证成像质量，一般要求姿态稳定度引起的像移不超过 0.1 个像元。

卫星颤振等高频随机运动会导致图像模糊。卫星颤振在某一方向（如 x 方向）引起的 MTF 可表示为

$$\mathrm{MTF_{random}}(f_x) = \mathrm{e}^{-2(\pi\sigma_r f_x)^2} \tag{4-45}$$

式中，σ_r 为均方根随机位移（mm）。

为保证成像质量，一般要求 σ_r 不超过 0.1 个像元。一般认为，随机运动在所有方向上相等，因此在分析各个方向上的系统 MTF 时都应该考虑。

大气对成像质量的主要影响因素包括湍流和气溶胶。由于湍流和气溶胶都是动态的，其相关特性参数较难准确获取，因此大气湍流和气溶胶的 MTF 很难精确预估。一般是通过大气湍流和气溶胶的典型参数预估其 MTF，或直接取大气 MTF 的经验值。

在预估空间光学遥感器在轨动态 MTF 时，首先分析影响动态 MTF 的主要因素，得到各影响因素对应的 MTF；然后代入式（4-40），计算得到动态 MTF。这里需要强调的是，沿轨方向和穿轨方向的动态 MTF 可能存在差异，需要分别进行预估。

4.8.4　GIQE

所有空间光学遥感成像系统制造商都希望将成像系统设计成既满足用户的图像质量要求，又满足体积、质量、功耗和成本限制。若一个成像系统制造商提供的成像系统的图像质量比用户要求的高，则它可能比提供的成像系统正好满足用户要求的竞争对手付出的代价昂贵；反过来说，如果一个成像系统制造商提供的成像系统的图像质量太差，就可能没有用户购买。当用户给出成像系统的 NIIRS 性能要求后，开发商需要设计一个满足 NIIRS 性能要求的系统。为了能够恰当地满足用户要求，成像系统制造商需要一种工具，这种工具在一个新的成像系统制造和检测之前就能够精确预估它的 NIIRS 性能。开发 GIQE 的目的就是满足这种需求，即把图像质量与成像系统的性能联系起来。GIQE 是在 IRARS 的赞助下，由图像分析人员基于大量图像样本和回归模型开发的。图像样本被分成两半，一半用于开发回归模型，另一半用于检验回归模型的有效性。利用 GIQE 模型，可以根据成像系统的设计和运行参数来预估 NIIRS[27, 40]。

GIQE 是从 20 世纪 80 年代开始开发的，直到 1994 年才正式公布。后来对 GIQE 进行了升级，使其适用范围加大。GIQE 用于根据分辨率、对比度和噪声等特性参数来预估 NIIRS。

GIQE 的最早形式为

$$\mathrm{NIIRS} = 11.81 + 3.32\log_{10}\left(\frac{\mathrm{RER_{GM}}}{\mathrm{GSD_{GM}}}\right) - 1.48H_{\mathrm{GM}} - \frac{G}{\mathrm{SNR}} \tag{4-46}$$

式中，$\mathrm{RER_{GM}}$ 为归一化 RER 的几何平均；$\mathrm{GSD_{GM}}$ 为 GSD 的几何平均（英寸）；H_{GM} 为由 MTF 补偿（MTFC）引起的几何平均高度过冲；G 为由 MTF 补偿引起的噪声增益。

ER 根据系统 MTF 来计算。系统 MTF 包括光学系统、探测器、大气、运动和 MTFC 等的影响。在 x 方向上，ER 的表达式为

$$\text{ER}_x(x) = 0.5 + \frac{1}{\pi}\int_0^\infty \frac{\text{MTF}_x(f_x)}{f_x}\sin(2\pi x f_x)\,\mathrm{d}f_x \tag{4-47}$$

式中，x 为距边缘的位置（像素），如图 4-3 所示；f_x 为空间频率（周期/采样间隔）。

$\text{ER}_y(y)$ 为 y 方向上的边缘响应，其表达式与 $\text{ER}_x(x)$ 的形式相同。RER 根据距离边缘 0.5 个像素的两点测得。RER 的几何平均为

$$\text{RER}_{\text{GM}} = \{[\text{ER}_x(0.5) - \text{ER}_x(-0.5)]\,[\text{ER}_y(0.5) - \text{ER}_y(-0.5)]\}^{1/2} \tag{4-48}$$

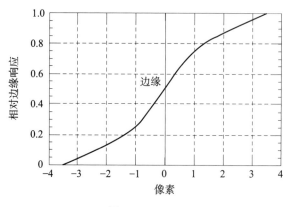

图 4-3　RER

式（4-46）中，GSD 为地面采样距离（英寸）。GSD 要分别在 x 和 y 方向上计算，然后取几何平均。GSD 的几何平均表达式为

$$\text{GSD}_{\text{GM}} = [\text{GSD}_x \times \text{GSD}_y]^{1/2} \tag{4-49}$$

对于沿扫描方向和穿越扫描方向不垂直的系统或情形，需要考虑沿扫描和穿越扫描方向间的夹角 α，此时 GSD 的几何平均为

$$\text{GSD}_{\text{GM}} = [\text{GSD}_x \times \text{GSD}_y \times \sin\alpha]^{1/2} \tag{4-50}$$

式（4-46）中，H_{GM} 为由 MTFC 引起的边缘响应高度过冲。如果边缘响应单调上升（图 4-4 情形 1），则 H_{GM} 定义为距边缘 1.25 像素处的边缘响应值；如果边缘不单调上升（图 4-4 情形 2），则 H_{GM} 定义为距边缘 1.0～3.0 像素范围内边缘响应的最大值。

如同 GSD 和 RER 一样，H_{GM} 要分别在 x 轴和 y 轴方向上计算。

式（4-46）中，噪声增益 G 通过计算 MTFC 核（kernel）值的平方和的平方根来得到，即

$$G = \Big[\sum_{i=1}^{M}\sum_{j=1}^{N}(\text{kernel}_{ij})^2\Big]^{1/2} \tag{4-51}$$

式（4-46）中，SNR 为景物辐亮度差对应的电子数与 MTFC 之前、定标之后的均方根噪声电子数之比。景物辐亮度差对应的电子数为反射率不同的两个扩展朗伯表面在探测器输出的电子数差，目前的 GIQE 假设反射率为 7% 和 15%。为了计算景物辐照度及路径辐亮度和透过率，需要利用大气模型或进行实际测量。此外，还需要知道光学系统参数（相对孔径和透过率）和探测器参数（量子效率、像元尺寸、积分时间和 TDI 级数）。噪声项包含与信号有关的（光子）噪声、暗电流噪声、读出噪声、量化噪声和非均匀性噪

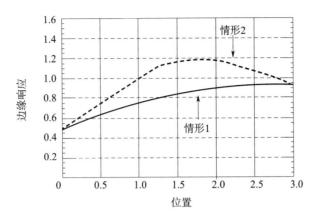

图 4 - 4 过冲 H_{GM} 的计算

声。SNR 由下式计算:

$$SNR_{GIQE} = \frac{S_{target} \mid \rho_{target} = \Delta\rho = 8\%}{\sigma_{noise}} \tag{4-52}$$

式中,$S_{target} \mid \rho_{target} = \Delta\rho = 8\%$ 为反射率分别为 7% 和 15% 的两个扩展朗伯表面的信号差;σ_{noise} 为噪声。

在 GIQE 中,GSD 和 RER 为主要因素,而过冲 H_{GM} 和 G/SNR 的影响相对较小。

经修订后的可见光 GIQE 为

$$NIIRS = 10.251 - k_1 \log_{10}(GSD_{GM}) + k_2 \log_{10}(RER_{GM}) - 0.656 H_{GM} - 0.334 \frac{G}{SNR} \tag{4-53}$$

式(4 - 53)中的系数为:当 RER$\geqslant$0.9 时,$k_1=3.32$,$k_2=1.559$;当 RER$<$0.9 时,$k_1=3.16$,$k_2=2.817$。

对于工作在红外谱段的成像系统,GIQE 为

$$NIIRS = 9.751 - k_1 \log_{10}(GSD_{GM}) + k_2 \log_{10}(RER_{GM}) - 0.656 H_{GM} - 0.334 \frac{G}{SNR} \tag{4-54}$$

从可见光和红外 GIQE 的公式可以看出,它们的唯一区别是第一个常数,但在计算 SNR 时考虑的因素不同。对于红外成像系统,必须考虑内部辐射源的附加辐亮度。此外,要依据景物的发射率、反射率和温度来计算景物的辐亮度差。对于实验室黑体辐射源,其典型值为发射率等于 1、反射率等于 0、平均温度为 280 K、温差为 2 K。有关 GIQE 中信噪比的详细计算,见参考文献 [27]。

经修订的 GIQE 将 RER 和 GSD 分开,导致模型对 $\lambda F/p$ 大于 1 的系统可能无效。经修订的 GIQE 对表 4 - 9 所列的参数范围有效,超出这一范围后,GIQE 的精度和有效性不确定。

表 4 - 9　GIQE 各参数的取值范围

参数	最小	最大
GSD/英寸	3	80
RER	0.2	1.3
过冲（Overshoot）	0.9	1.9
噪声增益（Noise Gain）	1	19
SNR	2	130

当 SNR 变化时，GIQE 可用于预估图像的解译度变化。要利用 GIQE 预估 SNR 不同的两图像的 NIIRS 之差（ΔNIIRS），需要确定每一图像采用的最佳边缘锐化滤波器，因为边缘锐化滤波器会影响 RER_{GM}、H_{GM} 和 G。图像分析人员会通过增加或降低边缘锐化滤波器的强度来达到最佳的解译效果。假如边缘锐化滤波器不变，则 SNR 不同的两图像间的 NIIRS 变化为

$$\Delta \text{NIIRS} = 0.334G\left(\frac{1}{\text{SNR}_1} - \frac{1}{\text{SNR}_2}\right) \qquad (4-55)$$

综上所述，GIQE 中的各项将物理图像质量与解译度联系起来。地面采样距离（GSD）为分辨率度量，RER 与视觉清晰度和锐度联系起来。由于 MTFC 常用于空间成像遥感系统的后处理，因此需要考虑 MTFC 的影响。MTFC 对边缘和噪声都提升（boost），因此才有了过冲和噪声增益项。噪声根据 MTFC 的噪声增益和 SNR 来描述。在 SNR 项中包含了对比度。这样，GIQE 中的项描述了影响图像解译度的所有物理质量（Physical - Quality）参数。

GIQE 没有描述由带宽压缩（BWC）可能导致的性能下降。GIQE 模型开发是基于标准的对比度优化的硬拷贝图像，对于软拷贝（如 CRT）图像预估，需要考虑显示器相对于目前的硬拷贝预估的差异（MTF 和对比度）。

4.8.5　Johnson 准则

研究表明，对于某一类特定的成像系统，其目标区分能力同系统的极限分辨率有关。目前，利用线状靶标代替真实目标进行成像系统的设计、分析和评估是一种通用的方法。Johnson 领导美国陆军夜视和电子遥感管理局（NVSED）的试验工作，开发出地面目标特别是战术目标的发现、识别和确认对不同种类遥感器的要求，确定了执行不同级别区分任务所需要跨越目标的线对数目或周期数。表 4 - 10 给出了发现、识别和确认任务所需的周期数判据。其中，一维周期判据对应于跨越目标最小尺寸的周期数，而二维周期判据是针对目标特征尺寸（遥感器观测到的目标宽度和高度的函数）给出的[27]。

表 4 - 10　周期判据

任务	描述	跨越最小尺寸的一维周期数	跨越特征尺寸的二维周期数
发现	以合理的概率认为斑点是战术军事车辆	1.0	0.75

续表

任务	描述	跨越最小尺寸的一维周期数	跨越特征尺寸的二维周期数
识别	类别区分（卡车、坦克、装甲运兵车）	4.0	3.0
确认	型号区分（M1A、T62、T72）	6.4	6.0

目标特征尺寸为

$$d_c = \sqrt{W_{tgt} H_{tgt}} \tag{4-56}$$

式中，d_c 为目标特征尺寸；W_{tgt} 为目标宽度；H_{tgt} 为目标高度。

若将目标考虑为一个轮廓，则用轮廓面积的平方根作为特征尺寸更为准确。表 4-10 中的周期判据对应的任务区分概率为 50%，称为 N_{50}。跨越目标周期数为 N 的任务区分概率为

$$P(N) = \frac{\left(\dfrac{N}{N_{50}}\right)^{2.7+0.7(N/N_{50})}}{1+\left(\dfrac{N}{N_{50}}\right)^{2.7+0.7(N/N_{50})}} \tag{4-57}$$

式（4-57）根据任务性质确定，N_{50} 的取值根据发现、识别和确认任务来定。例如，如果希望得到识别概率，则对于二维周期判据 N_{50}，应当取 3.0，$P(N)$ 可按照 N 的函数给出。二维周期判据比一维周期判据更为常用。

根据 Johnson 准则，如果知道成像系统的极限分辨率，则可以确定其能够对多大尺度的目标进行发现、识别或确认。此外，根据跨越目标最小尺寸的一维周期数或者跨越目标特征尺寸的二维周期数，可以确定成像系统能够以多高的概率对目标进行发现、识别或确认。

参 考 文 献

［1］ RYU J H，Han H J，Cho S，et al. Overview of geostationary ocean color imager（GOCI）and GOCI data processing system（GDPS）［J］. Ocean Sci. J，2012，47（3）：223 - 233.

［2］ GREMS T，STOREY J. Operational land imager requirements document［J］. Landsat Data Continuity Mission. November 2，2006.

［3］ 马文坡. 航天光学遥感技术［M］. 北京：中国科学技术出版社，2011.

［4］ 约夫·约瑟夫. 对地观测遥感相机研制［M］. 王小勇，何红艳，等译. 北京：国防工业出版社，2018.

［5］ FANG D T，PUSCHELL J. Imagery spatial performance throughput correction methodology［J］. SPIE，2010（7813）：78130G - 1 ～ 78130G - 15.

［6］ OH E，KIM S W，JEONG Y，et al. In - orbit image performance simulation for GOCI from integrated ray tracing computation［J］. SPIE，2011（8175）：81751H - 1 ～ 81751H - 9.

［7］ McCORKEL J，MONTANARO M，EFREMOVA B，et al. Landsat 9 thermal infrared sensor 2 characterization plan overview［J］. IGARSS 2018：8845 - 8848.

［8］ PEARLMAN A，McCORKEL J，MONTANARO M，et al. Landsat 9 Thermal Infrared Sensor 2 pre - launch characterization - initial imaging and spectral performance results［J］. SPIE，2018（10764）：1076406 - 1 ～ 1076406 - 10.

［9］ MARKHAM B，BARSI J，DONLEY E，et al. Landsat 9：Mission status and prelaunch instrument performance characterization and calibration［J］. IGARSS 2019：5788 - 5791.

［10］ DRUSCH M，et al. Sentinel - 2 Mission Requirements Document（MRD）. issue 2 revision 1 - 8/03/2010.

［11］ MEISTER G，McCLAIN C R，AHMAD Z，et al. Requirements for an Advanced Ocean Radiometer. NASA/TM—2011 - 215883.

［12］ DIAL G，BOWEN H，GERLACH F，et al. IKONOS satellite，imagery，and products［J］. Remote Sensing of Environment，2003（88）：23 - 36.

［13］ CZAPLA - MYERS J，ANDERSON N，THOME K，et al. The absolute radiometric calibration of the Landsat 8 Operational Land Imager using the reflectance - based approach and the Radiometric Calibration Test Site（RadCaTS）［J］. SPIE，2014（9218）：921819 - 1 ～ 921819 - 9.

［14］ LEVY R，BARSI J，MARKHAM B，et al. Landsat 8 Operational Land Imager（OLI）detector - to - detector uniformity challenge and performance［J］. SPIE，2014（9218）：921818 - 1 ～ 921818 - 11.

［15］ RIBET - MOHAMED I，NGHIEM J，CAES M，et al. Temporal stability and correctability of a MWIR T2SL focal plane array. Infrared Physics & Technology（2018）［J］，doi：https：//doi. org/10. 1016/j. infrared. 2018. 10. 028.

［16］ BARSI J A，MARKHAM B L，PEDELTY J A. The Operational Land Imager：Spectral Response and Spectral Uniformity［J］. SPIE，2011（8153）：81530G - 1～ 81530G - 11.

[17]　MONTANARO M，REUTER D C，MARKHAM B L，et al. Spectral analysis of the primary flight focal plane arrays for the thermal infrared sensor [J]. SPIE，2011 (8048)：804816 - 1 ～ 804816 - 9.

[18]　陈世平. 空间相机设计与试验 [M]. 北京：中国宇航出版社，2003.

[19]　XIONG X，ANGAL A，BUTLER J，et al. NOAA - 20 VIIRS On - orbit calibration and performance update [J] IGARSS 2019：9018 - 9021.

[20]　CAO C Y，BLONSKI S，WANG W H，et al. NOAA - 20 VIIRS on - orbit performance，data quality，and operational Cal/Val support [J]. SPIE ，2018 (10781)：107810K - 1 ～ 107810K - 9.

[21]　FULBRIGHT J P，XIONG X X. Suomi - NPP VIIRS day/night band calibration with stars [J]. SPIE，2016 (9607)：96071S - 1 ～ 96071S - 21.

[22]　OUDRARI H，MCINTIRE J，MOYER D，et al. Preliminary assessment of Suomi - NPP VIIRS on - orbit radiometric performance [J]. SPIE，2012 (8510)：851011 - 1 ～ 851011 - 24.

[23]　FULBRIGHT J P，WANG Z P，XIONG X X. Suomi - NPP VIIRS lunar radiometric calibration observations [J]. SPIE，2014 (9218)：921804 - 1～921804 - 16.

[24]　SCHUELER C，CLEMENT J E，DARNTON L，et al. VIIRS sensor performance [J]. IEEE，2003：369 - 372.

[25]　SUN J Q，WANG M H，JIANG L D，et al. NOAA - 20 VIIRS polarization effect and its correction [J]. Applied Optics，2019，58 (24)：6655 - 6665.

[26]　LAMARD J L，FRECON L，BAILLY B，et al. The high resolution optical instruments for the pleiades hr earth observation satellites. IAC - 08 - B1. 3. 5.

[27]　JON C L，RONALD G D. Surveillance and Reconnaissance Imaging Systems —Modeling and Performance prediction [M] . Artech House Inc. Norwood，MA. 2001.

[28]　BOROVYTSKY V N，FESENKO V V. Imaging system performance analysis and optimization using objective image quality criteria [J]. SPIE，1999 (3890)：248 - 252.

[29]　RIEHL K，MAVER L. A comparison of two common aerial reconnaissance image quality measures [J]. SPIE，1996 (2829)：242 - 254.

[30]　MISHRA R K，PILLAI A M，SHESHADRI M R，et al. Airborne electro - optical sensor：performance predictions and design considerations [J]. SPIE，1991 (1482)：138 - 145.

[31]　FIETE R D. Image quality and λFN/p for remote sensing systems [J] . Opt. Eng，1999，38 (7)：1229 - 1240.

[32]　DRIGGERS R G. Laboratory measurement of sampled infrared imaging system performance [J]. Optical Engineering，1999，38 (5)：852 - 861.

[33]　HOLST G C，McHUGH S W. Review of thermal imaging system performance [J] . SPIE，1992 (1689)：78 - 84.

[34]　IRVINE J M. National imagery interpretability rating scales (NIIRS)：overview and methodology [J]. SPIE，1997 (3128)：93 - 103.

[35]　FIETE R D，TANTALO T A. Image quality of increased along - scan sampling for remote sensing systems [J]，Optical Engineering，1999，38 (5)：815 - 820.

[36]　SLATER P N. Remote sensing：Optics and optical systems [M]. Addison - Wesley Publishing Company，Inc. Massachusetts. 1980.

［37］　DRIGGERS R G，COX P，EDWARDS T. Introduction to infrared and electro‐optical systems ［M］. Artech House Inc. Norwood，MA.

［38］　SCHOWENGERDT R A. Remote sensing，models and methods for image processing ［M］.2nd ed. San Diego，CA. Academic Press，1997.

［39］　Leachtenauer J C，MALILA W，IRVINE J，et al. General image‐quality equation：GIQE ［J］. Applied Optics，1997，36 (32)：8322‐8328.

［40］　Leachtenauer J C，MALILA W，IRVINE J，et al. General image‐quality equation for infrared imagery ［J］. Applied Optics，2000，39 (26)：4826‐4828.

第5章　对地成像型空间光学遥感器系统设计

对地成像型空间光学遥感器是目前应用最多的一类空间光学遥感器，常简称为空间遥感相机、空间相机和相机等。其涉及光、机、电、热等多个专业方向，是一个复杂的系统。其系统设计包括设计输入及分析、总体方案设计、部组件设计、可靠性设计等多个方面。

5.1　设计输入及分析

5.1.1　设计输入

（1）任务需求

任务需求为空间光学遥感用户的顶层技术要求，对地成像型空间光学遥感器的性能要求来源于用户的任务需求。任务需求通常包括任务目标、观测区域、可分辨的目标尺度及在给定条件下对目标的观测性能等。为了使对地成像型空间光学遥感器的系统设计更加合理可行，在其设计初期必须充分理解任务需求。不同用户的任务需求也不尽相同，对于有多个用户的对地成像型空间光学遥感器，在其系统设计时需要尽可能兼顾多个用户的需求。

（2）功能和性能要求

对地成像型空间光学遥感器除了具备基本的成像功能外，通常还根据具体情况要求具备调焦、积分时间调整、积分级数调整、增益调整、温度控制、星上辐射定标、红外探测器制冷、遥控遥测、授时校时和总线通信等功能。

对地成像型空间光学遥感器的主要性能要求包括工作谱段、地面像元分辨率、MTF、SNR、动态范围和辐射定标精度等。

（3）约束条件

与对地成像型空间光学遥感器系统设计密切相关的约束条件主要包括：

1）来自航天器和运载器的约束条件：体积、质量、功耗、轨道特性、姿态控制精度、数传能力、力学环境条件和热边界条件等。

2）卫星成像任务模式：条带、拼幅、同轨立体成像等。

3）来自在轨运行环境的约束条件：真空、辐照、温度交变、微重力等。

4）研制周期：对各研制阶段的研制周期要求。

5）经费：对研制经费的限制。

6）风险：对风险的控制要求。

7）设计建造要求：对工程标准、接口、互换性、可维修性和测试性等的要求。

5.1.2　设计输入分析

对地成像型空间光学遥感器的设计输入分析是指根据任务需求、功能和性能要求及约束条件，结合相关领域的技术基础，对可能的实现方案和关键技术进行综合分析、论证，优选出能够更好地满足任务需求、功能与性能要求和约束条件的技术方案，并对满足设计输入的可行性进行全面分析。设计输入分析通常在其研制的早期阶段开展，若通过设计输入分析发现一些要求或约束不合理，需要及时与用户及相关方进行沟通和协商，必要时对一些要求和约束条件进行适当修改或优化。此外，设计输入分析要站在对地成像型空间光学遥感系统的高度上开展，使整个空间光学遥感系统尽可能优化，以便用最小的代价获取所需的遥感图像数据。

下面针对总体技术方案论证、探测器选型论证、光学系统选型论证及主要性能指标的可实现性分析做简要介绍。

5.1.2.1　总体技术方案论证

对地成像型空间光学遥感器总体技术方案论证的主要工作如下：通过对任务需求、功能与性能要求、约束条件、拥有的技术基础和关键器件，特别是探测器的解决途径等进行综合分析论证，对可能的总体技术方案进行综合分析对比，优选出能够更好地满足设计输入要求的总体技术方案，确定图像和光谱数据获取方式，确定探测器和光学系统的技术路线。例如，采用推扫成像方式获取图像数据、利用带通滤光片实现光谱细分、探测器采用五谱合一的 TDI CCD 探测器、光学系统采用同轴反射式光学系统等。对于有些对地成像型空间光学遥感器，在进行总体技术方案论证时还要确定探测器拼接、探测器制冷、星上辐射定标和调焦等部分的技术方案。

开展总体技术方案论证研究，要注意各部分的技术难度尽可能均衡，尽量避免某一方面技术难度特别大。此外，尽可能采用相对成熟、经济和先进的技术。有时采用一台空间光学遥感器很难满足技术要求，可以用两台或多台空间光学遥感器一起工作来满足技术要求。

5.1.2.2　探测器选型论证

作为空间遥感相机的核心部组件，探测器对于相机能否获取高品质图像起着至关重要的作用。原则上讲，探测器尽可能选用可获取的货架产品，若不可行就需要定制，但这样就可能面临探测器研制技术和进度风险，必须予以高度关注。

对于低轨高分辨率对地成像型空间光学遥感器，通常选用具有 TDI 功能的探测器配合小相对孔径（大 F 数）光学系统满足空间分辨率和 SNR 要求，即通过 TDI 解决小相对孔径光学系统曝光能量不足的问题。最先出现的可见光近红外谱段 TDI 探测器是 TDI CCD 探测器，其已广泛应用于对地观测空间遥感相机。图 5 - 1（a）为 Pleiades 相机用的 TDI CCD 探测器实物[1]。近几年，随着 CMOS 探测器技术的不断进步，一些探测器厂商研制出 TDI CMOS 探测器，用于可见光近红外谱段成像。由于 CMOS 探测器的工艺与主流的芯片工艺兼容，其制造完全依托于标准 CMOS 工艺平台，且可以集成片上 AD 及片上数据处理等功能，集成度高，外围处理电路规模小，这给 CMOS 图像传感器带来了成本优势，但也使其像素设计受到限制。图 5-1（b）为 CMOSIS 公司为欧空局开发的 TDI CMOS 探测器实物[2]，其主要性能指标如表 5-1 所示。

（a）TDI CCD探测器实物　　　　　　　　　　（b）TDI CMOS探测器实物

图 5-1　高分辨率相机采用的具有 TDI 功能的探测器实物

表 5-1　CMOSIS 公司开发的 TDI CMOS 探测器的主要性能指标

序号	性能参数	性能指标
1	谱段数	1 个全色谱段＋4 个多光谱谱段
2	像元数	全色谱段 8 000 元,多光谱谱段 2 000×4 元
3	TDI 级数	全色谱段 25 级,多光谱谱段 1 级
4	像元尺寸	全色谱段 13 μm,多光谱谱段 52 μm
5	量子效率	大于 60%
6	读出噪声	41e$^-$(低增益)
7	动态范围	3 000∶1(低增益)

综合 CCD 和 CMOS 探测器的优点研制混合型探测器，是目前光电探测器的发展方向之一。集成 TDI 功能的混合型 CMOS 探测器已经成功应用于航天对地观测。比利时 IMEC 公司开发了 TDI CCD 像素阵列与 CMOS 读出电路相结合的探测器[3]，该探测器的噪声低，且可以集成片上高动态信号处理电路，图像质量优异。

有些 TDI CCD 和 TDI CMOS 探测器采用多相设计，最常见的是 4 相设计，最近也有 6 相 TDI CMOS 探测器研制成功的报道。采用多相设计的优点是通过垂直转移时序设计，可以提高推扫成像方向的动态 MTF。在推扫成像方向上，多相 TDI 探测器在奈奎斯特频率处的 MTF 可由式（5-1）计算得到：

$$\mathrm{MTF_V} = \mathrm{sinc}(f_N \times s/P) = \sin(\pi f_N v_i t_{\mathrm{int}}/P)/(\pi f_N v_i t_{\mathrm{int}}/P) \tag{5-1}$$

式中，$\mathrm{MTF_V}$ 为推扫运动方向上的 MTF；f_N 为奈奎斯特频率（lp/m）；s 为像移长度（m）；v_i 为像移速度（m/s）；t_{int} 为积分时间（s）；P 为探测器垂直转移相数。

在奈奎斯特频率处，4 相探测器的 $\mathrm{MTF_V}=0.975$，6 相探测器的 $\mathrm{MTF_V}=0.989$。

5.1.2.3　光学系统选型论证

对地成像型空间光学遥感器常用的光学系统形式主要包括折射式、反射式、折反式 3

种。对于低空间分辨率、大视场空间光学遥感器，所需光学系统口径较小，焦距较短，通常采用折射式光学系统。例如，SPOT-4卫星上的植被相机空间分辨率为 1 km，视场角为 101°，幅宽为 2 250 km，采用的是折射式光学系统。高空间分辨率光学遥感器所需光学系统口径大、焦距长，通常选用反射式光学系统。例如，美国的 WorldView-2 相机全色谱段空间分辨率为 0.46 m，光学系统口径为 1.1 m，采用的是反射式光学系统。反射式、折射式、折反式光学系统各有优缺点。折射式光学系统可设计变量较多，易实现大视场，但受限于折射材料的光学特性，较难实现宽谱段、长焦距、大口径，且相对地面装调测试环境，在轨真空环境下的折射率变化和空间辐照引起的材料透过率变化等可能会影响成像质量。反射式光学系统的优点是工作光谱范围宽，可覆盖从紫外到热红外，且无色差；缺点是可设计变量相对较少，非球面反射镜光学加工、检测、装调难度较大；折反式光学系统克服了折射和反射式光学系统的部分缺点，其中的折射系统常采用无光焦度系统，用以校正视场外像差。

高分辨率对地成像型空间光学遥感器口径大、焦距长，一般采用反射式光学系统，可兼顾长焦距和尺寸约束，最常用的是同轴三反式光学系统和离轴三反式光学系统，如图 5-2 所示。对于同轴三反式光学系统，3 个反射面的球心在同一光轴上，整机结构对称，易于装配调试。此外，由于同轴三反式光学系统具有良好的轴对称性，因此整机结构紧凑、惯量小，便于卫星姿态快速机动实现敏捷成像。离轴三反式光学系统采用 3 块非球面反射镜作为主要光学组件，在保证长焦距的同时，视场角可以做到比较大。此外，离轴三反式光学系统还具有无遮拦、MTF 值高等优点，可以满足长焦距、大视场、高像质要求。离轴三反式光学系统由于 3 个反射镜不在同一轴线上，整机结构不对称，因此其装配调试难度较大。

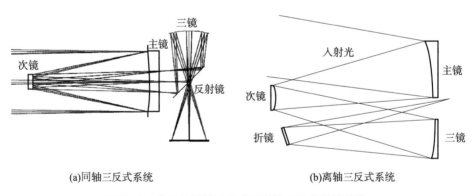

(a)同轴三反式系统　　　　　　　　　　(b)离轴三反式系统

图 5-2　常用的同轴三反式和离轴三反式光学系统

5.1.2.4　主要性能指标的可实现性分析

（1）工作谱段

在对地成像型空间光学遥感器技术要求中，一般会规定具体的谱段要求。常用的谱段为可见光和红外谱段，通常会根据具体应用细分为若干较窄的谱段。其中，可见光谱段主要用于白天观测目标，获取目标的高分辨率图像；红外谱段主要用于昼夜观测目标，既可获取目标图像，又可获取目标的温度信息。工作谱段选择的主要依据是观测目标的光谱特性及目标与背景的对比关系。例如，全色谱段的光谱范围一般设置为 $0.45\sim0.80\ \mu m$，可以较好地从有植被覆盖的背景区域中显示出人工目标，有利于对人造目标的发现、识别。为了提高入瞳能量，有的对地成像型空间光学遥感器将全色谱段设置为 $0.45\sim0.90\ \mu m$。例如，WorldView-3 卫星的主要遥感有效载荷（高分辨率遥感相机）具有 1 个全色谱段、8 个可见光近红外多光谱谱段和 8 个短波红外谱段，该卫星还搭载了拥有 12 个谱段的"云、气溶胶、水蒸气、雨和雪"探测载荷。WorldView-3 卫星的主要观测目标特性如表 5-2 所示，其谱段设置情况如图 5-3 所示。工作谱段的可实现性分析主要考虑光谱分光的可实现性及相应谱段探测器的可获取性。

表 5-2　WorldView-3 卫星的主要观测目标特性

谱段名称	谱段范围/μm	观测目标特性
全色	$0.45\sim0.80$	人工目标
海岸带	$0.40\sim0.45$	1）植被识别分析。 2）基于叶绿素和水穿透特征的水深测量研究。 3）大气散射研究，有助于大气校正技术的改进
蓝	$0.45\sim0.51$	1）容易被植物叶绿素吸收。 2）对水汽有很好的透过性。 3）受大气散射和吸收的影响较小
绿	$0.51\sim0.58$	1）能够更精确地集中在健康植被的峰值反射。 2）计算植被活力较理想
黄	$0.585\sim0.625$	1）用于识别目标的"黄色"特征。 2）重点在于植被应用。 3）在人类视觉表现上可用于真彩色恢复的细微校正方面
红	$0.63\sim0.69$	1）更好地集中在被健康植物叶绿素吸收的红光上。 2）用于植被辨别的重要谱段之一。 3）有助于对裸露土壤、公路、地质特征进行分类
红边	$0.705\sim0.745$	1）植被生长状况分析。 2）直接与反映植被生长状况的叶绿素水平相关
近红外近端	$0.77\sim0.895$	1）有效地估算水蒸气含量和植物生物量。 2）可以有效区分植被与水体。 3）识别植被类型。 4）区分不同土壤类型
近红外远端	$0.86\sim1.04$	1）该近红外远端波段与传统近红外波段有一些重叠，其最大特点是不受大气的影响。 2）有利于植被分析和生物量研究
短波红外	见图 5-3	1）火情监测/火点发现。 2）矿产勘探
大气校正谱段	见图 5-3	大气校正

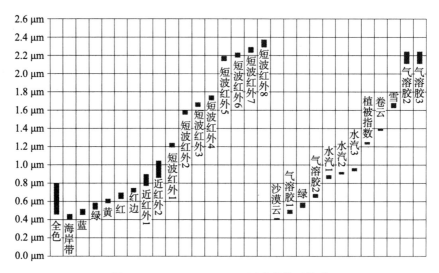

图 5 - 3 WorldView - 3 卫星谱段设置情况

（2）星下点 GSD

GSD 为地面采样距离，或称地面像元分辨率。在对地成像型空间光学遥感器技术要求中一般会规定地面像元分辨率指标，如地面像元分辨率为全色谱段优于 0.5 m、多光谱谱段优于 2 m。根据中心投影成像原理，GSD 与相机的焦距、探测器像元尺寸、卫星轨道高度和姿态角度有关。在星下点成像时，在卫星飞行方向和线阵方向上的地面像元分辨率通常一致，具体计算公式如下：

$$\text{GSD} = \frac{p}{fl'} \times H \tag{5-2}$$

式中，GSD 为地面像元分辨率（m）；p 为像元尺寸，根据选用的光电探测器确定（m）；fl' 为相机焦距（m）；H 为卫星轨道高度（m）。

根据式（5-2），可以确定满足 GSD 要求的相机最短焦距。

（3）星下点覆盖宽度

在对地成像型空间光学遥感器技术要求中一般会规定覆盖宽度要求，如覆盖宽度不小于 15 km。根据中心投影成像原理，覆盖宽度与相机的视场角、卫星轨道高度和姿态角度有关。在星下点成像时，忽略地球曲率影响，覆盖宽度近似为

$$\text{SW} = 2H \cdot \tan\left(\frac{\text{FOV}}{2}\right) \tag{5-3}$$

式中，SW 为覆盖宽度（m）；H 为卫星轨道高度（m）；FOV 为相机的视场角（°）。

一般情况下，单片光电探测器的像元规模不满足覆盖宽度要求，需要多片探测器进行拼接使用。根据覆盖宽度和选用的光电探测器像元数，可以计算出探测器拼接数量

$$M = \frac{\text{SW}}{\text{GSD} \times C} \tag{5-4}$$

式中，C 为探测器的有效像元数，由选用的光电探测器确定；M 为探测器拼接数量，若 M

为非整数，需要取整加 1。

在实际确定探测器拼接数量时，还要考虑探测器拼接时相邻探测器间的搭接重叠区。根据式（5-3）和式（5-4），可以分别确定相机的视场角设计值和探测器拼接数量。实际的覆盖宽度还要考虑光学系统畸变的影响。

（4）静态 MTF

在对地成像型空间光学遥感器技术要求中一般会规定静态 MTF，其通常用奈奎斯特频率处的 MTF 值来表征。例如，要求全色谱段在奈奎斯特频率处的 MTF 值优于 0.12，要求多光谱谱段在奈奎斯特频率处的 MTF 值优于 0.2。相机静态 MTF 主要由光学系统、探测器和信号处理电路的 MTF 及加工装调质量因子决定，其计算公式如下：

$$\mathrm{MTF}_{静态} = \mathrm{MTF}_{\mathrm{opt}} \times \mathrm{MTF}_{\mathrm{det}} \times \mathrm{MTF}_{\mathrm{electron}} \times \mathrm{MTF}_{\mathrm{factor}} \tag{5-5}$$

式中，$\mathrm{MTF}_{静态}$ 为相机静态 MTF；$\mathrm{MTF}_{\mathrm{opt}}$ 为光学系统设计的 MTF；$\mathrm{MTF}_{\mathrm{det}}$ 为探测器的 MTF；$\mathrm{MTF}_{\mathrm{electron}}$ 为信号处理电路的 MTF；$\mathrm{MTF}_{\mathrm{factor}}$ 为加工装调质量因子对应的 MTF。

（5）信噪比

对地成像型空间光学遥感器可见近红外和短波红外谱段的辐射分辨率一般采用最大、最小和典型 SNR 来表征。例如，在最大输入辐亮度条件（太阳高度角 70°，反射率 0.7）下，最大 SNR 要求不低于 48 dB；在最小输入辐亮度条件（太阳高度角 15°，反射率 0.05）下，最小 SNR 要求不低于 23 dB；在典型输入辐亮度条件（太阳高度角 30°，反射率 0.2）下，典型 SNR 要求不低于 37 dB。对地成像型空间光学遥感器中波和长波红外谱段的辐射分辨率一般用噪声等效温度差 NEΔT 来表示，如要求 NEΔT 小于 0.2K@300 K。

① 可见近红外和短波红外谱段 SNR 计算

利用 6S 软件或 ModTran 软件，计算在最大、最小和典型输入辐亮度条件下到达相机入瞳处的光谱辐亮度 L，根据式（5-6）计算用电子数表示的探测器输出信号强度 V_S。

$$V_\mathrm{S} = \frac{\pi \times \tau_\mathrm{o} \times (1-\delta) \times t_{\mathrm{int}} \times \mathrm{TDI} \times L \times \Delta\lambda \times \eta \times A_\mathrm{d} \times \lambda}{4 \times h \times c \times F^2} \tag{5-6}$$

式中，τ_o 为光学系统透过率；δ 为光学系统面遮拦比；t_{int} 为积分时间（s）；TDI 为 TDI 级数；$\Delta\lambda$ 为谱段宽度（μm）；λ 为中心波长（m）；F 为相机光学系统 F 数；η 为探测器量子效率；A_d 为探测器单个光敏元的面积（m²）；L 为相机入瞳处的光谱辐亮度 [W/（m² • sr • μm）]；h 为普朗克常数，$h = 6.626\,1 \times 10^{-34}$ J • s；c 为光速，$c = 2.998 \times 10^8$ m/s；V_S 为输出信号电子数（e⁻）。

根据式（5-7）计算用电子数表示的系统总噪声。

$$V_\mathrm{N} = \sqrt{V_\mathrm{S} + V_{\mathrm{N1}}^2 + V_{\mathrm{N2}}^2} \tag{5-7}$$

式中，V_{N1} 为探测器读出噪声（e⁻）；V_{N2} 为电路噪声（e⁻）；V_N 为系统总噪声（e⁻）。

相机的 SNR 定义为输出信号 V_S 与均方根噪声 V_N 之比。以分贝（dB）为单位表示的 SNR 如下：

$$\mathrm{SNR} = 20\log_{10}(V_\mathrm{S}/V_\mathrm{N}) \tag{5-8}$$

根据式（5-8）的计算结果，可以确定在其他条件一定的情况下满足 SNR 指标要求的 TDI 级数。

根据式（5-9），可计算出相机推扫成像对卫星姿态稳定度的要求。

$$\mathrm{MTF} = \mathrm{sinc}(\mathrm{TDI} \cdot f_\mathrm{N} \cdot \Delta_i) \tag{5-9}$$

$$\Delta_i = t_\mathrm{int} \cdot fl' \cdot w_i \tag{5-10}$$

式中，f_N 为奈奎斯特频率（lp/m）；Δ_i 为推扫成像方向上的不同步量（m）；t_int 为积分时间（s）；fl' 为焦距（m）；w_i 为卫星姿态稳定度（rad/s）。

②中波和长波红外谱段噪声等效温差 NEΔT 计算

对地成像型空间光学遥感器中波和长波红外谱段通常用噪声等效温差（NEΔT）来表征其温度灵敏度。NEΔT 与温度 T 有关，当观测场景为常温时，一般规定 $T=300$ K 温度下的 NEΔT 指标。NEΔT 的计算公式如下：

$$\mathrm{NE}\Delta T = \frac{4 \times \sqrt{A_\mathrm{d}} \times \sqrt{\Delta f}}{\left(\dfrac{\mathrm{d}M}{\mathrm{d}T}\right)_{T=300K} \times \mathrm{IFOV}^2 \times D^2 \times \tau_\mathrm{o} \times D^*} \tag{5-11}$$

式中，IFOV 为瞬时视场（rad）；A_d 为探测器单个光敏元面积（m²）；Δf 为等效噪声带宽（Hz）；D 为光学系统口径（m）；τ_o 为光学系统透过率；D^* 为探测器探测率（m·Hz$^{1/2}$/W）；$\left(\dfrac{\mathrm{d}M}{\mathrm{d}T}\right)_{T=300K}$ 为对于 $T=300$ K 的黑体，单位温度变化引起的辐出度变化 ［W/（m²·K）］。

5.2　总体方案设计

对地成像型空间光学遥感器总体方案设计主要包括相机组成设计、主要技术指标分解、总体构型设计、光学系统优化设计、焦面组件方案设计、星上定标方案设计、对内与对外接口设计、光机热集成仿真分析、环境适应性设计等。相机总体方案设计需要反复迭代和不断优化，不但要满足功能和性能要求，还要满足环境适应性等要求，特别要重视利用先进的仿真分析手段进行优化设计，以便减少设计差错，降低研制风险，缩短研制周期。下面对相机总体方案设计中的部分内容做简要介绍。

5.2.1　总体构型设计

对地成像型空间光学遥感器由光机主体、焦面组件、热控组件、电子学设备等多个子系统或部组件构成。总体构型设计不仅要保证各个子系统或部组件能够有机结合在一起，实现所要求的功能和性能，还要满足来自航天器的尺寸、质量、功耗、接口等约束条件，并且要经受住地面试验及发射和在轨运行环境考验。

总体构型设计不是被动地满足相关要求和约束条件，而是要综合考虑光机电热等多方面要求，通过合理选择材料、器件及结构形式和构型布局等手段，主动满足相关要求和约束条件。利用仿真分析手段进行总体构型优化设计，是提高总体构型设计水平的有效方法。图 5-4 所示为某相机的总体结构构型和有限元仿真模型。

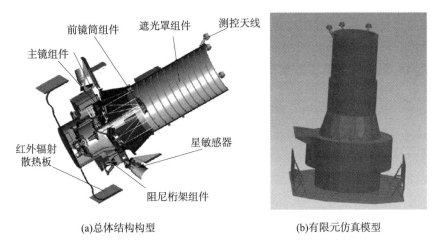

(a)总体结构构型　　　　　　　　　　(b)有限元仿真模型

图 5-4　某相机的总体结构构型和有限元仿真模型

5.2.2　光学系统优化设计

光学系统选型完成后，还需要进行光学系统优化设计与公差分配，综合考虑光学加工、检测、装调、测试和试验等对光学系统参数进行优化。例如，反射式光学系统可将各个光学件的顶点曲率半径、二次曲面偏心率、面形、通光口径、镜间距作为优化变量，将光学系统 MTF、点列图、波前像差、照度分布、透过率、畸变等作为优化目标函数。根据加工和装调技术水平，给出顶点曲率半径加工公差、非球面系数加工公差、加工面形公差（RMS 值）、反射镜的装调平移和倾斜公差，并进行装调公差的蒙特卡罗仿真。光学系统设计还需要考虑杂散辐射抑制和偏振抑制等对图像质量产生影响的因素。

杂散辐射通常是指到达像面的非成像辐射，主要包括目标背景辐射及大气散射和发射的辐射、遥感器自身散射和发射的辐射。杂散辐射抑制包括视场内和视场外杂散辐射抑制。抑制视场外杂散辐射的主要措施是合理设计遮光罩和光阑，避免来自视场外的辐射如太阳光等非目标辐射进入视场内；提高光学系统的透过率、降低光学元件表面的散射是抑制视场内杂散辐射的有效途径之一。此外，对于具有中波和长波红外谱段的遥感器，可通过降低内部温度、使红外探测器的冷光阑与光学系统的出瞳匹配等措施控制自身辐射。

空间光学遥感器的偏振抑制主要包括两方面：一是控制光学系统的偏振像差，二是控制光学系统的偏振灵敏度。在光学系统中，透镜、反射镜、棱镜、光栅和膜层等光学元件都会引起偏振，产生偏振像差，导致成像质量下降。大气、海洋表面和地面景物反射的太阳光具有一定的偏振特性，光学系统的偏振特性会导致探测误差。因此，在光学系统设计时，要注意偏振特性设计，降低光学系统偏振灵敏度。特别是在辐射灵敏度要求高的情况下，必须采取措施抑制光学系统偏振。

5.2.3　焦面组件方案设计

相机焦面组件是相机的核心组成部分之一。受半导体工艺限制，探测器规模不能做太大，如 6 英寸晶圆生产的线阵探测器长度约为 100 mm。为实现较大成像幅宽，相机焦面长度通常需要达到数百毫米，因此需要将多片探测器拼接起来使用，必须解决探测器高精度拼接技术。可见光探测器像元尺寸通常仅为几微米，要求焦面内探测器拼接精度优于 0.1～0.2 像元，要求垂直于焦面方向探测器拼接精度优于半焦深的数分之一，拼接难度较大。

常用的线阵探测器拼接包括机械拼接、视场拼接和光学拼接。机械拼接是指将线阵探测器首尾相连，拼接结构简单，但拼接处无光敏像元，形成图像缺陷。视场拼接是指数个线阵探测器拼接时相邻探测器在图像运动方向上错开一定距离，如图 5-5 所示。对于视场拼接，图像需要后期进行拼接处理，且为了保证拼接图像不漏缝，要求相邻探测器间有一定数量的重叠像元。重叠像元 N 的计算公式如下：

$$N = B \times \tan\varphi / p \qquad (5-12)$$

式中，B 为两排探测器行距（m）；p 为探测器像元尺寸（m）；φ 为偏航角误差（°）。

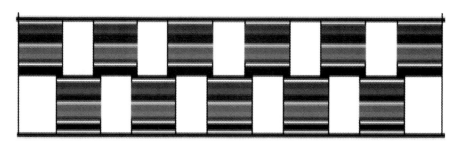

图 5-5　视场拼接

光学拼接是利用拼接镜使得透射面和反射面的探测器首尾搭接。光学拼接包括半反半透式和全反全透式。半反半透式光学拼接采用棱镜，会带来色差，且光能利用率低，接近 50%；全反全透式拼接光能利用率高，可达 98% 以上，适合在全反射式光学系统中采用。对于全反全透式拼接，同一谱段的探测器共线，对地同时成像，可以保证地面成像时的几何精度，拼接处由于挡光板对光束的切光效应产生的渐晕可通过辐射定标进行校正。全反全透式光学拼接如图 5-6 所示。

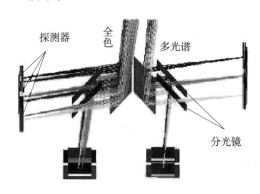

图 5-6　全反全透式光学拼接

5.2.4　星上定标方案设计

由于太阳的辐射比较稳定，以太阳照射的漫反射板作为星上辐射定标源的全口径、全光路定标方式对工作在可见光、近红外和短波红外谱段的空间光学遥感器来说是一种比较好的星上定标方式；对于中波红外和长波红外谱段，利用面源黑体作为星上定标辐射源对空间光学遥感器进行全口径、全光路定标是一种比较好的选择。漫反射板和面源黑体的稳定性会影响定标精度，需要采取措施使其保持稳定或对其进行长期监测。

全口径、全光路辐射定标的优点是绝对辐射定标精度较高，如空间光学遥感器MODIS 和 MERIS 均实现了星上反射率定标不确定度优于 2%、绝对辐射定标不确定度优于 5% 的高精度星上辐射定标。然而，对于高分辨率大口径空间光学遥感器，用于实现全口径、全光路的星上定标器尺寸大、质量大，这限制了其应用。对于高分辨率大口径空间光学遥感器，星上辐射定标一般采用在探测器前或靠近光路中间位置安装定标灯面光源或面源黑体的方式来实现。图 5 - 7 所示为 GF - 4 卫星相机中波红外谱段的星上定标装置。

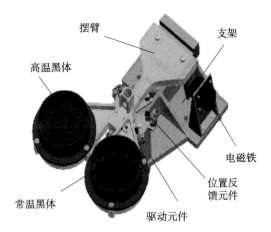

图 5 - 7　GF - 4 卫星相机中波红外谱段的星上定标装置

5.2.5　地球自转偏流角修正方案设计

卫星在轨对地成像期间，由于地球的自转，使得卫星的运动方向和相机实际成像方向不一致，两者之间的夹角称为偏流角。对于 TDI 相机，其正常工作的基本前提是光生电荷包的转移与焦面上图像的运动保持同步，任何不匹配都将导致图像模糊。对地面同一目标进行 TDI 曝光成像相当于积分时间延长，要想获得清晰的图像，必须在此较长积分时间内保持同步。而偏流角会导致 TDI 相机在积分成像过程中产生图像像移，破坏其与光生电荷包运动的同步性，从而影响相机的成像质量。因此，需要结合卫星的运行轨道，研究偏流角变化规律，并对偏流角引起的像移进行修正，这对于保证 TDI 相机的成像质量十分必要[4]。

对偏流角引起的像移进行修正，可以采用两种方法：一种是通过实时控制相机的 TDI

探测器转动来实现对偏流角的补偿；另一种是通过卫星姿态控制使卫星在偏航方向发生偏转，偏转的方向与偏流角方向相反，偏转的大小与偏流角相等，以补偿偏流角的影响。第一种途径需要额外的控制机构，难度和代价较大，因此一般采用第二种途径。

5.2.6　光机热集成仿真分析

以往对空间相机系统进行光学性能仿真验证，一般是通过对相机进行有限元分析，将变形结果与光学系统设计提出的对结构变形要求进行比较，来衡量光学系统在机械和热载荷作用下光学性能是否满足指标，这种方法不能模拟相机在轨状态下真实的性能。为了全面、科学、合理地评价整个相机系统的性能指标和图像品质，确保系统达到设计要求，需要采用光机热集成仿真分析方法对系统性能进行评估。

光机热集成仿真分析的基本思路如下：根据光学系统指标进行光学系统设计并建立光学系统模型；根据光学系统设计模型及光机结构的初步设计，建立光机结构模型和有限元分析模型；通过插值方法把温度场数据映射到光机结构有限元模型中，进行热变形和热应力分析；把光机结构有限元分析得到的相机热变形转换为光学镜面波前差和各个镜面的刚体位移，输入光学设计软件中进行图像质量预估与评价。此外，通过相机与卫星平台的一体化光机热集成仿真分析，可以优化相机与卫星平台的接口，提高相机在轨的力热稳定性。

5.2.7　相机与卫星平台一体化接口设计

对地成像型空间光学遥感器通过与卫星平台一体化接口设计，可提高图像质量。相机与姿态敏感器的一体化设计可提高卫星定姿精度及相机光轴指向精度，进而提高图像定位精度；通过增加柔性适配装置，可减少卫星平台微振动及热变形传递到相机，提高相机在轨的力热稳定性，保证成像质量。

（1）相机与姿态敏感器一体化设计

星敏感器和光纤陀螺是卫星姿态测量的主要部件。为了提高定位精度，采用相机与姿态敏感器一体化设计，即把星敏感器和光纤陀螺安装在相机主承力框上。相机主承力框具有较高的强度、刚度及温度稳定性，可缩短姿态敏感器与相机光机结构的力热传递路径，从而保持姿态敏感器与相机光轴相对稳定，减小平台变形对姿态敏感器与相机相对位置的影响，可实现相机光轴与星敏光轴夹角变化量小于 $1''$，从而获得高精度的相机光轴指向测量数据，进而获得较高的图像定位精度。图 5-8 所示为某相机与星敏感器一体化设计。

（2）相机柔性适配装置设计

卫星平台与相机间有很多连接点，整星结构变形会直接影响相机的结构稳定性。卫星入轨后，动量轮、控制力矩陀螺、太阳翼驱动机构等具有微振动特性的设备会对成像质量产生影响，需要采取措施消除或降低影响，常用的措施为相机与卫星平台解耦安装。在相机与卫星平台之间安装由挠性组件和解锁组件组成的柔性适配装置，其中挠性组件用于释放卫星平台结构热变形及对微振动进行抑制。采用弹簧加阻尼器的挠性组件，可使微振动

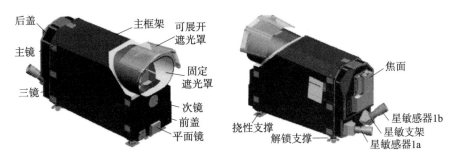

图 5 - 8　某相机与星敏感器一体化设计

衰减程度达到 80％以上，变形释放率优于 80％。解锁组件用于发射主动段锁紧，入轨后解锁释放。

　　某相机与卫星平台柔性接口如图 5 - 9 所示，相机与卫星平台进行解耦安装。在轨工作时相机与卫星之间为 3 点挠性静定支撑，避免卫星平台的变形传递到相机上，影响光机结构稳定性。发射时提供 3 个额外的解锁支撑点，用于承受发射段力学环境，入轨后通过火工装置解锁支撑点，相机恢复静定状态。

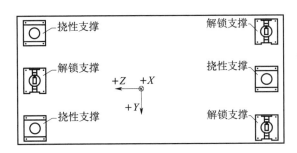

图 5 - 9　某相机与卫星平台柔性接口

5.2.8　环境适应性设计

　　（1）发射阶段及在轨力学环境适应性设计

　　发射阶段力学环境比较恶劣。在轨阶段卫星平台存在太阳帆板驱动机构、天线驱动机构、控制力矩陀螺等微振动源，对成像造成影响。相机主体的设计要有足够的刚度和强度，能够承受发射阶段恶劣力学环境并有充足余量。在与卫星平台接口方面，采取一体化光机热集成设计和相机柔性适配装置设计措施，降低微振动的影响，保证在轨成像质量。

　　（2）在轨热环境适应性设计

　　对地成像型空间光学遥感器入轨后所处的空间热环境比较复杂。深空冷背景接近于绝对零度，辐射散热严重；太阳直射、地球红外辐射及地球反照等外热流剧烈变化且相互之间不平衡，整星机动时这种外热流变化更加剧烈；相机光电探测器、驱动电路等发热元件所产生的热耗会影响相机温度，而且这些元件在轨通常是间歇工作的。上述这些因素会导致相机温度环境发生变化[5]。

相机温度环境包括温度梯度环境和温度水平环境。温度梯度直接引起光学零件表面面形变化、透射光学件的折射率变化、结构件对光学件的约束条件变化和应力变形导致光学元件间相对位置变化等。光学系统的设计、加工和调试是在一定的温度环境下进行的，在没有主动图像质量调节机构的条件下，相机温度环境变化直接影响到相机的焦距和成像品质。

随着相机空间分辨率和辐射分辨率要求的不断提高，对相机各光学件温度的变化值和温度梯度允差值的要求越来越苛刻。针对在轨热环境变化，为了保证相机稳定可靠工作，满足图像质量要求，需要采取主被动相结合的热控措施。

（3）空间辐照环境适应性设计

空间相机用的元器件除了要满足在轨寿命期内抗辐射总剂量要求外，还应有足够的抗单粒子翻转与锁定能力，光电探测器还要考虑位移损伤效应。光学零件、光学膜层及温控多层和涂层等则应保证在轨寿命期内性能衰减在要求的范围内。为此，在空间相机设计时需要针对空间辐照环境采取有针对性的措施，如选用抗辐照能力满足要求的材料和器件，或针对空间辐照采取加固和屏蔽等措施。

（4）空间微重力适应性设计

空间相机在地面重力场环境下完成加工、检测、装调、测试和试验。而空间相机实际的使用环境为微重力环境，二者存在 $1g$ 的重力加速度差异。对于传统的小口径高刚度空间相机来说，这 $1g$ 重力加速度差异引起的结构形变量很小，对光学系统参数的影响也很小，实现了"天地一致性"，地面环境测试也完全验证了系统的"天地一致性"。

对于大口径空间相机，刚度设计的思路已经无法解决光机零部件在地面重力环境和空间微重力环境下面形不一致的问题。反射镜支撑结构只解决定位问题，而不能保证光学元件在重力作用下的面形。由于地面重力作用，光学元件及结构件会发生外形尺寸和构型的变化，引起面形变化，进而影响成像质量。假设材料均是弹性的，遵守虎克定律，即弹性体的应力和应变成正比，则可对形变情况进行预测，通过检测和精准的仿真分析来从地面检测结果中剔除重力的影响。大口径光学系统研制重点在于对重力影响的定量分析、严格控制、精确补偿，这贯穿于光学系统设计、反射镜制备、检测及整机装调测试整个流程。最终要确保空间相机在微重力状态下具有良好的面形，并能够经受住发射阶段的力学环境考验。

（5）真空环境适应性设计

相机活动部件在真空条件下会产生冷焊，为此对机构中的轴承和齿轮等零件采取固体润滑等防冷焊措施。齿轮表面镀防冷焊膜，滚动轴承、直线轴承选用固体润滑轴承，滚珠丝杠及所有轴承中的钢球进行防冷焊处理，导轨等活动零件表面镀防冷焊膜。复合材料或铸造件在真空环境会释放内部的气体和有机物，造成光学件表面污染，影响透过率，降低相机性能，为此需要对复合材料和大型铸造件进行真空放气。复合材料还要考虑吸湿解吸附造成的尺寸稳定性问题。

5.3　相机结构设计

相机结构是相机的承力部件，是光学元件的载体，结构设计主要考虑如下 3 个方面：按照光学设计参数选择合适的结构形式；设计合理的光学件定位支撑方式，达到准无应力支撑和装调检测要求；满足卫星发射时的振动环境要求。

卫星发射时的振动对光学遥感器来说是一种受迫振动，当周期作用力的频率近似或等于被驱动物体的固有频率或基频时，就会发生共振。除非有效施加阻尼，否则由此产生的谐振会远超过非谐振频率的力所形成的振幅。固有频率仅取决于振动体的质量和刚度，如式（5 - 13）所示：

$$f_{\text{nature}} = \sqrt{k/m} / (2\pi) \qquad\qquad (5 - 13)$$

式中，f_{nature} 为固有频率（Hz）；m 为质量（kg）；k 为刚度（N/m）。

成功的光机结构设计很大程度上依赖于谐振问题的预测和补偿能力。一般采用两种方法来实现：一种是零件高刚度设计，从而使固有频率比驱动频率更高；另一种是设计和安装阻尼辅助装置产生补偿力，减轻谐振。

具体的结构设计一般按照初步构型、拓扑优化、三维构型、仿真分析、三维结构设计的顺序进行。

5.3.1　相机光机结构形式

空间光学遥感器的光机结构形式主要包括筒式结构和整体框架结构等，需要根据不同的光学系统布局选择相应的光机构型。三反离轴相机一般采用整体框架结构或空间桁架结构，同轴相机一般采用筒式结构。合理的相机光机结构形式能够确保相机在经历卫星发射主动段力学环境、在轨热环境及与卫星平台热变形耦合的条件下，保持成像质量稳定。

（1）筒式结构

筒式结构主要由前镜身组件和后镜身组件构成。其中，主承力结构位于后镜身，具有结构紧凑、转动惯量小的特点。"高分四号"卫星相机结构为典型的筒式结构[6]，如图 5 - 10 所示。

（2）整体框架结构

整体框架结构采用整体板框作为主承力结构，具有力学和结构稳定性好的特点。"高分七号"卫星双线阵相机采用的是整体框架结构[7]，如图 5 - 11 所示。光学元件在位置分布上趋于前后两组的形式，根据光学结构的特点，在机身设计上将次镜组件、调焦组件（含平面镜组件）固定在前框上，将主镜组件、第三镜组件和焦面组件固定在后框上。前框、后框和中间部分采用碳-碳化硅一体化成型，使得主体各部分材料一致性好，热稳定性好，有利于保证内方位元素的稳定性。

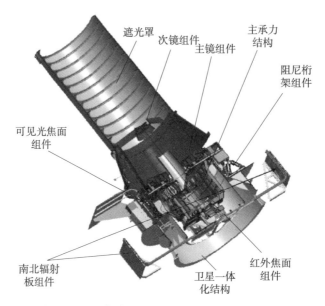

图 5 - 10 "高分四号"卫星相机采用的筒式结构

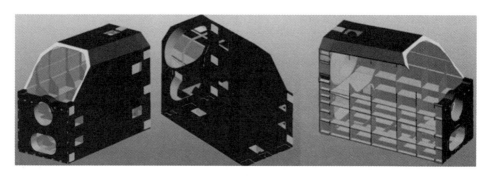

图 5 - 11 "高分七号"卫星双线阵相机采用的整体框架结构

5.3.2 反射镜组件设计

根据相机光学系统设计中确定的各反射镜外形尺寸、顶点曲率半径、通光口径进行反射镜的设计。反射镜组件光机结构的选择与设计要满足对热不敏感或热匹配、热稳定较好的要求。在结构设计方面，在进行轻量化设计的同时，还要求具有足够的强度和刚度，并具有良好的各向等刚度特性和光学结构稳定性，以确保能经受住卫星发射时的力学环境考验，且在轨运行中稳定工作。

（1）反射镜材料选取

反射镜材料的选择主要考虑比刚度及热变形系数，比刚度越高、热变形系数越小，则材料越好。空间光学遥感器常用的反射镜材料有微晶玻璃、超低膨胀系数玻璃、碳化硅、金属 Be 等。大口径空间光学遥感器要求轻量化率高和稳定性好，一般采用超低膨胀系数玻璃材料或 SiC 材料。金属 Be 有毒性，限制了其广泛应用。

（2）反射镜轻量化设计

为了减小反射镜的质量，空间应用的反射镜通常需要进行轻量化设计。常用的反射镜轻量化方式有以下几种：

1）将镜子的背部轮廓做成一定的形状，包括双凹、单拱形和双拱形等。

2）夹芯结构，镜子由上、下面板和中间轻量化的夹芯结构组成。

3）背部开放式结构，背部开放且轻量化。

夹芯结构的反射镜结构性能最好；背部开放式的反射镜热性能最好，并且容易加工和实现轻量化。

（3）反射镜组件支撑结构材料选择

反射镜轻量化设计可以使其支撑结构的质量得以大幅度减小，为整个相机的轻量化奠定基础。合理选取反射镜组件支撑结构材料，对提高光学系统结构刚度、减小相机质量、增强结构热稳定性和保证相机成像质量具有重要意义。反射镜支撑结构的材料选取受反射镜材料的限制，主要考虑热匹配；前镜筒和遮光罩材料要考虑确保主、次镜镜间距稳定，确保在轨工作时焦面稳定，主要选择热膨胀系数小的复合材料；承力结构的材料选取应综合考虑热稳定性、力学稳定性、可加工性、工艺成熟性等因素，一般选用铸造钛合金或复合材料，整个相机的结构材料尽量单一，提高其匹配特性。

（4）反射镜定位支撑设计

反射镜在地面加工、检测及光学装调中不可避免地受到重力影响，镜面也因此发生微变形，其微变形量可用 PV 值和 RMS 值来表征。用 RMS 反映镜面质量更为全面，但初始设计支撑点数时，通常用 PV 值作为评估依据，通过简单的公式可快速获得较为可行的支撑点数，为定位支撑布局提供依据。根据 Hall 公式[8]，可预估最少支撑点数 N，如下：

$$N = \left(\frac{1.5D^2}{4t} \right) \left(\frac{\rho}{E\delta} \right)^{1/2} \tag{5-14}$$

式中，N 为预估的支撑点数；D 为主镜直径（m）；t 为主镜厚度（m）；ρ 为主镜密度（kg/m³）；E 为弹性模量（MPa）；δ 为容许的镜面 PV 值（m）。

利用 Hall 公式估算的支撑点数通常为连续的整数，没有考虑到反射镜通常的轴对称特性。Hindle 提出并以其名称命名的支撑方式考虑了对称性，其支撑点数一般为 9、18、36 等。其中，以 9 点最为常见，每 3 点为一组，构成对主镜的浮动支撑，3 组支撑结构的中心为固定支撑，形成准无应力支撑结构。

5.3.3　力学仿真分析

开展力学仿真分析首先要建立整机的有限元模型，某相机整机的有限元模型如图 5-12 所示。整机有限元模型分析的边界条件为固定支撑主承力框与相机支架的连接点。利用有限元模型可进行整机的静态刚度、动态刚度和振动响应分析。

整机在光轴水平重力载荷的工况条件下，分析得出各关键点变形情况和最大应力分布位置，得到由于自重变形引起的下沉量，在系统装调时采取重力卸载措施，减小重力引起的下沉，使之满足光学公差要求。

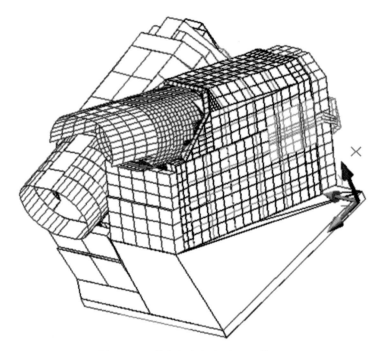

图 5 - 12　某相机整机的有限元模型

通过整机模态分析得到动态云图。整机基频要满足卫星总体要求，且不与卫星平台及其上大构件的频率及振型发生耦合。

以卫星环境规范的相关要求为输入，进行整机的正弦和随机振动分析。正弦振动按照不同的频率范围有不同的加速度值，扫描速率统一规定。随机振动按照不同频率段有不同的功率谱密度，总均方根加速度满足要求。通过仿真分析得到正弦振动试验条件下各光学件关键点响应加速度放大倍数和相应的频率，以及随机振动试验条件下各光学件关键点响应功率谱密度及均方根加速度结果。

5.4　电子学设计

相机电子学系统由相机成像电子学和相机成像控制电子学两部分组成。相机成像电子学的主要功能是配合光电探测器完成光电转换，先将光信号转换为模拟电信号，然后对信号进行相关双采样、增益控制等信号处理，再通过 A/D 将模拟信号转换为数字图像信号；经图像数据流编排并插入辅助数据，传送给卫星数传分系统。相机成像控制电子学由成像曝光控制、成像温度控制、成像机构控制等部分组成。其主要功能是接收卫星指令，实现对成像电路状态的控制，实现对相机成像参数调整的控制；对相机进行自动控温和测温，将相机内部温度调节和控制在所需要的温度范围之内，为相机工作提供一个良好的温度环境，以确保相机的成像质量[9]。某相机电子学组成框图如图 5 - 13 所示。

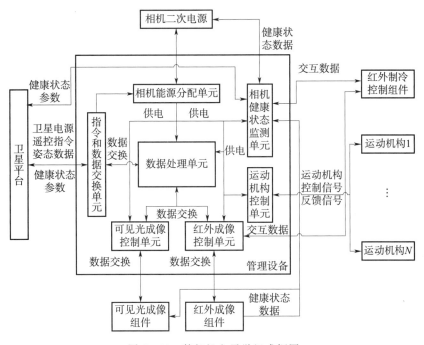

图 5-13　某相机电子学组成框图

5.4.1　积分时间同步控制

TDI CCD 为时间延迟积分电荷耦合器件，分为 TDI 成像区（垂直转移区）和水平转移寄存器区。成像过程主要在 TDI 成像区完成，通过 CI1～CI4 时序控制 CCD 内电荷与景物同步移动，实现多级曝光。TDI 积分时间同步控制如图 5-14 所示。因此，要求其电荷转移速度与地物在焦面的像移速度保持一致。理论上垂直转移时序控制电荷转移速度与像移匹配，若产生失配，就会导致图像模糊。

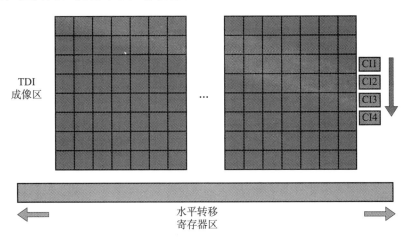

图 5-14　TDI 积分时间同步控制

积分时间同步控制电路主要完成积分时间同步周期信号的生成，保证积分时间与实际像速度同步。积分时间周期按式（5-15）设定：

$$T = (N_0 + N) / M_{clk} \qquad (5-15)$$

式中，N 为随像速度变化的积分时间代码；M_{clk} 为像元时钟频率（MHz）；N_0 为最小积分时间对应的积分时间代码；T 为积分时间周期（μs）。

积分时间设置误差为 $1/M_{clk}$，一般需要满足 1‰量级的积分时间设置误差要求。

5.4.2　相关双采样

相关双采样是抑制相机噪声的重要措施之一，也是信号处理电路的关键组成部分之一。基于复位噪声和参考电平的变化可用相关特性对噪声加以抑制，这项技术可以将复位噪声降低为可忽略的水平。同时，相关双采样还可以降低源跟随器的 $1/f$ 噪声。相关双采样原理如图 5-15 所示，分别用复位和信号时钟对信号的复位电平和信号电平进行采样，两者相减得到输出信号，避免因复位电平误差造成输出信号误差。

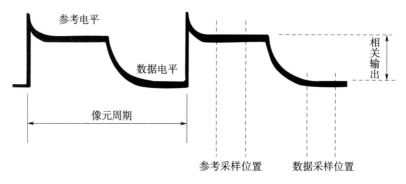

图 5-15　相关双采样原理

5.4.3　电子学集成化设计

近年来，随着星载对地观测相机分辨率的不断提高，对相机电子学特别是信号频率的要求越来越高，使得由传统标准器件构成的相机电子学系统面临巨大的挑战，不仅难以满足系统对体积、质量和功耗的约束，而且性能也不能满足要求。为满足高分辨率相机体积小、质量小和功耗低的要求，相机电子学系统必须采用集成化设计，在提升成像性能的同时，达到减小相机电子学的体积和质量及降低其功耗的目的。电子学集成化设计的主要技术途径为采用 MCM 和 ASIC（Application Specific Integrated Circuit，专用集成电路），其中相机电子学主要采用 ASIC 技术[10]。

法国 Pleiades 相机焦面电子学由 EADS SODERN 公司分包，光电探测器采用 TDI CCD，相机电子学采用模块化结构，由焦平面组件和焦面电子学两部分组成。焦面电子学由 8 块视频处理电路板（MVP）、4 块同步及电源接口电路板（MSP）及 1 块负责测控的电路板（MSI）组成。MVP 中包括两种混合工艺的多芯片模块，一种产生 4 路 CCD 工作的驱动信号（ICARE），另一种可以处理 2 路 CCD 输出的模拟视频信号（HVIDEONG），两种模块使用了时序驱动 ASIC、信号处理 ASIC、时序调整 ASIC、偏置校正 ASIC 4 种专用集成电路。此外，英国的 0.5m 分辨率相机在信号处理电路和时序产生电路中也采用了 ASIC 集成技术。

5.4.4　电子学仿真分析与试验

相机电子学串扰和信号完整性仿真分析是保证电子学电磁兼容性功能和性能的重要手段。利用该手段可以在设计阶段及时发现干扰源、干扰耦合等，采取滤波、整体屏蔽、内部屏蔽、机内走线与电路隔离、内部电路去耦及结构合理布局等措施来抑制电磁干扰。由于 EMC 涉及广泛的专业门类，干扰源和传播路径复杂，因此产品研制完成后需要进行专项 EMC 试验，以考验设计的正确性，保证相机与星上其他设备协调一致，正常工作。EMC 试验一般包括传导和发射、辐射和敏感度测试。

成像电子学通常为模拟与数字混合电路，建立整个电路的噪声模型，进行电路噪声的仿真分析，确定主要噪声源，采取有针对性的电子学噪声抑制措施，如集成化的电路架构设计、模拟信号滤波技术、电源滤波技术、相关双采样技术、数字信号处理技术等，以便提高信噪比，保证图像质量。

5.5　热控设计

空间光学遥感器是精密空间光学仪器，其对工作温度很敏感。例如，温度环境整体变化可能会对其焦距乃至成像质量产生影响；温度梯度会引起折射光学元件的折射率变化及折射和反射光学元件的面形变化，这些变化可导致成像质量下降。为此，需要开展空间光学遥感器热控设计，通过采取主动和被动热控措施使其温度满足技术要求。

空间光学遥感器热控设计应力求做到光、机、热设计的有机统一。通过合理选择光学材料、结构材料及结构装配技术，提升相机结构的温度稳定性；采用加热功率补偿方法保证关键部组件的温度稳定性；采用优化设计方法，实现加热功率的优化配置；热控方案采用被动热控和主动热控相结合的措施。常用的热控材料和器件主要包括热控涂层、多层隔热材料、隔热垫、导热填料及薄膜电热器等。

5.5.1　隔热设计

1）与空间环境隔热设计：相机外表面包覆多层隔热组件，以减小相机进出阴影区时轨道外热流剧烈变化、空间背景低温和卫星载荷舱温度波动对相机主体温度水平和稳定性的影响。

2）相机主要光机部件隔热设计：由于相机主要光机部件的温度稳定性要求高，因此需要对相机主要光机部件连接处采取隔热设计。通过结构热控一体化设计实现主要光机结构与辅助控温板、焦面支架、遮光罩等其他部组件的强化隔热，以减小主要光机结构的热传导耦合。为增强隔热效果，通常采用多层厚度较薄的隔热垫片叠加的方式增加接触热阻。

3）星体与相机之间隔热设计：为减小星体温度对相机温度的影响，在星体与相机安装面之间加装隔热垫片进行隔热，降低相机主体与安装面的热交换。例如，可采用图 5-16 所示的分层隔热垫片隔绝相机安装位置卫星舱板温度波动对相机温度的影响。

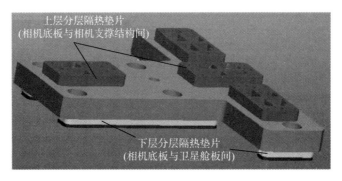

上层分层隔热垫片
(相机底板与相机支撑结构间)

下层分层隔热垫片
(相机底板与卫星舱板间)

图 5-16　相机底板隔热设计

4）相机内部金属零件表面发黑处理：为增强相机间接热控的辐射效果，提高相机内部主要光机部件的温度均匀性，同时满足相机光学系统的消杂光要求，对相机光路中的主要结构表面及采用间接温控的零件进行发黑处理。

5.5.2　高精度主动控温设计

主动热控装置一般由电加热器、温度传感器和温度控制器 3 部分组成。在相机主体结构上安装电加热器和高精度温度传感器，与温度控制器一起构成闭环控温回路，采用自动反馈控制补偿加热方法，维持相机主体关键部件的温度水平和稳定性。大口径高分辨率空间光学遥感器的温度对图像质量影响大，需要精密控温，有些要求控温精度达到 ± 0.1 ℃。常见的控温方式及对比如表 5-3 所示。从对比结果可以看出，开关控温一般适用于控温精度较低的场合，比例积分微分（PID）控温多用于控温精度要求高的场合。大口径高分辨率空间光学遥感器需要对温度点进行在轨配置，且要求多路控温，需要温度采集与温度控制进行组合应用，因此更适合采用数字 PID 控温方法进行在轨控温。但是，相机整体控温方式通常采用时间最优的控制算法，就是将数字开关控温和数字 PID 控温相结合的控温方式[11]。在当前温度与目标温度值相差大于阈值时，启用开关控制，即全功率加热或制冷，节省处理器资源；当目标温度与当前值的差值在阈值范围内时，采用 PID 算法进行控温，保证控温精度。

表 5-3　常见的控温方式及对比

控温方式	系统复杂度	响应实时性	目标点温度	多路控温组合	控温精度
模拟开关控温	硬件规模相对较小，多路控温情况规模相比数字电路更大	响应速度相对较快	目标点温度设置相对单一，使用不灵活	温度传感器和温度控制不易组合	较低

续表

控温方式	系统复杂度	响应实时性	目标点温度	多路控温组合	控温精度
数字开关控温	控温系统相对智能,硬件规模相对较小,节省处理器进程	响应速度相对较慢	目标点温度可设置,使用灵活	温度采集与温度控制可任意组合	较低
模拟 PID 控温	硬件规模一般相对较大	响应速度相对较快	目标点相对单一,使用不灵活	温度传感器和温度控制不易组合	较高
数字 PID 控温	控温系统相对智能,硬件规模相对较小,占用较多处理器进程	响应速度相对较慢	目标点温度可设置,使用灵活	温度采集与温度控制可任意组合	较高

5.5.3　散热设计

对地成像型空间光学遥感器,尤其是高分辨率空间光学遥感器,所用探测器运行速度快,功耗大,由温度升高产生的暗电流会影响灵敏度和动态范围。相关研究表明,对于可见光探测器,温度每升高 6～9 ℃,暗电流将增加到原来的两倍。随着空间遥感相机空间分辨率不断提高,光电探测器的功耗不断增大,同时对光电探测器的温度水平及温度稳定性要求不断提高,热设计难度也越来越大。光电探测器的热耗一般通过热管传导至散热面,并最终排散到冷空间。由于热管具有良好的传热性能,能够在小温差下传递较大热量,因此成为常用的航天器热控元件。热管的传热系数比金属材料高数百倍,可以迅速将光电探测器工作时产生的热量导出,避免工作期间探测器温度大幅升高;另外,热管两端温差很小,多片探测器之间可实现较好的温度均匀性。采用两相流的环路热管传热系数更高、导出热量更大,成为航天用热管的热点研究方向。环路热管主要由蒸发器、冷凝器、储液器、蒸气管路和液体管路等组成。环路热管中一个完整的传热过程包括:液态工质在蒸发器中的毛细芯外表面蒸发,吸收热量;产生的气态工质经蒸气管路流向冷凝器,在冷凝器中释放热量并凝结成液体;液态工质流经储液器后,通过液体管路向蒸发器毛细芯内部供应液态工质,液态工质流经毛细芯,最后到达毛细芯表面再次受热蒸发,如此完成一个循环[12]。环路热管工作过程如图 5-17 所示。

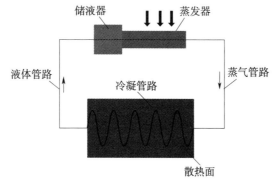

图 5-17　环路热管工作过程

5.6　可靠性设计

空间光学遥感器一般采用如下 9 条可靠性设计准则[13]：

1）简化设计，尽力简化系统配置，减少硬件和软件的数量和规模。

2）继承性和"三化"设计。

3）元器件选用满足上星任务质量等级要求的元器件，尽量减少元器件的型号、规格和生产厂。

4）采用充分合理的硬件和软件的冗余和容错设计，减少单点故障。

5）实施硬件与软件的环境影响分析和环境防护设计。

6）按标准和规范的要求开展余量和降额设计。

7）非电产品的安全裕度设计。

8）元器件的降额使用。

9）电路的容差设计和抗瞬态设计。

5.6.1　可靠性环境效应

（1）原始环境

1）火箭发射环境带来的加速度过载、振动、噪声。

2）星箭分离时带来的冲击。

3）真空导致的材料质损对结构尺寸稳定性的影响，以及对相机导热、散热等的影响。

4）高低温导致反射镜间距发生变化，对成像质量的影响。

5）微重力环境下重力释放对反射镜相对位置的影响。

6）地磁、空间带电粒子、辐照等对电子线路的影响。

7）真空放电的影响。

8）紫外线辐射对材料、反射镜镀层、滤光片透过率等的影响。

9）原子氧对材料的影响。

（2）引入环境

1）电磁干扰或耦合对电子线路性能的影响。

2）非金属材料放气的影响。

3）卫星平台与相机的动力学耦合。

（3）环境与卫星内部条件相互作用产生的环境效应

1）静电放电。

2）空间带电粒子的累积。

3）电离总剂量效应和单粒子效应。

4）相机调焦部件等的真空冷焊。

5）水汽和可凝聚挥发物对光学表面的污染。

6）热变形、重力变化对相机成像质量的影响。

5.6.2　可靠性预计

空间光学遥感器应满足在轨工作寿命要求。相机热控等在寿命期间一直工作，相机电子学部分在轨通常为短时工作，调焦电路工作时间短暂。由于空间光学遥感器为频繁开关机设备，因此在进行可靠性计算时应考虑开关因子。空间光学遥感器的可靠性模型框图采用级联方式，其可靠度可以通过各部分的可靠度计算得到。

在可靠性工程中，硬件冗余定义为：存在一套以上的完成给定任务的设备，只有在这几套设备都发生故障时系统才会发生故障。可靠性并联系统是最简单的冗余系统。采取冗余技术不可能不付出代价，它会使质量、体积、功耗、复杂度、费用和研制时间增加。复杂度的提高会导致非计划的维修增多。是否采用冗余设计技术应以有关的权衡分析为依据。当用其他技术（如降额、简化和选用更好的部件或器件）不能解决提高可靠性的问题时，或当改进产品所需费用、时间比重复配置更多时，冗余技术才成为可行选择。

5.6.3　FMEA 分析

故障模式影响分析（Failure Mode and Effect Analysis，FMEA）是指在产品的设计过程中，为避免产品故障或要对产品可能发生的故障有所了解，罗列出组成产品的所有部件、元件可能发生的故障，并分析这些故障将对产品产生的影响和避免、纠正的措施。以填表的方式，按产品组成由低级向高级逐层递推、归纳故障影响关系。

FMEA 是要按规定的规则记录产品设计中所有可能的故障模式，分析每种故障模式对系统的工作及状态的影响并确定单点故障，将每种故障模式按其影响的严酷度及发生概率排序，从而发现设计中潜在的薄弱环节，提出可能采取的预防改进措施，以消除或减少故障发生的可能性，保证产品的可靠性。FMEA 的作用是保证有组织地、系统地、全面地查明一切可能的故障模式及其影响，根据分析的不同时机提出对它们应该或是已采取适当的补救措施，或是确认其风险已低于可以接受的水平，找出被分析对象的"单点故障"。单点故障是指这种故障单独发生时，就会导致不可接受的或严重的后果。一般来说，如果单点故障出现概率不是极低，则应在设计、工艺、管理等方面采取切实有效的措施。空间相机 FMEA 分析依据的故障状态严重性等级分类如表 5 - 4 所示。表 5 - 4 中严重性等级为 I 级或 II 级且没有补救措施的故障为单点故障。故障模式出现的概率以工程判断为基础，故障概率类别如下：A 类——很高；B 类——中等程度；C——偶有发生；D 类——很少；E 类——几乎不可能。

表 5 - 4　故障状态严重性等级分类

严重性后果	故障状态	故障后果	
Ⅰ	灾难性的	拉垮整星母线	整个卫星失效
		相机损坏,无图像输出,同时影响到其他分系统的安全与功能	卫星损失重要功能,可能整个卫星失效
Ⅱ	关键性的	相机损坏,无图像输出,对其他分系统无危害	卫星损失重要功能,照像侦察能力急剧下降
		相机输出图像质量下降明显,分辨率指标下降到原来的一半以下	卫星照像侦察能力严重下降
Ⅲ	非主要的	相机损失主份或者备份功能	卫星无备份工作
		相机输出图像质量下降,但分辨率指标下降幅度不到 50%	卫星照像侦察能力下降
Ⅳ	可忽视的	相机损失仅一个通道的图像功能	卫星基本不受影响,主要功能没有损失
		相机偶然输出图像不正常,随后恢复正常	
		相机部分遥测数据不正常,但图像输出正常	

5.7　"高分二号"卫星相机设计案例

"高分二号"卫星是一颗三轴稳定对地观测卫星,卫星由有效载荷和服务系统两部分组成。有效载荷包括 2 台相同的全色多光谱高分辨率相机、数传、数传天线和数据记录分系统;服务系统为有效载荷提供供电、温控、安装、测控和姿态轨道控制等支持,主要由结构、控制、推进、电源、总体电路、热控、数管、测控、力学环境测量等分系统组成[14]。

卫星采用 CS - L3000A 公用平台,整星质量为 2 100 kg,服务系统采用高精度姿态和轨道测量、高精度时统等技术实现无控制点 50 m 定位精度;采用 25N·ms 控制力矩陀螺及动量轮实现整星快速姿态机动,能够在 180 s 内实现整星 35° 侧摆并稳定。采用高精度三轴稳定对地定向控制模式,指向稳定度优于 $5×10^{-4}$ (°)/s (3σ)。"高分二号"卫星主要技术指标如表 5 - 5 所示。

表 5 - 5　"高分二号"卫星主要技术指标

序号	项目	任务指标
1	轨道类型	太阳同步圆轨道
2	轨道高度/km	631.5
3	三轴姿态指向精度/(°)	<0.05(3σ)
4	三轴姿态稳定度/[(°)/s]	$<5×10^{-4}$(3σ)
5	侧摆角度/(°)	滚动方向 -35~+35
6	完成 35° 姿态机动及稳定时间/s	<180

续表

序号	项目	任务指标
7	时间同步精度/μs	＜50

5.7.1　相机的功能和性能要求

根据"高分二号"卫星研制要求，相机具有获取星下点地面像元分辨率优于 1 m 的全色图像和优于 4 m 的多光谱图像的功能；相机还具有在轨调焦及积分时间、积分级数和增益等成像参数在轨调整功能。相机成像区域在阳照区，单圈累计工作时间优于 15 min。"高分二号"卫星相机的主要技术指标如表 5－6 所示。

表 5－6　"高分二号"卫星相机的主要技术指标

序号	项目	技术指标
1	地面像元分辨率/m	全色 0.8，多光谱 3.2
2	光谱范围/μm	全色谱段：0.45～0.90 多光谱 1：0.45～0.52 多光谱 2：0.52～0.59 多光谱 3：0.63～0.69 多光谱 4：0.77～0.89
3	幅宽/km	45（2 台相机）
4	量化位数/bit	10

5.7.2　任务分析

"高分二号"对地观测卫星是高分专项中实现时空协调、全天候、全天时的对地观测系统这一目标的基础和主要组成部分之一[15]，其主要用于实现土地、地质、住建、交通、林业等领域精细化的业务应用，同时推进卫星数据服务于防灾救灾、国家安全、电子政务、水利工程安全监测、地震、统计、测绘、海洋等业务及首都圈、新疆等区域的应用[16]。

上述要求的实现，需要相机的地面像元分辨率达到"米"级，同时具有足够的幅宽以满足中型城市监测及资源调查业务的需求。根据项目需求，将相机的谱段设置为 4 个多光谱谱段和 1 个全色谱段，谱段范围为 0.45～0.90 μm。由于地面像元分辨率和幅宽要求较高，因此确定选用 2 台推扫成像的 TDI CCD 相机并排工作来同时满足分辨率和幅宽要求。

5.7.3　总体方案论证与设计

"高分二号"卫星平台装载了 2 台相同的相机来实现地面像元分辨率为 0.8 m/3.2 m、幅宽为 45 km 的成像能力，侧摆状态下也能够保证 1 m 的地面像元分辨率。相机采用同轴三反式光学形式，采用长焦距、大 F 数、轻量化、小型化的设计理念，突破了多项关键技术，使得相机在体积和质量远小于传统设计的情况下实现了全色谱段优于 1 m 的地面像元分辨率。相机产品研制采用了多项创新设计。例如，国内首次采用高稳定轻型陶瓷基复合材料的光学结构研制出高品质光学望远系统；首次采用柔性隔振、间接辐射热控等技术及零重力装调工艺、镜头稳定性处理工艺，确保了相机在轨工作成像品质的稳定性。

（1）高稳定相机及星敏感器的支撑结构设计

为实现"高分二号"卫星无控制点 50 m 定位精度，卫星在轨工作期间应保证 2 台相机之间夹角的稳定性，以及星敏感器与相机之间相对指向的稳定性。因此，采用高稳定相机主承力板将 2 台相机与 3 个星敏感器实现一体化安装，最大限度减小 2 台相机间、相机与星敏感器间相对指向的变化。为防止相机在整星装配过程中发生主承力板变形，采用 3 点支撑阻尼桁架将主承力板与整星进行连接。阻尼桁架具有足够的刚度和阻尼，保证桁架主承力板组合后具有良好的频率特性及在频率点具有较小的响应放大倍数。通过对桁架角度、方向、支撑点位置及直径的不同组合，在几十赫兹到几百赫兹内调整整机固有频率，使 2 台相机的整体振型都出现在桁架上。星敏感器支架直接安装在相机主承力板上，为保证高品质成像，星敏感器支架需要有高精度热控设计和力学设计。对星敏感器支架进行了过载分析、模态分析、加速度频率响应分析及热变形分析，结果表明，星敏感器支架具有良好的力学性能，满足刚度要求；星敏感器安装面热变形引起的指向变化量满足要求。

（2）微振动抑制设计

为保证相机的成像品质，根据相机 TDI CCD 探测器成像积分期间对微振动造成晃动最大值的要求，每个控制力矩陀螺（Control Moment Gyro，CMG）都通过 1 个隔振器与动量轮支架连接，以降低 CMG 微振动对成像品质的影响。CMG 微振动隔振器主要技术指标如下：

1）各方向扰振力（力矩）均方根值下降 10 dB 以上。

2）时域响应峰值下降 10 dB 以上。

3）主共振峰频率不低于 20 Hz，峰值传递率不大于 3。

当 CMG 运动时，带动转接板挤压阻尼垫，将受力传递给衬套，进而传递至动量轮支架。选取适当刚度和阻尼的阻尼垫，可以将传力路径的动态特性调整至更有利于降低动态扰动的状态，实现微振动抑制。采用隔振措施后，可以保证大积分级数下的图像质量。

（3）相机分系统主要参数

根据前面的分析，相机主要参数如表 5-7 所示，相机主要参数均满足技术要求。

表 5-7　相机主要参数

序号	项目	设计结果
1	轨道高度/km	631.5
2	成像方式	TDI CCD 推扫
3	星下点地面像元分辨率/m	0.8(全色)、3.2(多光谱)
4	幅宽/km	大于 45(2 台)
5	光学系统口径/mm	530
6	探测器/μm	全色像元尺寸:10;多光谱像元尺寸:40;5 片 TDI CCD 光学拼接

续表

序号	项目	设计结果
7	视场角 FOV /(°)	2.1
8	量化位数/bit	10
9	最大信噪比/dB	50
10	静态 MTF(f_N 处)	全色:0.15;多光谱:0.37
11	质量/kg	400(2 台)

5.7.4　光学系统设计

通过光学性能及光机布局分析,光学系统 F 数设计为 16,尽量缩短主、次镜间距,增加主、三镜间距,从而便于光学系统装调、结构布局。这种方案对实现相机的结构紧凑、轻小型化和低惯量有利[17]。

相机光学系统的 MTF 设计值在全视场、全谱段的平均值为 0.32,满足技术指标要求。反射镜材料选取方案:大口径的主镜采用比刚度和热传导率高的 SiC 材料,口径较小的次镜、三镜和平面折转反射镜采用成本相对较低的微晶材料。

5.7.5　结构构型方案设计

"高分二号"卫星相机的光学系统采用折叠式同轴三反系统,体积小,结构紧凑,几何精度稳定。利用新材料及轻量化技术实现光机结构的轻型化,单台相机镜头质量约为150 kg。相机与卫星平台采用一体化设计,星敏感器安装在相机的光机主体结构上,减少了中间环节,有利于提高卫星定位精度。相机与星敏感器一体化安装如图 5-18 所示。在动力学耦合分析基础上,相机与卫星平台的支撑采用了隔振且隔热的阻尼支架,减小了环境对相机成像品质的影响。相机采用"间接辐射热控"方法实现精密热控,在轨全周期镜头温度水平优于 (20±0.3)℃,径向温度差优于 0.2 ℃。

图 5-18　相机与星敏感器一体化安装

相机光机主体立式安装在卫星平台上。相机上装有与相机光轴平行的基准镜装置,作为在卫星上的安装基准。

光机主体构型以主承力板为基本结构,其他部件直接或间接安装在主承力板上。相机装配基于主承力板实现,星敏感器直接安装在主承力板上。相机总体构型如图 5-19 所示，主承力板直接支承着主镜组件、三镜组件、前镜筒组件、遮光罩组件及焦面组件；同时，主承力板通过相机支架实现与卫星平台的安装。该构型的优点如下：

1）消除反射镜支撑结构的过渡环节，有效节省了空间。

2）主、次镜安装分离，避免了主镜组件质量对敏感度最高的次镜产生影响。

3）主承力板直接负担所有的反射镜与组件，传力路线直接，结构利用率高。

4）相机整体结构刚度高，变形小。

5）主承力板同时提供主镜、次镜、三镜、焦面组件的机械接口，加工时各反射镜光轴的机械基准关系容易保证，有利于装调精度的实现。

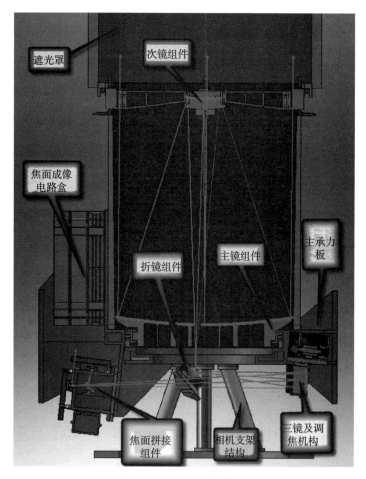

图 5-19 相机总体构型

相机主体通过阻尼桁架进行支撑，阻尼桁架一端安装于相机底板上，另一端安装于卫星载荷舱底板上。阻尼桁架组件构型如图 5-20 所示。从焦面到三镜指向卫星正 X 方向，从主镜到次镜指向卫星正 Z 方向，相机光机主体结构位于卫星载荷舱内。

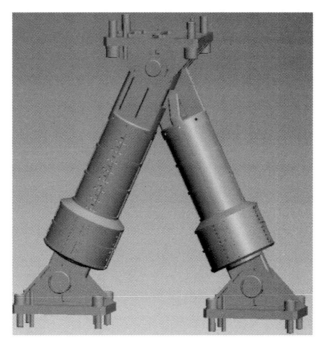

图 5 - 20　阻尼桁架组件构型

5.7.6　成像电子学设计

相机主体内包括 5 组原理和组成相同的焦面电路，分别对应 5 片 TDI CCD 器件。每组焦面电路包含 5 块电路板，分别为焦面 CCD 电路、焦面驱动电路、模拟信号适配电路、时序产生电路及电源滤波与转换电路。

焦面 CCD 电路采用软、硬件相结合的电路设计思路。CCD 与一小电路板连接，小电路板负责对 CCD 偏置电源进行滤波，并对输出的模拟信号进行处理；而 CCD 需要的时钟信号和电源通过柔性 PCB 由外部焦面电路盒输入。

焦面 CCD 电路接收焦面电路盒提供的电源和 CCD 驱动脉冲信号，对电源进行适当滤波后供 CCD 使用，并将 CCD 输出的模拟信号经放大后输出。

焦面 CCD 电路板负责将光信号通过 TDI CCD 转换为模拟电信号，同时提供 TDI CCD 工作所需的外围偏置电压；将时序产生电路产生的时序信号，经过驱动电路后驱动 CCD 工作；同时，将 CCD 器件输出的模拟信号进行隔直、预放合成处理后，输出给信号处理电路。

相机的视频处理器对应相机的 5 片 TDI CCD，根据需要对输入的 CCD 信号进行暗电平箝位、AD 量化、增益调整和数据缓存排序等操作。其中，每个像元输出信号的量化位数为 10 bit。

5.7.7　热控方案设计

"高分二号"卫星相机采用反射式光学系统，其主光学口径超过 500 mm，光学系统焦距大于 7 000 mm。为满足对地观测要求，相机需具有非常高的指向精度和结构稳定性。然而，在轨时非均匀的温度场变化会引起反射镜及支撑结构产生热变形，导致相机镜面面形、反射镜及支撑结构空间位置改变，最终造成相机对地指向偏离，成像品质下降，因此必须对相机进行高精度的温度控制。通过热光学分析可知，为保证成像品质和定位精度，"高分二号"卫星相机主要光机部件的在轨控温精度和温度稳定度均需优于±0.3 ℃[18]。

"高分二号"卫星相机采用了全辐射主动控温方法，即将电加热器全部粘贴在辅助控温板上，并通过温度控制器控制辅助控温板的温度，而后通过辅助控温板与相机光学镜片和支撑结构间的辐射传导间接控制相机的温度。为了最大限度减小轨道外热流、空间低温背景、卫星舱温度变化等因素的影响，在部分辅助控温板的两面还包覆了多层隔热组件，以进一步增大辐射传导热阻。通过对相机的仿真分析可知，相机辅助控温板在轨可能会存在十几摄氏度甚至几十摄氏度的温度变化，而光学镜片和支撑结构则能够控制在±0.3 ℃的范围内。

"高分二号"卫星相机采用热管、导热铝条、铜导热索等将相机电子设备工作时产生的热量传递到卫星舱外的散热面进行热排散，以降低发热部件的温度水平，降低 CCD 器件的暗电流[19]，并确保各电子元器件温度在允许的范围内。CCD 器件散热如图 5 - 21 所示。

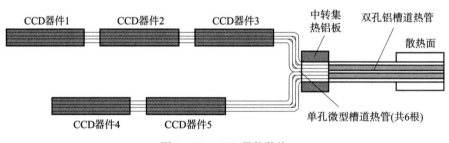

图 5 - 21　CCD 器件散热

参 考 文 献

［ 1 ］ 黄巧林. 航天光学遥感器 CCD/CMOS 光电成像技术［M］. 北京：北京理工大学出版社，2021.

［ 2 ］ LEPAGE G，DANTES D，DIELS W. CMOS long linear array for space application［C］. Proc. of SPIE‐IS&T Electronic Imaging，SPIE，2006.

［ 3 ］ DE MOOR P，ROBBELEIN J，HASPESLAGH L，et al. Enhanced time delay integration imaging using embedded CCD in CMOS technology［C］. IEEE International Electron Devices Meeting （IEDM），2014.

［ 4 ］ 樊超，李英才，易红伟，偏流角对 TDI CCD 相机像质的影响分析［J］. 光电工程，2007，34（9）：70‐73，107.

［ 5 ］ 谭维炽，胡金刚. 航天器系统工程［M］. 北京：中国科学技术出版社，2009.

［ 6 ］ 王跃，李世其，张锦龙，等. 地球静止轨道遥感相机一体化设计［J］. 航天返回与遥感，2016，37（4）：40‐48.

［ 7 ］ 王长杰，杨居奎，孙立，等. “高分七号”卫星双线阵相机的设计及实现［J］. 航天返回与遥感，2020，41（2）：29‐38.

［ 8 ］ 约德. 光机系统设计［M］. 3 版. 周海宪，程云芳，译. 北京：机械工业出版社，2008.

［ 9 ］ 张凤言. 电子电路基础‐高性能模拟电路和电流模技术［M］. 北京：高等教育出版社，2004.

［10］ 陈瑞明，吴淞波，王建宇，等. 对地观测高分相机视频电子学集成化技术［J］. 航天返回与遥感，2013，34（6）：34‐41.

［11］ 唐士建，张东浩，柴凤萍. 地球静止轨道高分辨率相机系统控制技术应用［J］. 航天返回与遥感，2016，37（5）：58‐68.

［12］ 鲁盼，赵振明，颜吟雪. 高分辨率遥感相机 CCD 器件精密热控制［J］. 航天返回与遥感，2014，35（4）：34‐40.

［13］ 陈世平. 空间相机设计与试验［M］. 北京：中国宇航出版社，2003.

［14］ 李黎. 高景一号卫星系统设计创新和在轨性能［J］. 国际太空，2018（9）：28‐32.

［15］ 潘腾，关晖，贺玮. “高分二号”卫星遥感技术［J］. 航天返回与遥感，2015，36（4）：16‐24.

［16］ 邱学雷. 我国成功发射高分二号卫星［J］. 中国航天，2014（9）：8.

［17］ 杨秉新，曹东晶. “高分二号”卫星高分辨率相机技术创新及启示［J］. 航天返回与遥感，2015，36（4）：10‐15.

［18］ 赵振明，鲁盼，宋欣阳. “高分二号”卫星相机热控系统的设计与验证［J］. 航天返回与遥感，2015，36（4）：34‐40.

［19］ AHMAD A，ARNDT T，GROSS R，et al. Structural and thermal modeling of a cooled CCD camera ［J］. SPIE，2001（4444）：122‐129.

第 6 章　高光谱空间光学遥感器系统设计

6.1　高光谱遥感概论

高光谱遥感是利用很窄且连续的光谱通道获取被测目标反射或发射的电磁辐射技术，其光谱分辨率可达到纳米或更高。利用高光谱分辨率遥感数据可以反演得到被测目标的类别及物质的成分、含量、存在状态和动态变化等信息。而与成像技术结合的高光谱分辨率成像遥感技术则是遥感发展史上极具标志性的成果之一，利用该技术获得的数据不仅包含目标的空间信息，同时也包含目标的光谱信息，具有"图谱合一"的特性。与多光谱成像仪不同，高光谱成像仪能够在可见光和红外波段范围内获得几百乃至上千波段的高光谱图像，使得在宽波段遥感中不可探测的物质能够被探测，可大大提高探测要素分类与识别能力。

经过几十年的发展，高光谱遥感技术日趋成熟，世界各国对高光谱遥感技术的发展也愈加重视，已渗透到国民生活的各个领域当中，在推动社会进步、改善人类生存环境、提高人类生活质量等方面发挥了重要作用。目前已经有多颗卫星装载了高光谱空间光学遥感器。

6.2　高光谱遥感器分类

按分光方式不同，常用的高光谱遥感器主要可分为色散型、干涉型、楔形滤光片型及AOTF（声光可调谐滤光器）和 LCTF（液晶可调谐滤光器）等类型。其中，色散型光谱仪按色散元件不同又可分为棱镜色散和光栅色散两种类型，干涉型光谱仪按光程调制方式不同又可分为时间调制干涉和空间调制干涉两种类型。到目前为止，在空间光学遥感器中得到广泛应用的主要是光栅色散型空间光学遥感器和时间调制干涉型空间光学遥感器。

6.2.1　色散型成像光谱仪

色散型成像光谱仪的工作原理如图 6-1 所示。前置的望远物镜将地物信息成像在主焦面处，此处设有狭缝，狭缝后面有色散分光光谱仪，光谱仪将狭缝处的像沿狭缝宽度方向色散并成像至面阵探测器上，探测器沿穿轨方向为空间维，沿卫星飞行方向为光谱维。随着卫星的飞行，地物目标的被测光谱就以推扫方式由探测器连续记录下来，从而直接获取到地物目标的光谱图像。色散型成像光谱仪的特点是直接"图谱"探测，空间分辨率和光谱分辨率可以得到较好的兼顾，图像数据使用方便。

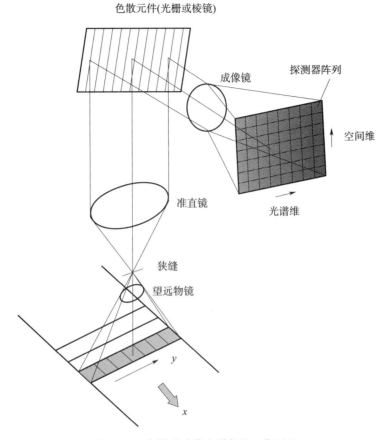

图 6-1　色散型成像光谱仪的工作原理

色散分光方式可以由棱镜或光栅完成，但棱镜分光不易实现大视场、高光谱分辨率，且光路长，使得仪器体积和质量较大；而光栅分光的光谱分辨率更高，也可以实现更大视场成像，已成为空间色散成像光谱仪的主流应用。

6.2.2　干涉型光谱仪

干涉型光谱仪一般是通过傅里叶变换原理实现光谱探测，因此也称为傅里叶变换光谱仪（FTS）。按光程差调制方式不同，干涉型光谱仪可分为时间调制型和空间调制型，前者以时间调制迈克尔逊傅里叶变换光谱仪为代表，后者的典型代表主要有赛格耐克（Sagnac）型傅里叶变换光谱仪。

赛格耐克型傅里叶变换光谱仪也是以推扫方式工作，其工作原理如图 6-2 所示。望远物镜将地物目标辐射成像于狭缝上，经过准直入射至赛格耐克型干涉仪的分束器，并被分成透射和反射两路，两路光信号各自经过反射镜后再次在分束器上合束并形成干涉。由于两路反射镜被设置成一定的相对偏移，使两路合束光信号产生横向剪切，因此在探测器焦面上形成稳定的空间干涉条纹，由探测器记录得到干涉图信号，该干涉图信号经逆傅里叶变换后就能得到被测目标的复原光谱。由于存在狭缝，因此其不具有高通量特性。另有一种改进型窗扫描空间调制傅里叶变换光谱仪取消了狭缝，克服了上述缺点，但其光谱数据处理需多引入一个环节，干涉图像数据立方体需要通过对原始采样的干涉图像序列进行重组才能获得，数据处理更为复杂，且对卫星飞行姿态和稳定性要求更高。

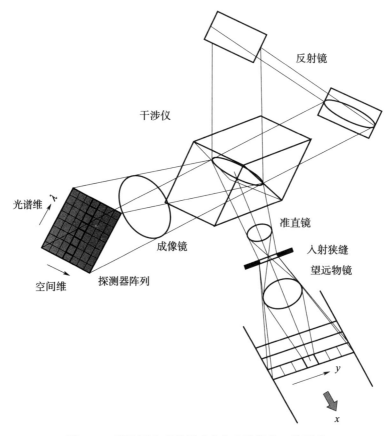

图 6-2　赛格耐克型傅里叶变换光谱仪的工作原理

　　总之，空间调制型傅里叶变换光谱仪不存在运动部件，体积小，结构紧凑，以推扫方式工作，其缺点是光程差较小，导致光谱分辨率不高，其适用于光谱分辨率要求不高而空间分辨率要求高的应用。

　　时间调制型傅里叶变换干涉仪采用迈克尔逊干涉构型，其工作原理如图 6-3 所示。通过二维指向镜引入地物目标信号，使被测光束进入干涉仪模块，入射光束被分束器分成透射和反射两路信号，分别入射到各自的角镜上并被原方向反射回到分束器，在分束器上合束干涉并被汇聚到探测器上得到干涉信号。当一个角镜固定而其中一个角镜沿着光束方向产生位移时，干涉信号将随相对光程差的变化而产生亮暗变化，由探测器记录得到一个随时间序列变化的干涉图信号，再经逆傅里叶变换后得到复原光谱。

　　时间调制型傅里叶变换光谱仪的光程差仅取决于角镜的位移大小，因此容易达到高的光谱分辨率并兼具宽谱段范围，且具有通光能力强、光谱位置精度高的优点；其缺点是存

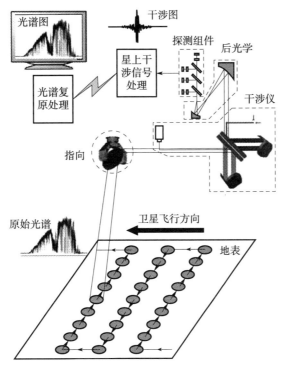

图 6-3　时间调制型傅里叶变换光谱仪的工作原理

在运动部件，且测量过程中要求对目标进行凝视，在空间应用中需要对卫星飞行进行运动补偿，不适合测量快速变化的目标。但由于时间调制型傅里叶变换光谱仪具有极高的光谱分辨率和宽谱段范围，因此其在大气成分和气象要素探测领域得到了广泛的应用。

6.2.3　楔形滤光片型成像光谱仪

楔形滤光片也称为线性楔形滤光片或线性渐变滤光片，楔形滤光片型成像光谱仪的工作原理如图 6-4 所示。通过前置望远物镜将地物目标成像在面阵探测器上，放置在探测器光敏面前的楔形滤光片的干涉膜厚度随空间位置线性变化，从而使不同位置处透射不同波长的光束，相应地，面阵探测器的一维为空间维，另一维为光谱维，同一场景的光谱图由不同探测元分时获得。这种光谱仪以推扫方式工作，分光系统设计简单，但往往难以应用在光谱通道数要求较多的场合，而且对平台的稳定性要求较高，后续图像配准难度较大。

6.2.4　AOTF 和 LCTF 型光谱仪

AOTF 和 LCTF 型光谱仪均是通过在成像光路中插入可控的滤光元件实现光谱测量。其中，AOTF 主要由声光介质（如 TeO_2 晶体）、可调谐射频源、声换能器、声吸收器等组成。当射频信号加到声换能器上时，电信号将转换成声波信号并在声光介质中传播，声波和入射光产生非线性效应，当满足动量匹配条件时，入射光将产生布拉格衍射，其衍射光

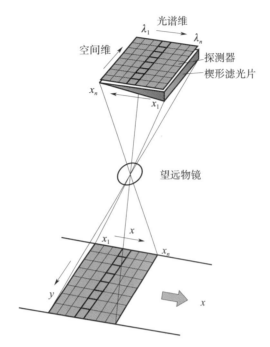

图 6-4　楔形滤光片型成像光谱仪的工作原理

的波长与驱动电信号的频率有着一一对应的关系，所以只要改变驱动射频电信号的频率，即可改变衍射光的波长，从而构成电调谐滤光器。

LCTF 是根据液晶的电控双折射效应和偏振光干涉的原理制成的分光元件，它等效为一种带通滤光片，其中心波长可以通过改变电压快速在工作波段内进行调整，并且具有较宽的光谱范围和较高的波长精度。

基于 AOTF 和 LCTF 滤光元件的光谱仪具有无活动部件、体积小、调谐范围较宽、调谐速度较快、可以任意选取光谱段等优点，特别适合于要求结构紧凑且光谱可调的应用场合。

6.3　光栅型高光谱遥感器系统设计

6.3.1　技术指标分析

光栅型高光谱遥感器的主要技术指标包括地面像元分辨率、SNR、光谱分辨率和幅宽等。

（1）地面像元分辨率

星载光栅型高光谱遥感器通常采用推扫方式成像，地面像元分辨率与系统焦距、探测器像元尺寸、卫星轨道高度和侧摆角度有关。在星下点成像时，地面像元分辨率计算公式如下：

$$\mathrm{GSD}=\frac{p}{fl'}H \qquad\qquad (6-1)$$

式中，GSD 为地面像元分辨率（m）；p 为探测器像元尺寸（m）；fl' 为光学系统焦距（m）；H 为卫星飞行高度（m）。

其中，探测器像元尺寸由选用的探测器决定。根据探测器像元尺寸、卫星轨道高度和要求的地面像元分辨率，可以计算出所需光学系统的焦距。

（2）SNR

SNR 是高光谱遥感器的重要指标，表征存在噪声的情况下遥感器对目标信号的探测能力，其等于输出的信号电子数与噪声电子数的均方根值之比。SNR 的常用表达式如下：

$$SNR = \frac{N_s}{\sqrt{N_{ph}^2 + N_{dc}^2 + N_{1/f}^2 + N_{ro}^2 + N_{th}^2 + N_q^2}} \tag{6-2}$$

式中，N_s 为探测器像元输出的信号电子数；N_{ph} 为光子噪声电子数；N_{dc} 为暗电流噪声电子数；$N_{1/f}$ 为 $1/f$ 噪声电子数；N_{ro} 为读出噪声电子数；N_{th} 为热噪声电子数；N_q 为量化噪声电子数。

高光谱遥感器的 SNR 与其望远系统口径大小有关，若要获得足够高的 SNR，望远系统的口径就要比较大。但大口径望远系统尺寸大，同时也使遥感器的质量增加，因此除了考虑通过增大望远系统口径来提高 SNR 外，还需要考虑通过选用高灵敏度探测器和降低信号处理电路噪声等措施来满足 SNR 要求。

（3）光谱分辨率

光栅光谱仪的光谱分辨率主要由光栅的色散能力决定，空间应用的光栅光谱仪通常采用反射式光栅。反射式光栅由于周期性刻线的作用，在反射光方向发生衍射，不同波长的光衍射角不同，从而实现分光。根据光栅方程，光栅的线色散率公式为

$$\frac{\mathrm{d}l}{\mathrm{d}\lambda} = \frac{f_2'}{\sin\sigma} \frac{m}{d\cos\theta} \tag{6-3}$$

式中，$\dfrac{\mathrm{d}l}{\mathrm{d}\lambda}$ 为线色散率；d 为光栅栅距；f_2' 为光谱仪聚焦系统的焦距；m 为衍射级次；σ 为焦面与聚焦系统光轴夹角；λ 为波长；θ 为衍射角。

（4）幅宽

根据推扫方式成像原理，幅宽与成像光谱仪视场角、卫星轨道高度有关。幅宽计算公式为

$$SW = 2H \cdot \tan\left(\frac{FOV}{2}\right) \tag{6-4}$$

式中，SW 为幅宽（m）；H 为卫星的飞行高度（m）；FOV 为空间光学遥感器的视场角（°）。

6.3.2　系统设计描述

6.3.2.1　任务分析

根据研制任务书要求进行用户需求分析，确定满足使用需求的仪器功能和性能要求。其具体内容包括探测目标特性分析、谱段范围和光谱分辨率需求分析、动态范围和 SNR

需求分析、观测范围需求分析、定标需求分析等。在以上分析的基础上，结合相关领域的技术基础，论证确定光栅光谱仪的主要技术途径，并形成细化的仪器功能和性能要求。

6.3.2.2　系统指标分解

对系统指标进行分解和优化，形成仪器指标体系。如图 6-5 所示，围绕影响光栅光谱仪系统的光谱性能、几何性能、偏振、MTF 和 SNR 核心指标，开展指标体系设计，完成对系统焦距、F 数、视场角等系统指标设计，并给出对关键部组件如光栅、狭缝、探测器等的性能指标要求。

6.3.2.3　光学系统选型

光栅光谱仪光学系统通常由两部分组成：望远系统和光谱仪系统。望远系统对被测目标成像，光谱仪系统将被测目标光谱细分成有序列的谱，二者通过狭缝连接起来，获得目标的空间和光谱的三维数据立方体。

望远系统分为折射式、反射式和折反式 3 种。折射式望远系统具有像质好、视场大等优点，但是需要采用特殊的玻璃。反射式望远系统可分为同轴和离轴两种。其中，同轴系统结构简单、质量小，但视场较小，更重要的是由于有中心遮拦，能量利用率较低；离轴系统结构复杂、质量大，但能量利用率较高，视场较大。离轴系统可分为离轴三反、离轴五反等形式。

光栅光谱仪的分光元件为衍射光栅，根据光谱分辨率指标及光谱仪光学构型不同，可以选择平面光栅、凹面光栅或凸面光栅。

（1）平面光栅分光系统

平面光栅分光系统包括准直系统、平面光栅和聚焦系统 3 部分。准直系统将光线准直成平行光入射到平面光栅上，经平面光栅色散分光后再由聚焦系统成像到焦平面上，其原理如图 6-6 所示。当狭缝尺寸较长、系统相对孔径较大时，准直系统和聚焦系统都会比较复杂，导致光学系统透过率降低，因此平面光栅分光系统常用于可见光谱段光谱仪器中。

（2）凹面光栅分光系统

凹面光栅分光系统的原理如图 6-7 所示，来自狭缝的光经透镜入射到凹面光栅上，经色散分光后再经透镜成像在焦面上。凹面光栅分光系统的物面和像面间隔比较小，使得探测器的结构设计比较困难。同时，当光谱仪在低温下工作时，透镜的折射率、面形等变化会对光谱成像系统的像质产生较大影响。

（3）凸面光栅分光系统

凸面光栅分光系统的原理如图 6-8 所示，来自狭缝的光经反射镜入射到凸面光栅上，经色散分光后再经由反射镜成像在焦面上。基于凸面光栅的 Offner 光谱成像系统具有结构简单紧凑、体积小、质量小、成像质量好的优点，非常适合用于高光谱分辨率和小型化成像光谱仪，系统谱线弯曲很小，色畸变可以忽略不计，具有良好的光谱成像能力。

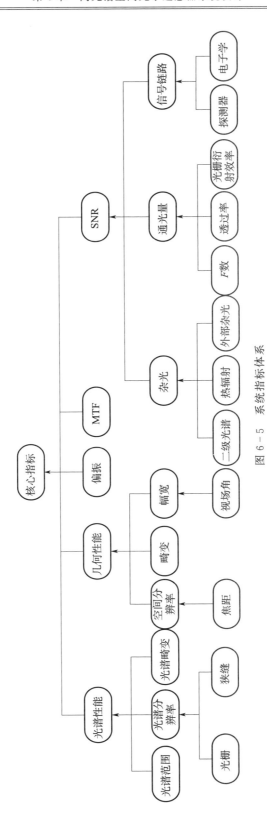

图 6 - 5　系统指标体系

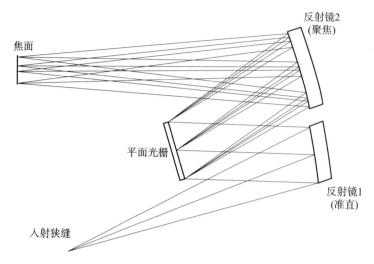

图 6-6　平面光栅分光系统的原理

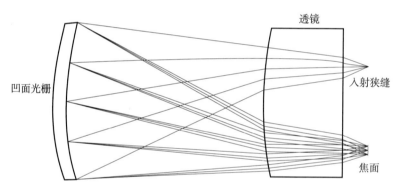

图 6-7　凹面光栅分光系统的原理

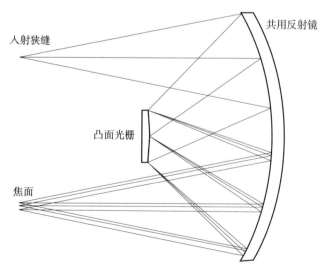

图 6-8　凸面光栅分光系统的原理

6.3.2.4　探测器选型

光栅型高光谱遥感器的指标需求决定了探测器的性能要求，大部分光栅型高光谱遥感器的指标分解最终落在探测器的指标要求上。例如，光栅型高光谱遥感器的幅宽/地面像元分辨率指标决定了探测器空间维的像元规模，采用推扫成像方式的光栅型高光谱遥感器的地面像元分辨率决定了探测器的帧频（无运动补偿的情况下），光栅型高光谱遥感器的谱段响应范围/光谱分辨率则决定了探测器光谱维的像元规模，光栅型高光谱遥感器的动态范围决定了探测器的满阱、噪声等指标。

相比干涉型高光谱遥感器，光栅型高光谱遥感器的光谱分辨率通常低很多，故对探测器在光谱维的像元规模要求较低；而在空间维则是分辨率越高越好、幅宽越大越好，这使得对探测器在空间维的像元规模要求激增。该类探测器的特点主要如下。

（1）形状为长条形大面阵

目前已知的宽幅高光谱遥感器的需求中，单片大规模探测器（如 1 024×256）难以满足空间维像元规模要求，往往需要采用拼接手段，增大探测器空间维规模。

（2）高帧频

当高光谱遥感器在轨以推扫模式成像时，地面像元分辨率直接与探测器帧频相关。随着地面像元分辨率的要求提高，对帧频的要求也相应提高。例如，对于 10 m 地面像元分辨率的推扫型高光谱遥感器，帧频需要 700f/s 以上（一定的轨道高度），目前对这种高光谱遥感器的需求已经显现。

当探测器帧频不够时，常采用回扫补偿的办法，但会产生漏扫现象，使得地面信息不完整。因此，探测器高帧频是实现无漏扫、高地面像元分辨率的必要条件，也是光栅型高光谱遥感器探测器技术发展的重要方向之一。

（3）大动态范围

光栅型高光谱遥感器往往在光谱维上的信号强度差异很大，且需要在同一档增益下实现信息获取，并且对 SNR 要求较高。这要求探测器具有较大的满阱电子数和较低的读出噪声，即具有很大的动态范围。显然，这比成像型空间光学遥感器对探测器的要求更高。

具体选用哪种规格的探测器，需要根据具体任务需求和指标要求进行综合分析。

6.3.3　系统设计案例

本节以某星载光栅光谱仪系统设计为例说明光栅型高光谱遥感器的系统设计。该高光谱遥感器的主要系统指标要求为：轨道高度 506 km，地面像元分辨率 1.5 km，幅宽≥30 km，光谱范围 670～780 nm，光谱分辨率≤0.3 nm，SNR 要求≥200@10 W/（$m^2 \cdot sr \cdot \mu m$）。

6.3.3.1　探测器参数确定

根据星载光栅光谱仪的光谱范围、光谱分辨率、地面像元分辨率和幅宽要求，以及系统 SNR 和动态范围等要求，确定所需探测器的参数和性能要求。经论证，选用面阵 CCD 探测器，像元规模为 1 500×256，像元尺寸为 22.5 μm×22.5 μm，最大读出速率为 6 MHz。该探测器具有片上合并像元功能，可有效提高 SNR 和动态范围。探测器的主要参数如表 6 - 1 所示。

表 6 - 1　探测器的主要参数

项目	指标
光谱范围/nm	200～1 100
满阱(Full Well)/ke$^-$	450
电荷电压转换系数/(μV/e$^-$)	1.2
读出噪声/e$^-$	6.5
像元规模	1 500×256
像元尺寸/(μm×μm)	22.5×22.5
暗电流/[e$^-$/(pixel · s)]	70

6.3.3.2　光谱范围、光谱分辨率和光谱采样率设计

根据光谱范围、光谱分辨率指标要求，设置一个光谱通道覆盖 670～780 nm，光谱分辨率设计为 0.3 nm，最小光谱采样间隔设计为 0.1 nm/pixel，则探测器光谱维有效像元数为 1 100 元，选用的探测器能满足要求。

光谱仪的光谱分辨率主要由狭缝大小和光栅刻线密度来保证。选用反射式平面光栅，参考光栅方程（6 - 3），根据要求对系统进行优化设计，确定平面光栅线对数为 936 lp/mm，可满足系统光谱分辨率≤0.3 nm 的指标要求。

6.3.3.3　地面像元分辨率计算

光谱仪采用推扫方式成像，地面像元分辨率与光谱仪的焦距、探测器像元尺寸、卫星轨道高度有关。光谱仪采用合并像元的方式提高 SNR，地面像元分辨率还与合并像元数量有关。依据星下点地面像元分辨率计算公式（6 - 1），选用的面阵探测器像元尺寸为 22.5 μm。根据系统 SNR 对光学系统 F 数的要求、动态范围对探测器可合并像元数的要求，综合考虑仪器尺寸约束，确定光谱仪光学系统的焦距为 185 mm 可以满足地面像元分辨率≤1.5 km 的指标要求。

6.3.3.4　幅宽计算

根据式（6 - 4），为满足 30 km 幅宽要求，并考虑装调误差，确定光谱仪视场角为 3.4°可满足光谱仪幅宽要求。

6.3.3.5　SNR 和动态范围分析

探测器片上像元合并（模拟信号合并）相比数字信号合并，可以减小量化噪声和电路噪声在合并后总噪声中的权重，从而提高系统 SNR 和动态范围。光谱仪 SNR 要求为≥200@10 W/（m^2 · sr · μm）。采用探测器片上像元合并情况下 SNR 计算公式如下：

$$SNR = \frac{S_e}{N_e} \cdot \sqrt{K} \tag{6 - 5}$$

式中，S_e 和 N_e 分别为探测器单个像元产生的信号电子数和噪声电子数；K 为合并使用的像元数。

噪声电子数 N_e 包含目标辐射的光子噪声、探测器噪声、量化噪声、电路噪声等。信号电子数 S_e 的计算公式如下：

$$S_e = \frac{\pi \cdot L(\lambda) \cdot \Delta\lambda \cdot A_d \cdot \tau_{opt} \cdot t_{int} \cdot \eta}{4F^2 \cdot (hc/\lambda)} \qquad (6-6)$$

式中，$L(\lambda)$ 为入瞳光谱辐亮度；$\Delta\lambda$ 为光谱采样间隔；A_d 为探测器光敏元面积；F 为光学系统 F 数；τ_{opt} 为光学系统透过率；t_{int} 为探测器积分时间；η 为探测器量子效率；hc/λ 为波长为 λ 的单个光子的能量，其中 h 为普朗克常量，c 为光速。

6.4　时间调制型傅里叶变换高光谱遥感器系统设计

6.4.1　设计要素分析

基于迈克尔逊干涉仪的最简单 FTS 的光路如图 6-9 所示。准直输入光束被分束器分成两部分，每个干涉仪支路上的光束被反射镜反射回分束器。在分束器上，每个光束再次被分成两部分，一部分到达探测器上，另一部分沿输入光源方向返回。在每个方向（端口）上来自干涉支路的光束重合或干涉。如果反射镜准直很好，则相干光束的波前是平行的，被汇聚透镜聚焦到探测器上的光强依照干涉仪两支路光束的光相位差而被调制。相位差 ϕ 由 $2\pi x/\lambda$ 给出，这里 λ 是波长，x 是 OPD。如果 y_1 和 y_2 为两干涉支路反射镜到分束器的距离，则 $x = 2(y_1 - y_2)$。

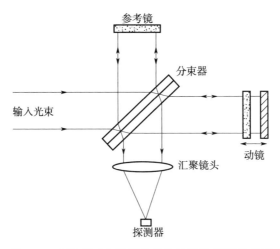

图 6-9　基于迈克尔逊干涉仪的最简单 FTS 的光路

迈克尔逊干涉仪工作时，一个或两个反射镜移动（同时保持准直），所以 x 发生变化。对于单色光源，探测器记录的光强如下：

$$I_d(\nu, x) = \frac{1}{2} I_0 [1 + \cos(2\pi\nu x)] \qquad (6-7)$$

式中，$\nu = 1/\lambda$ 为波数（cm^{-1}）；I_0 为在零光程差（Zero Path Difference，ZPD）时的光强。

假设分束器的反射率 R 和透过率 T 均为 50%，则进一步得到

$$I_{\mathrm{d}}(\nu,x)=\frac{1}{2}\,I_0\,\tau_{\mathrm{ox}}\eta_{\mathrm{s}}\,[1+\cos(2\pi\nu x)\,] \tag{6-8}$$

式中，$\eta_{\mathrm{s}}=4RT$ 为分束器效率（$0<\eta_{\mathrm{s}}<1$）；τ_{ox} 为除分束器外的其他光学系统的透过率。

在实际应用中，输入的是光谱辐亮度 B_{ν}，它包括很多波数的辐射。探测器输出的总信号 $S(x)$ 为

$$S(x)=2\int_0^{\infty}S_{\nu}\,[1+\cos(2\pi\nu x)\,]\,\mathrm{d}\nu \tag{6-9}$$

这里定义 S_{ν} 为光谱信号，表示为

$$S_{\nu}=\frac{1}{4}\,A_0\Omega\,\tau_{\mathrm{ox}}\,\eta_{\mathrm{s}}\,\mathfrak{R}_{\nu}\,B_{\nu} \tag{6-10}$$

式中，A_0 为光学系统通光孔面积；Ω 为接收光辐射的立体角；$\mathfrak{R}_{\nu}$ 为探测器响应率（V/W）；B_{ν} 为光谱辐亮度。

式（6-9）中，探测器信号由非调制项或者 DC 部分与调制项或者 AC 部分组成。非调制项的值正好等于零光程差处信号的一半，而调制项称为干涉图。若定义光谱信号在正负波数两侧是对称的，则干涉图信号可以表示如下：

$$m(x)=\int_{-\infty}^{\infty}S_{\nu}\,[\cos(2\pi\nu x)+\mathrm{i}\sin(2\pi\nu x)\,]\,\mathrm{d}\nu \tag{6-11}$$

或者

$$m(x)=\int_{-\infty}^{\infty}S_{\nu}\,\mathrm{e}^{\mathrm{i}\theta 2\pi\nu x}\,\mathrm{d}\nu \tag{6-12}$$

从式（6-11）和式（6-12）可以看出，$m(x)$ 和 S_{ν} 组成一个傅里叶变换对（Fourier Transform Pair）。因而，光谱信号可以从干涉图恢复如下：

$$S_{\nu}=\int_{-\infty}^{\infty}m(x)\,\mathrm{e}^{-\mathrm{i}\theta 2\pi\nu x}\,\mathrm{d}\nu \tag{6-13}$$

6.4.1.1　光谱分辨率

时间调制型 FTS 的光谱分辨率主要取决于其光程扫描的最大光程差（Maximum Optical Path Difference，MOPD），但同时受视场限制。

根据式（6-11），干涉图 $m(x)$ 是探测器输出信号的直接记录，是 OPD 的函数。然而，它显然不能使光程差 x 从 $-\infty$ 到 ∞ 变化，相反，只能是一个有限的最大光程差 L。这种情况下，因为使用双边干涉图，所以 x 的变化范围为 $[-L,L]$。由于有限的干涉仪动镜行程限制了计算光谱的光谱分辨率，真实的光谱被仪器线形（Instrument Line Shape，ILS）函数卷积了[1]，它的第一个零点位置位于

$$\delta\nu=\frac{1}{2L} \tag{6-14}$$

通常，$\delta\nu$ 被称为 FTS 的无切趾分辨率（Unapodized Resolution）。

之前，干涉仪的输入光线按忽略发散角处理（$\Omega=0$），即假定所有的光线都平行于干涉仪光轴，并垂直于反射镜。然而，由于实际应用中均有视场的要求，当与光轴成 α 角的光线入射干涉仪时，其实际光程差已不再是 x，而是 $x\cos\alpha$。探测器焦面上单色光的干

涉图会出现包含同心圆环条纹的图像。它们呈现与"牛顿环"相似的形式，圆环随光程 x 的变化而生出或缩回。图 6-10 示意了视场为 30 mrad×30 mrad，波数为 2 700 cm^{-1}，光学延迟从 1 000 个波数开始，探测器焦面上的一系列条纹快照。

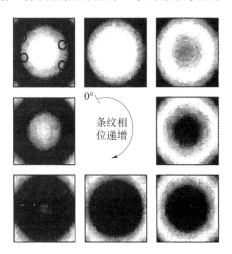

图 6-10　有视场要求时焦面上干涉条纹快照

此时，式（6-9）变成下式：

$$S(x) = 2\int_0^\infty S_\nu \left\{ 1 + \mathrm{sinc}\left(\frac{\nu x \Omega}{2\pi}\right) \cos\left[2\pi\nu x\left(1 - \frac{\Omega}{4\pi}\right)\right] \right\} \mathrm{d}\nu \qquad (6-15)$$

比较式（6-9）和式（6-15），发现视场的存在产生了两个影响：1）测量波数发生偏移（或者反过来讲，光程差发生偏移），偏移因子接近于 1；2）干涉条纹幅度（或对比度）受到一个 sinc 函数调制而减小。sinc 函数的自变量中既包含波数，也包含光程差。干涉条纹幅度随 $|x|$ 增加而减小的现象通常称为自切趾（Self-Apodization）。

6.4.1.2　通光量

前面内容表明，在光谱分辨率 $\delta\nu$ 和系统通光量（Throughput）$A_0\Omega$ 之间需要一个折中。因为根据式（6-15），当 $\nu x \Omega$ 乘积趋近 2π 时，干涉图的调制度就趋近 0，x 的最大绝对值是 L，它同时也决定着光谱分辨率，见式（6-14）。

实际应用中要求在一定的波长下达到一定的光谱分辨能力，同时也希望利用最大的立体角来获得最好的 SNR。由于干涉图信号影响因素中包括立体角因子，因此希望立体角与 sinc 函数调制因子的乘积最大化，得到的条件如下：

$$\Omega_{\max} = \frac{2\pi}{P_{\mathrm{sr}}} \qquad (6-16)$$

式中，$\Omega_{\max}$ 为光谱仪的最大视场对应的立体角；P_{sr} 为光谱仪光谱分辨能力。所以，在确定了光谱分辨能力后，光谱仪的最大视场不能超出上式的限制。

6.4.1.3　反射镜失准

当图 6-9 中一个反射镜失准一个小角度 ε 时，光程差将偏离理想值，而成为一个跟通光孔内光线位置有关的函数，结果是探测器焦面干涉图被乘了一个圆孔衍射形式的函

数，导致干涉调制度下降。该函数为

$$H_\varepsilon(\nu,x) = \frac{2}{k} J_1(k) \cos(2\pi\nu x) \qquad (6-17)$$

式中，$J_1(k)$ 表示一阶贝塞尔函数。

$$k \equiv 4\pi\nu\varepsilon r \qquad (6-18)$$

要获得高的调制度，需要 $k \ll 1$，对应

$$\varepsilon \ll \frac{\lambda}{4\pi r} \qquad (6-19)$$

式中，λ 为被测光波长；r 为光谱仪通光孔半径。

这隐含说明了反射镜在径向上线位移变化必须远小于 $\lambda/2\pi$，否则条纹对比度会显著下降。

6.4.1.4　波前差

迈克尔逊干涉仪对任何能够引起两干涉支路光束波前变化的因素都非常敏感，反射镜倾斜就说明了这种情况。而由分束器和反射镜面形导致的波前变形或者光程差变化同样会导致类似反射镜失准的问题。

与分析倾斜失准一样，可以得到调制因子为

$$H_\varepsilon(\nu,x) \approx \cos(2\pi\nu x)[1 - 2\pi^2\nu^2\langle\delta^2\rangle] \qquad (6-20)$$

这里

$$\delta(r,\phi) = 2(S_{MS} - S_{MC} + \delta_{ST} - \delta_{CT} + 2S_3\cos\phi) \qquad (6-21)$$

式中，S_{MS} 为分束器臂一侧反射镜的面形误差；S_{MC} 为补偿器臂一侧反射镜的面形误差；S_3 为分束器的分束面面形误差；δ_{ST} 为分束器的透过波前差；δ_{CT} 为补偿器的透过波前差；ϕ 为在分束器上的入射角。

6.4.1.5　噪声源

实际干涉仪的测量结果要受到很多潜在噪声的影响。首先从干涉图复原到光谱图就会引入一定的噪声。

（1）从干涉域到光谱域的转换噪声

实际的干涉图是由一系列离散的采样点组成的，假设前述的双边干涉图采样点是 N，那么对干涉图进行离散傅里叶变换得到计算光谱也有 N 个点，计算光谱中的实部 RMS 噪声为

$$\sigma_\nu\,|_{REAL} = L\sqrt{\frac{2}{N}}\,\sigma_x \qquad (6-22)$$

式中，L 为最大光程差；σ_x 为干涉图采样噪声。

该项噪声等效光谱辐亮度为

$$NEN_\nu = \frac{\sigma_\nu}{S_\nu} B_\nu \qquad (6-23)$$

结合式（6-10）、式（6-22）和式（6-23），得到噪声等效光谱辐亮度为

$$NEN_\nu = \frac{4L\sigma_x}{A_0\Omega\,\tau_{ox}\,\eta_s\,\Re_\nu}\sqrt{\frac{2}{N}} \qquad (6-24)$$

（2）光子噪声和探测器噪声

一类重要的加性噪声出现在探测器输出端，其由光子噪声和探测器噪声组成。光子噪声通常为均匀的白噪声谱，由光子的随机涨落引起。对光导探测器来说，其噪声与热产生-复合噪声等有关；而对于光伏探测器而言，它有一个稳定的暗电流，这导致了随机涨落的噪声。

光子噪声和探测器本征噪声通常归于一类，一并作为总探测器噪声处理，以 $\sigma_{x,\text{det}}$ 表示。当除以探测器响应度后，得到噪声等效功率为

$$\text{NE P}_{\text{det}} = \frac{\sigma_{x,\text{det}}}{\mathfrak{R}_\nu} \tag{6-25}$$

通常用比探测率 D^* 来表征探测器的品质因数，其与 NEP 互为倒数关系，但将探测器面积和带宽进行了归一化。

$$D^* = \frac{\sqrt{A_d \Delta f}}{\text{NE P}_{\text{det}}} \tag{6-26}$$

式中，A_d 为探测器光敏元面积；Δf 为电子学带宽。

在采样数据系统里，等效噪声带宽 Δf 等于奈奎斯特频率，是采样频率的一半，即

$$\Delta f = f_{\text{NY}} = \frac{1}{2} f_{\text{samp}} = \frac{N}{2T} \tag{6-27}$$

式中，T 为干涉仪 N 次采样的时间。

结合式（6-10）、式（6-23）、式（6-25）～式（6-27），得到该项噪声等效辐亮度为

$$\text{NEN}_{\nu,\text{det}} = \frac{4L}{A_0 \Omega \tau_{\text{ox}} \eta_s \mathfrak{R}_\nu D^*} \sqrt{\frac{A_d}{T}} \tag{6-28}$$

（3）电子学噪声

连接在探测器后面的电子学也会产生噪声，其主要是在探测器连接的前放输入级产生的，可由噪声功率谱密度 n_{amp} 表征，贡献了干涉图的 RMS 噪声。

$$\sigma_{x,\text{amp}} = n_{\text{amp}} \sqrt{\Delta f} = n_{\text{amp}} \sqrt{\frac{N}{2T}} \tag{6-29}$$

则由电子学噪声贡献的 NEN_ν 项为

$$\text{NEN}_{\nu,\text{amp}} = \frac{4L n_{\text{amp}}}{A_0 \Omega \tau_{\text{ox}} \eta_s \mathfrak{R}_\nu \sqrt{T}} \tag{6-30}$$

（4）混叠噪声

当对采样信号进行离散傅里叶变换时，只有低于奈奎斯特频率的频率成分可以真实地保留下来，而高于奈奎斯特频率的任何频率信号都会以混叠谱形式存在：

$$f_{\text{alias}} = f_{\text{amp}} - f = 2 f_{\text{NY}} - f (f_{\text{NY}} < f < 2 f_{\text{NY}}) \tag{6-31}$$

在采样前，原始信号一定要滤除高于奈奎斯特频率的信号成分，否则一旦被采样，这个混叠成分就无法与真实的信号分开。滤波处理时，首先在光学系统由带通滤波器或者分色片进行光学滤波，然后是对探测器的输出电信号进行电子滤波。对于干涉仪，时域频率

与波数直接相关：

$$f = \nu \frac{\mathrm{d}x}{\mathrm{d}t} = \nu\, V_{\mathrm{OPD}} \tag{6-32}$$

式中，V_{OPD} 为光程差速度。

混叠效应在镜像频率处产生的噪声是探测器和电子学合成噪声与电子滤波器幅频的乘积：

$$\mathrm{NEN}_{\nu,\mathrm{alias}} = M(f_{\mathrm{image}})\sqrt{\mathrm{NEN}_{\nu,\mathrm{dect}}^2 + \mathrm{NEN}_{\nu,\mathrm{amp}}^2} \tag{6-33}$$

或

$$\mathrm{NEN}_{\nu,\mathrm{alias}} = \frac{4LM(f_{\mathrm{image}})}{A_0 \Omega\, \tau_{\mathrm{ox}}\, \eta_s(\nu\, V_{\mathrm{OPD}})}\sqrt{\frac{1}{T}\left[\frac{A_d}{D^{*2}} + \left(\frac{n_{\mathrm{amp}}}{\mathfrak{R}_\nu}\right)^2\right]} \tag{6-34}$$

式中，$f_{\mathrm{image}} = 2 f_{\mathrm{NY}} - \nu\, V_{\mathrm{OPD}}$。

（5）其他噪声来源

其他噪声来源还包括低频噪声（如 $1/f$ 噪声）、量化噪声、动镜速度不稳定噪声、采样噪声、光学颤振噪声等。

$1/f$ 噪声是半导体器件经常产生的一种低频噪声，在器件技术规格说明中一般以白噪声的形式给出。对于傅里叶变换干涉仪，应设置高通滤波器以衰减低于最低测量波数的 $1/f$ 噪声。

量化噪声是 ADC 转换过程中引入的随机数字噪声。通过适当的量化位数和 ADC 动态范围占比的设计，一般可以将该噪声控制到可接受的水平。

动镜速度不稳定导致干涉图信号频率不稳定，加上信号电路增益幅频不平坦，就产生了干涉图幅度的随机误差。

不等光程采样误差是由动镜速度不稳定及参考激光与干涉图信号延时不匹配共同作用产生的。

光学颤振噪声是干涉光路的随机性失准引入的，在光谱中是一个乘性的调制噪声。

（6）总噪声等效辐亮度

综合前述的噪声源，总的噪声等效辐亮度为

$$\mathrm{NEV}_\nu^2 = \sum_i \mathrm{NEV}_{\nu i}^2 + B_\nu^2 \sum_i \mathrm{NSR}_i^2 \tag{6-35}$$

这里，加性的噪声成分主要包括探测器噪声、前放噪声、混叠噪声、量化噪声、不等光程差采样误差。乘性的噪声成分与输入辐亮度有关，主要包括动镜速度不稳定误差和光学颤振噪声。

6.4.2　系统设计概述

应用于空间光学遥感的时间调制傅里叶变换光谱仪通常由指向镜、前光学、干涉仪、后光学、探测器及制冷机、星上定标等子系统及相应的控制和数据处理单元组成。其中，指向镜的作用是指向被测目标，同时进行运动补偿，以保证在光程扫描采集干涉图的过程中保持"凝视"被测目标；前光学是将来自被测目标的光束进行压缩光束变换，保证输出平行光束进入干涉仪系统，同时进行视场控制以抑制杂光影响；干涉仪子系统完成输入光束的分束、光程差扫描、合束干涉的功能；后光学将干涉仪输出的相干光束汇聚到探测器；探测器及制冷机子系统完成干涉光信号的光电转换，采集到干涉图信号；星上定标子系统用于实现在轨光谱和辐射定标功能。

应用于空间光学遥感的时间调制傅里叶变换光谱仪系统设计流程如图 6 – 11 所示。

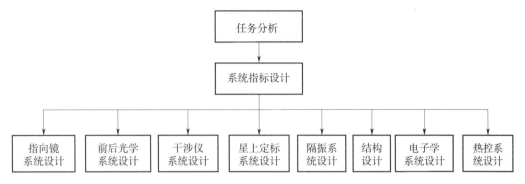

图 6 – 11　时间调制傅里叶变换光谱仪系统设计流程

（1）任务分析

根据研制任务书要求进行用户需求分析，确定满足使用需求的仪器功能和性能要求。其具体内容包括探测目标分析、谱段范围和光谱分辨率需求分析、动态范围和 SNR 需求分析、探测效率和观测范围需求分析、定标需求分析等。在以上分析的基础上，结合相关领域的技术基础，论证确定傅里叶变换光谱仪的主要技术途径，并形成细化的仪器功能和性能要求。

（2）系统指标设计

对系统指标进行分解和优化，形成仪器指标体系。通常以某一个系统关键指标作为设计驱动，然后进行指标的层层分解，最终形成到组件或元件级别的性能指标要求。如图 6 – 12 所示，围绕系统 SNR 指标要求，开展体系指标分解，完成系统口径、视场、采样时间、动镜速率稳定度等系统指标设计，并给出对关键部组件如分束器/补偿器、角镜、探测器等的性能指标要求。

6.5　AIUS 系统设计

大气环境红外甚高光谱分辨率探测仪（Atmospheric Infrared Ultra – resolution Spectrometer，AIUS）是采用时间调制傅里叶变换光谱探测技术[2-6]的星载甚高光谱分辨率太阳掩星傅里叶变换光谱仪，搭载在"高分五号"卫星上于 2018 年 5 月 9 日成功发射入轨，经在轨测试，指标满足要求，反演结果良好。

在轨日出期间，AIUS 自主通过太阳跟踪器发现、捕获并跟踪锁定太阳辐射质心，实现连续掩日观测。跟踪过程中，太阳观测路径从日出初期与地平线相切开始持续到超出大气层外，与此同时傅里叶变换光谱仪连续工作测得了一系列穿过不同高度大气层的太阳光

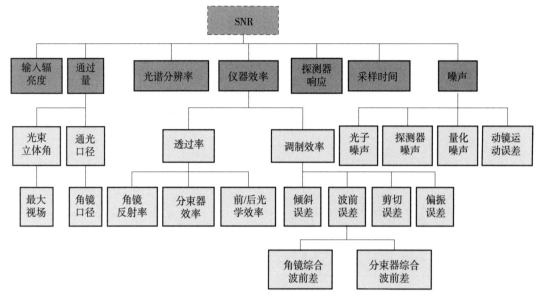

图 6-12　系统指标分解

谱，该系列透射光谱与其中大气层外的太阳光谱相比较，可以得到整个大气层随切高变化的一系列大气透过率光谱曲线，根据不同的气体分子特定光谱吸收线的深度等情况可以反演出对应气体的含量信息。由于 AIUS 所测光谱覆盖 750～4 160 cm^{-1}（2.4～13.3 μm），并具有超高光谱分辨率（0.03 cm^{-1}），因此可反演得到多达几十种痕量气体或污染气体的含量信息，有助于帮助我们理解赖以生存的大气环境变迁。

AIUS 的关键技术主要体现在两个方面：1）宽谱段、高光谱分辨率和高 SNR 傅里叶变换光谱探测技术；2）在轨自主进行太阳捕获和跟踪，实现太阳掩星观测的太阳跟踪技术。

6.5.1　工作原理与组成

AIUS 在轨日出期间通过太阳掩星观测，如图 6-13 所述，通过测量从地平线到大气层外的一系列穿过大气的太阳透射光谱，得到归一化大气透过率序列。后续根据气体特征吸收谱线，通过大气反演可获得大气层不同高度的大气痕量气体种类及其含量信息。

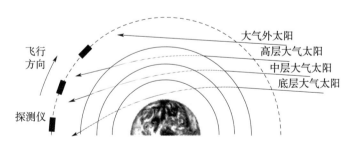

图 6-13　AIUS 太阳掩星观测示意图

　　AIUS 的主要技术指标如表 6 - 2 所示。从指标可以看出，AIUS 的光谱分辨能力超过
13 万，光谱通道数超过 10 万；由于地球上观测太阳的张角约为 10 mrad，因此 AIUS 的
视场要求约为观测太阳张角的 1/8，太阳跟踪精度约为观测太阳张角的 1/100，太阳跟踪
稳定度则为观测太阳张角的 1/400。

表 6 - 2　AIUS 的主要技术指标

项目	技术指标
光谱范围/cm^{-1}	750～4 100
光谱分辨率/cm^{-1}	0.03
动态范围/K	800～5 800
太阳跟踪精度/mrad	0.1
太阳跟踪稳定度/μrad	25

　　显然，AIUS 指标的显著特点是：1）光谱范围宽，光谱分辨率极高；2）太阳跟踪精
度和稳定度要求极高。

　　AIUS 采用了太阳跟踪系统完成在轨太阳高精度跟踪，利用大光程差双摆臂角镜干涉
仪系统实现了宽谱段甚高光谱分辨率光谱干涉分光。图 6 - 14 给出了 AIUS 的工作原理与
组成，可以看出，太阳辐射由二维太阳跟踪反射镜引入，分色片 1 将可见光反射进入太阳
跟踪相机，用于闭环太阳跟踪控制；红外辐射则透过分色片 1 进入干涉仪，经探测器产生
干涉信号。

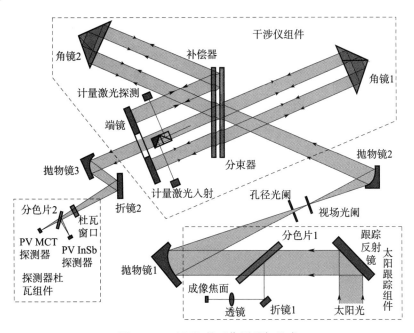

图 6 - 14　AIUS 的工作原理与组成

6.5.2 大光程差双摆臂角镜干涉仪

（1）干涉仪最大光程差与视场设计

根据傅里叶变换光谱探测理论，光谱分辨率主要由干涉仪最大光程差决定，并受干涉仪视场限制。针对 $0.03\ \mathrm{cm^{-1}}$ 光谱分辨率要求，设计无切趾光谱分辨率为 $0.02\ \mathrm{cm^{-1}}$，根据式（6-14）可计算得到对应干涉仪的最大光程差 L 为 25 cm。另外，进入干涉仪光束的发散角会带来自切趾效应，展宽了 ILS，降低了光谱分辨率[7,9,10]。根据式（6-16），得知干涉仪设置 6.25 mrad 的视场可以在不影响光谱分辨率的前提下尽可能获得最大光通过量。

（2）干涉仪系统设计

AIUS 采用双边干涉图模式，干涉仪需要实现 ±25 cm 的最大光程差。AIUS 干涉仪系统由 3 部分组成，分别是干涉仪光机组件、计量激光信号处理器和干涉仪控制器，如图 6-15 所示。干涉仪光机组件实现被测光束高效率干涉调制，计量激光信号处理器负责光程差的实时反馈信号处理，干涉仪控制器负责摆臂的运动控制，实现高稳定度光程扫描。

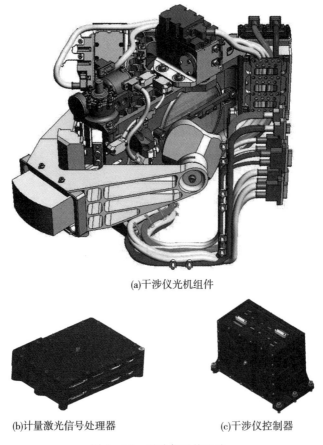

(a)干涉仪光机组件

(b)计量激光信号处理器　　　　　(c)干涉仪控制器

图 6-15　干涉仪系统组成

干涉仪光机组件主要包括主结构、摆臂、角镜、挠性枢轴、分束器补偿器、摆臂座及挠性安装座等。干涉仪的通光口径、透过率、调制度、最大光程差和扫描速度稳定度等都取决于干涉仪光机结构的性能和热、力学稳定性。该构型干涉仪可利用较小体积实现大光程差、高鲁棒性干涉调制。

　　控制系统包括计量激光信号处理器和干涉仪控制器，前者完成实时光程差计量，其作用相当于光程差位移增量编码器；后者利用实时光程差位移增量码作为反馈控制摆臂角镜机构，实现均速光程差扫描。干涉仪控制系统采用数字伺服控制方案，其功能框图如图 6-16所示。干涉仪光程扫描速度稳定度可以用计量激光干涉信号的频率稳定度来表示，实测结果为 0.2%，如图 6-17 所示。在微振动条件下，光程扫描实测速度稳定度优于 1%，如表 6-3 所示。

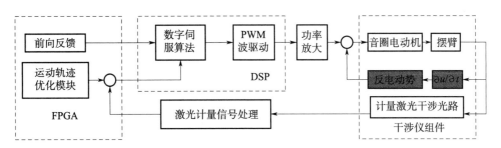

图 6-16　干涉仪摆臂伺服控制功能框图

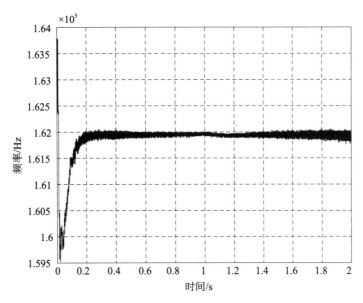

图 6-17　干涉仪组件稳定度实测结果

表 6 - 3　微振动条件下光程扫描速度稳定度实测结果

频率	X 轴:25 mg	Y 轴:25mg	Z 轴:25 mg	3 轴:50 mg(RMS)
25	0.147%	0.207%	0.239%	0.70%
30	0.190%	0.102%	0.070%	0.45%
40	0.100%	0.080%	0.163%	0.41%
50	0.100%	0.050%	0.075%	0.27%
60	0.090%	0.040%	0.051%	0.22%
70	0.055%	0.040%	0.024%	0.14%
80	0.050%	0.060%	0.051%	0.19%
90	0.050%	0.220%	0.033%	0.46%
100	0.060%	0.200%	0.025%	0.42%
满足指标要求值	< 1%			

AIUS 的光谱分辨率是在全口径、全视场下对窄线宽红外激光器光源进行测试得到的，实测 ILS 曲线和光谱分辨率结果如图 6 - 18 所示，光谱分辨率为 0.024 6 cm^{-1}，满足 AIUS 指标要求。

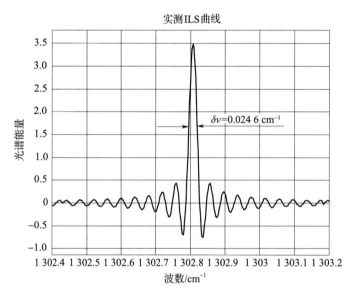

图 6 - 18　光谱分辨率测试结果

6.5.3　太阳跟踪组件

（1）太阳跟踪组件设计

太阳跟踪组件用于在轨日出时捕获并自动跟踪太阳，将太阳辐射稳定地引入傅里叶变换干涉仪中。图 6 - 19 给出了太阳跟踪机构和太阳跟踪相机模型。太阳跟踪机构利用内环俯仰外环偏转实现跟踪反射镜对太阳的二维跟踪，具备高灵敏度指向能力。

太阳跟踪控制系统功能框图如图 6 - 20 所示。在轨日出初期，太阳跟踪控制器根据来自卫星的太阳矢量控制太阳跟踪器将探测仪视轴指向太阳，一旦太阳跟踪相机捕获太阳图

(a)太阳跟踪机构

(b)太阳跟踪相机

图 6 - 19　太阳跟踪机构和太阳跟踪相机模型

像，即自动进入图像反馈闭环跟踪环节。

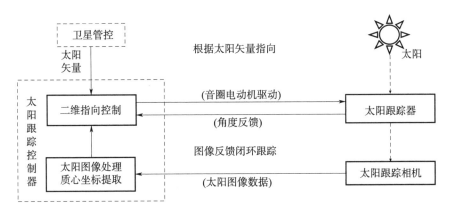

图 6 - 20　太阳跟踪控制系统功能框图

（2）AIUS 的太阳跟踪策略

AIUS 在轨日出期间需要自主指向、捕获和跟踪太阳，实现掩日观测。而实际上，如图 6 - 13 所示，由于大气折射影响，太阳光会发生明显的弯曲，并且越在大气底层折射越强，再加上对流层底层云的遮挡，太阳图像会出现变形和分块现象。而对流层底层更值得关注，因此制定准确可靠的太阳跟踪策略是决定掩日观测成功的关键因素之一。太阳跟踪策略设计如下：

1）星上日出前，太阳跟踪器根据卫星广播的太阳矢量信息和计算的大气最大折射角将探测仪视轴在主平面（卫星、太阳和地球质心所在的平面）内固定指向地平线上方第一缕阳光将要出现的位置。

2）星上日出后，根据卫星广播的太阳矢量并完成实时大气折射角修正后，开环指向并跟踪太阳。

3）在上述过程中，一旦太阳跟踪相机捕获太阳图像，即进入图像反馈跟踪模式，同时仍然同步计算步骤 2）的指向角作为参考，以在太阳被浓云遮挡时进行跟踪指向。

4）直到掩日路径超出大气层 100 km 后，继续一段时间跟踪观测大气外的太阳辐射，然后停止跟踪太阳并进行一段时间深空观测。

（3）大气折射校正及指向角度计算

太阳跟踪器在光机主体中的坐标定义及太阳矢量 s 和太阳跟踪器内环俯仰角 β 及外环偏转角 α 之间的关系如图 6-21 所示。太阳跟踪器指向镜基座转轴与卫星本体 Z 轴重合，出射光与卫星本体 $-Y$ 轴重合，X 轴由右手法则确定。n 为指向镜的法向矢量，n' 为指向镜法线在 XOY 平面的投影，l 为出射光线矢量，s 为太阳矢量，则 α、β 分别为绕 Z 轴和 Y 轴的转角。

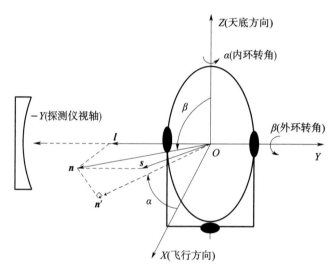

图 6-21　太阳跟踪器坐标定义

由于整个掩日过程都发生在由卫星、地球和太阳质心所决定的主平面内，因此标准大气对太阳光的折射也只发生于主平面内。实际上对大气折射的补偿只需对太阳矢量与 Z 轴的夹角进行修正即可。

根据标准大气参数和卫星轨道参数建立了掩日观测大气折射率渐变光学模型，利用光学设计软件 ZEMAX 精确计算出任意高度大气折射角度。这里针对卫星的太阳矢量广播时序计算出了标准大气条件下掩日过程的大气折射角度修正表，如表 6-4 所示，表中序号对应星上日出开始后的太阳矢量广播时序。

表 6-4　标准大气条件下大气折射角度修正表

序号	角度/(°)	序号	角度/(°)	序号	角度/(°)	序号	角度/(°)
1	1.118 06	6	0.608 843	11	0.199 164	16	0.015 389
2	1.012 218	7	0.515 61	12	0.140 748	17	0.008 397
3	0.908 033	8	0.426 83	13	0.093 245	18	0
4	0.805 813	9	0.343 566	14	0.057 01	19	0
5	0.705 953	10	0.267 332	15	0.031 386	20	0

设太阳矢量与 X、Y、Z 轴的夹角分别为 θ_x、θ_y、θ_z，则可得到太阳跟踪器内环俯仰角 β 和外环偏转角 α[11]。

掩日过程中，根据太阳矢量和大气折射角度查找表，实时计算指向镜转角 α、β 进行太阳跟踪。星上日出前，则将 $\theta_z + \Delta_i$ 项固定设置为初始角度 64.7° 后计算 α、β，将探测器视轴固定指向地平线日出位置，等候捕获日出。

6.5.4　在轨测试与数据反演结果

AIUS 在轨测试期间对仪器主要技术指标进行了在轨测试评价。在轨仪器 ILS 与光谱分辨率评价结果如图 6-22 所示。在所测大气光谱中选择某些特定气体的窄线宽吸收线，用于评价 ILS 和光谱分辨率。这里选择了 1 805 cm^{-1} 附近的一条吸收线进行评价，其半高宽为 0.024 4 cm^{-1}，说明了 AIUS 的光谱分辨率满足 0.03 cm^{-1} 的指标要求。

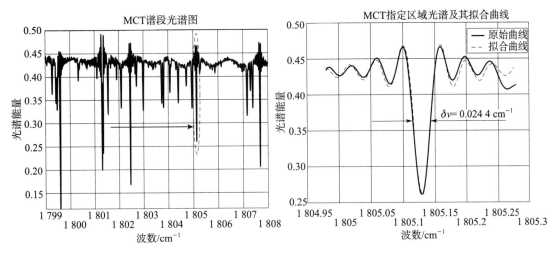

图 6-22　在轨仪器 ILS 与光谱分辨率评价结果（见彩插）

图 6-23 是在轨太阳跟踪图像序列，代表了一次完整太阳掩星观测过程中的太阳跟踪情况。通过计算太阳图像的亮度质心对光轴的偏离和分布情况，可评价 AIUS 的跟踪精度和跟踪稳定度，结果如图 6-24 所示，其中跟踪精度为 0.073 4 mrad，跟踪稳定度为 24.47 μrad，均满足 AIUS 指标要求。

AIUS 在轨所测典型大气透过率光谱及痕量气体反演结果如图 6-25 所示，反演结果与微波临边探测仪（Microwave Limb Sounder，MLS）的测试结果相符较好。

作为中国第一个星载高光谱掩星观测载荷，AIUS 在轨日出期间自主跟踪太阳实现掩日观测，所获得高分辨率光谱数据用于反演大气层垂直方向大气精细成分和痕量气体分布。

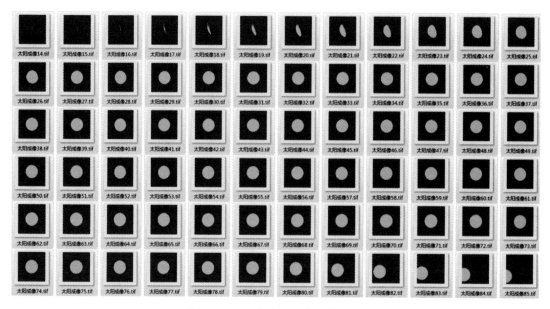

图 6-23　在轨太阳跟踪图像序列

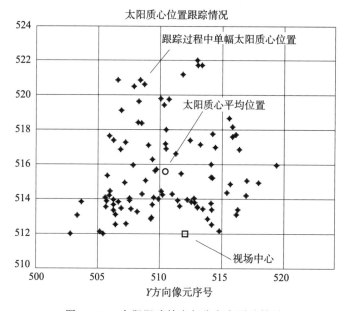

图 6-24　太阳跟踪精度与稳定度测试结果

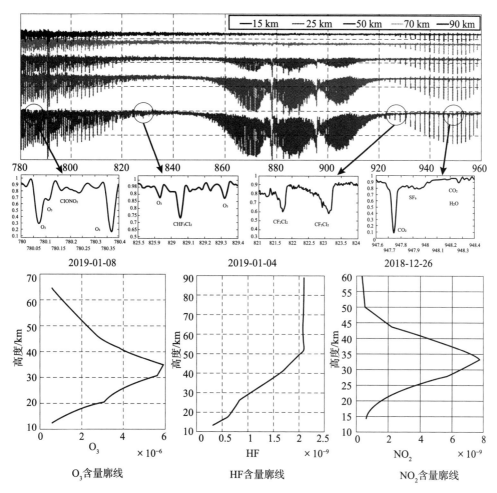

图 6 - 25　大气透过率光谱及痕量气体反演结果（见彩插）

参 考 文 献

［1］ HEARN D R. Fourier Transform Interferometry ［R］. Technical Report 1053，Lincoln Laboratory，Massachusetts Institute of Technology，Lexington，Massachusetts，1999：10－12.

［2］ GRIFFITHS P R，DE HASETH J A. Fourier Transform Infrared Spectrometry ［M］. New Jersey：John Wiley & Sons. Inc.，2007：75－95.

［3］ PERSKY M J. A review of spaceborne infrared Fourier transform spectrometers for remote sensing ［J］，Rev. Sci. Instrum，1995，66（10）：55－67.

［4］ BLUMSTEIN D. IASI instrument：technical overview and measured performances ［J］. SPIE，2004（5813）：156－163.

［5］ REINHARD B. Tropospheric Emission Spectrometer Scietific Objuectives & Approach，Goals & Requitements ［J］. JPL D－11294 Revision 6. 0，1999.

［6］ CLARMANN T V，CHINEKE T C，et al. Remote Sensing of the Middle Atmosphere with MIPAS ［J］. Proceedings of SPIE. 2003（4882）：172：－183.

［7］ SOUCY M A，CHATEAUNEUF F，DEUTSCH C，et al. ACE－FTS Instrument Detailed Design ［J］. Proceeding of SPIE，2002（4814）：70－81.

［8］ STUMPF K，OVERBECK J. CrIS Optical System Design ［J］. Proceedings of SPIE，2002（4486）：121－129.

［9］ KUZE A，SUTO H，NAKAJIMA M，et al. Thermal and near infrared sensor for carbon observation Fourier－transform Spectrometer on the Greenhouse Gases Observing Satellite for greenhouse gases monitoring ［J］. Applied Optics，2009（48）：6716－6733.

［10］ POULIN R，DUTIL V，et al. Characterization of the ACE－FTS Instrument Line Shape ［J］. Proceedings of the SPIE，2003（5151）：166－172.

［11］ 董欣，徐彭梅，侯立周. 大气环境红外甚高光谱分辨率探测仪设计与实现 ［J］. 航天返回与遥感，2018，39（1）：29－37.

第7章 天基空间目标监视光学遥感器系统设计

7.1 概述

空间目标主要包括 3 种：第 1 种是卫星，包括工作的和失效的卫星；第 2 种是空间碎片，如进入空间轨道的助推火箭、保护层或其他物体；第 3 种是外太空的飞行物，包括流星和小行星等[1]。空间目标监视、定轨编目等对空间安全意义重大。天基空间目标监视光学遥感器简称天基空间目标监视相机，是面向空间目标探测、定位、跟踪、编目等任务的光学信息获取设备。空间目标具有运动特性复杂、尺寸不一、光照条件复杂、亮暗不一等特点。由于空间目标监视任务及目标特性的特殊性，天基空间目标监视相机的系统设计也具有一些新的特点。

本章就天基空间目标监视相机系统设计中的一些基本理论和技术做简要介绍。

7.2 天基空间目标光学监视原理及特点

为准确理解天基空间目标光学监视的原理及特点，需要首先了解空间目标及其背景特性。

7.2.1 空间目标特性

空间目标运行在一定的轨道上，具有一定大小、形状，每一空间目标都有其独特的特性。空间目标的本质特征主要有：1) 分布特性，指空间目标在空间上的分布情况等；2) 运动特性，指空间目标自身的运动和相对空间目标监视相机的运动特性等；3) 几何特性，指空间目标的形状、尺寸等；4) 物理特性，指空间目标表面材料、纹理、光谱特性等。这些特性是空间目标监视相机设计的重要输入，是对空间目标进行探测、定轨、编目和识别任务的基础。

7.2.1.1 分布特性

空间目标监视相机的覆盖范围、指向、探测距离等指标设计均需要考虑空间目标的分布特性。

除探月及星际探测外，人类的航天活动主要在地球同步轨道以内进行。按照轨道的分布特点，可将轨道分为 4 种类型，分别为低地球轨道（Low Earth Orbit，LEO）、中地球轨道（Medium Earth Orbit，MEO）、大椭圆轨道（Highly Elliptical Orbit，HEO）、地球静止轨道（Geostationary Earth Orbit，GEO）[2]。典型空间目标轨道类型如图 7-1 所示。

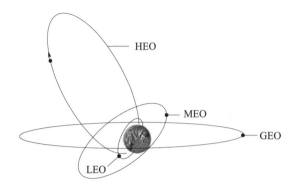

图 7 - 1　典型空间目标轨道类型

根据 Celstrak 2021 年 5 月 20 日公布的数据，已编目的历史空间目标共有 48 491 个，仍在轨运行的共有 23 044 个，已解体陨落的有 25 447 个。编目的目标包含卫星、碎片等，其中在轨活动的卫星数量约 4 295 个，其余为非活动的卫星或碎片等。

LEO 空间目标分布：遥感卫星等大量分布于 LEO。LEO 目标约占空间目标总数的 70%，因为大气阻力的影响，轨道高度在 300 km 以下的基本没有。轨道高度在 1 600～2 000 km 间的空间目标较少，因为此带为环境恶劣的范艾伦辐射带。

MEO 空间目标分布：以 GPS 等卫星为代表的导航定位系统位于该区域，约占空间目标总数的 5%，轨道高度约 20 000 km。

HEO 空间目标分布：以导弹预警卫星为代表的卫星位于该区域，约占空间目标总数的 5%，其轨道高度为 1 000～40 000 km，即大椭圆轨道，偏心率约 0.7。

GEO 空间目标分布：通信、导航、气象、预警等类型的卫星位于该区域，约占空间目标总数的 15%，其轨道高度在 35 735 km 附近，倾角主要分布在 -15°～15° 范围内。GEO 空间目标分布如图 7 - 2 所示。

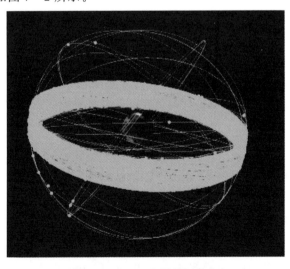

图 7 - 2　GEO 空间目标分布

7.2.1.2　运动特性

　　空间目标的运动特性影响到目标像在空间目标监视相机探测器上的驻留时间，进而影响到相机系统的灵敏度，是需要重点考虑的特性之一。空间目标以一定的速度绕地球运行，分布在不同位置的空间目标其运动特性也不一致。不同轨道空间目标的运动特性如表7-1所示。

表 7-1　不同轨道空间目标的运动特性

轨道类型	运动特性
LEO	周期:1.5～3 h 速度:7～8 km/s
MEO	周期:约 12 h 速度:约 4 km/s
HEO	周期:约 12 h 速度:1.5～9.5 km/s
GEO	周期:约 24 h 速度:约 3 km/s

　　由于空间目标和空间目标监视相机均在运动，二者之间存在复杂的相对运动，因此需要对相对运动特性进行分析，构建相对运动特性分析模型，获得相对运动角速度，根据监视相机角分辨率即可计算出驻留时间，进而可预估监视相机的探测信噪比。被观测空间目标与监视相机之间的相对关系如图7-3所示。

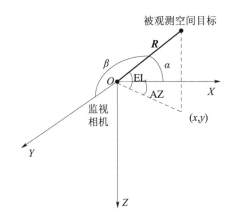

图 7-3　被观测空间目标与监视相机之间的相对关系

　　图7-3中，O-XYZ 为监视相机坐标系，O 为监视相机主点，Z 为视轴方向，XOY 与像面平行，R 为观测相机到被观测目标的相对位置矢量，α 为位置矢量与相机坐标系 X 轴的夹角，β 为相对位置矢量与 Y 轴的夹角。定义方位角 AZ 为从 X 轴到投影矢量之间的夹角，该投影矢量为相对位置矢量 R 在 XOY 面的投影。高度角 EL 为相对位置矢量 R 与 XOY 平面的夹角。

　　为了计算相对运动角速度，需要先计算相对位置矢量 R 在像平面的投影，进而计算目标与监视相机相对运动在像平面方向的投影速度。需要将相对位置矢量从 J2000 坐标系转换到监视相机坐标系，中间所需要经过的坐标系包括轨道坐标系和卫星本体坐标系。相对位置矢量在 XOY 平面的投影如下：

$$r = R \cdot \cos(\mathrm{EL}) \tag{7-1}$$

对投影值求导，即可得到横向相对速度，如下：

$$\upsilon = \mathrm{d}r/\mathrm{d}t = R_\upsilon \cdot \cos(\mathrm{EL}) - R \cdot \sin(\mathrm{EL}) \cdot \mathrm{EL}_\upsilon \tag{7-2}$$

进而得到相对运动角速度，如下：

$$\omega = \frac{\upsilon}{R} \tag{7-3}$$

式中，R_υ 为相对距离变化；EL_υ 为高度角的变化率。

以低轨卫星观测低轨空间目标为例进行分析。低轨空间目标的运动速度比较快，当用低轨卫星观测低轨空间目标时，相对运动速度变化范围比较大。距离越近，角速度越大，最大角速度随着距离的增大而变小。在 2 000 km 处，最大角速度约为 0.35（°）/s；当距离小于 200 km 时，相对运动角速度大于 2（°）/s。因此，当观测空间目标时，采用相同的积分时间，不同空间目标的像在相机像面上可能呈现点状或者不同长度的线状。低轨卫星观测低轨空间目标时角速度随距离的变化关系如图 7-4 所示。

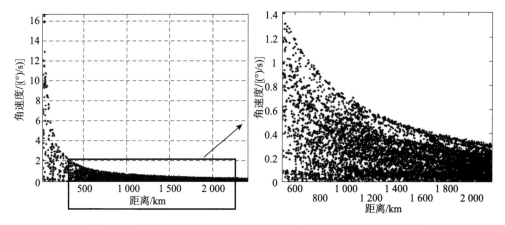

图 7-4　低轨卫星观测低轨空间目标时角速度随距离的变化关系

7.2.1.3　几何特性

空间目标的几何特性会影响最终的亮度特性，是空间目标监视相机设计输入之一。空间目标的形状多种多样，其本体的形状包括箱形、圆柱形、三棱柱形、平板形等；尺寸也不一，中等或大型卫星的尺寸通常在 2 m 以上，小卫星的尺寸可以达到分米量级，而空间碎片的尺度则从毫米级到米级不等。卫星的外形与采用何种姿态稳定方式及执行的任务等因素有关。双自旋稳定卫星外形一般采用圆柱形；而采用三轴稳定姿态控制的卫星外形多采用长方体，也即箱形。太阳电池的构型有单翼、对称双翼等。典型卫星本体几何特性[3]如表 7-2 所示。

表 7-2　典型卫星本体几何特性

卫星类型	名称	本体形状及尺寸
导弹预警卫星	SBIRS	箱式 4 m×3 m×2 m
通信卫星	Syracuse	箱式 4 m×2.3 m×2.3 m
	WGS	箱式 7.3 m×3.8 m×3.4 m
	XTAR-EUR	箱式 5.4 m×2.8 m×2.2 m
	JCSAT-10	箱式 5.5 m×2.2 m×2.2 m
	Koreasat	箱式 4 m×2.2 m×2 m
	NSS-10	箱式 5.1 m×2.2 m×2 m
气象卫星	GOES	圆柱 4.2 m×1.9 m
	Himawari	圆柱 2.2 m×3.5 m
	MetSat	箱式 1.6 m×1.6 m×1.1 m
	Meteor	圆柱 1.4 m×2.2 m
	MeteoSat	圆柱 3.2 m×3.7 m
遥感卫星	IKONOS	圆柱 1.8 m×1.6 m
	SPOT	箱式 3.1 m×3.1 m×5.7 m
	MSG	圆柱 3.2 m×3.7 m
	Skysat	箱式 0.6 m×0.6 m×0.95 m
其他	Fcal	球形 直径 0.445 m

图 7-5～图 7-8 给出了几种典型卫星的形状[4,5]。空间目标的几何特性的差异将导致目标的亮度等辐射特性发生变化。

图 7-5　IKONOS 卫星

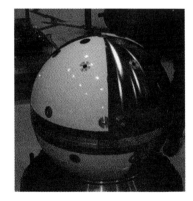

图 7-6　Fcal 标定星

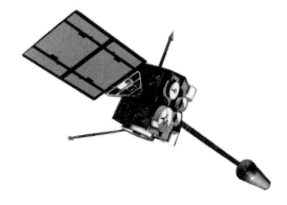

图 7 - 7　Skysat 卫星　　　　　　　　　　　图 7 - 8　GOES 卫星

7.2.1.4　光谱特性

　　对卫星、空间碎片等空间目标进行监视，主要依靠其反射的太阳光或自身辐射，掌握其表面材料的光谱特性有助于目标探测与识别。卫星组成一般包括卫星本体、太阳翼、天线等。太阳翼上贴有半导体硅或砷化镓电池片，靠它们将太阳的光能转化成电能。卫星本体表面通常贴附有温控材料，如聚酰亚胺薄膜等。由于不同空间目标采用的材料不尽相同，导致观测到的光谱特性存在一定差异。典型卫星表面材料如图 7 - 9 所示。

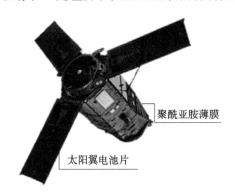

聚酰亚胺薄膜

太阳翼电池片

图 7 - 9　典型卫星表面材料[4]

　　不同空间目标表面材料的连续反射光谱曲线在近紫外、可见光和红外波段内具有明显的差异。例如，太阳能电池材料在 $0.4\ \mu m$ 附近具有极高的反射率，但在可见光和红外部分反射率很低，而热控涂层（白漆）在 $0.4\ \mu m$ 附近的反射率极低，在 $0.4\sim0.5\ \mu m$ 处具有一个明显的上升过程（特征窄波段），并在 $0.5\ \mu m$ 以后保持一个比较稳定的反射率。铝的反射率在可见光和红外波段相对稳定，没有明显的上升或下降趋势。聚酯薄膜的反射率在可见光和红外波段较为稳定，相对比较高，平均反射率在 0.8 以上。图 7 - 10（a）为 30 种太阳电池样片的反射光谱，图 7 - 10（b）为 10 种白漆样片的反射光谱，图 7 - 10（c）为 8 种铝材质样片的反射光谱；图 7 - 10（d）为 12 种聚酯薄膜样片的反射光谱。在空间目标监视相机设计时，需要根据空间目标材料的光谱特性选择合适的探测谱段。

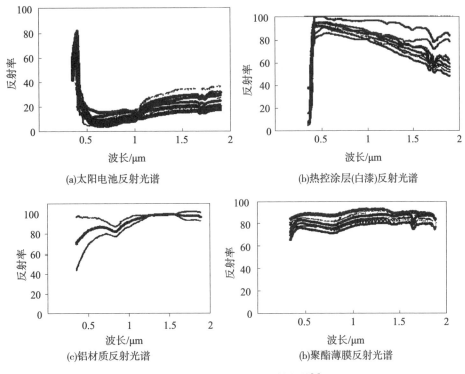

图 7 - 10　不同材料的反射光谱[6]

7.2.1.5　亮度特性

空间目标监视相机以卫星、碎片等为探测对象，其亮度是极为重要的目标特征之一。借鉴天文学中使用星等描述恒星的亮度，空间目标亮度也常用星等来描述，星等每相差一等，目标照度相差约 2.512 倍，星等越小，目标越亮。

星等与照度的转换关系如下[1]：

$$E = 1.78 \times 10^{-8} \cdot 10^{-0.4 \cdot M_{obj}} \ (W/m^2) \tag{7-4}$$

式中，E 为目标的照度；M_{obj} 为目标星等。

不同星等之间的关系为

$$M_{obj1} - M_{obj2} = -2.512 \lg \frac{E_1}{E_2} \tag{7-5}$$

式中，M_{obj1} 为目标 1 的星等；M_{obj2} 为目标 2 的星等；E_1 为目标 1 的照度；E_2 为目标 2 的照度。

太阳的星等为 -26.74，满月的星等为 $-12.74 \sim -11$。在空气质量较好的晴朗夜晚，人类肉眼可见的最暗星的星等约为 6。

当空间目标表面为完全光滑时，其反射特性简化为镜面反射；当空间目标表面为完全粗糙时，其反射特性简化为朗伯漫反射；更一般的是利用双向反射分布函数（Bidirectional Reflectance Distribution Function，BRDF）进行建模，适用于复杂表面。但通常将全反射和漫反射结合就足够了。目标的反射特性是卫星轨道参数、卫星姿态、表面材料、卫星几何结构的综合体现。目标星等与相位函数 $P(\psi)$ 等密切相关，其表达式如下[7]：

$$M_{\text{obj}} = -26.74 - 2.5\log\left\{\frac{\pi d^2}{R^2}\left[\rho_{\text{spec}}P_{\text{spec}}(\psi) + \rho_{\text{diff}}P_{\text{diff}}(\psi)\right]\right\} \tag{7-6}$$

式中，ψ 为相位角；ρ_{spec} 为镜面反射率；ρ_{diff} 为漫反射率；d 为目标直径；R 为目标与观测星之间的距离；P_{spec} 为镜面反射相位函数；P_{diff} 为漫反射相位函数。

不同形状目标的相位函数不一致，对于球形目标，其亮度特征主要与相位角有关。相位角 ψ 定义为观测目标-观测相机连线与观测目标-太阳连线的夹角，如图 7-11 所示。

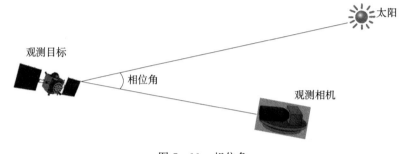

图 7-11　相位角

对于球形目标，其镜面反射相位函数和漫反射相位函数分别为

$$P_{\text{spec}} = \frac{1}{4\pi} \tag{7-7}$$

$$P_{\text{diff}} = \frac{2}{3\pi^2} \cdot [\sin\psi + (\pi - \psi)\cos\psi] \tag{7-8}$$

图 7-12 给出了尺寸为 10 cm 的球形目标的星等随相位角及距离的变化关系。对于 2 000 km 处尺寸 10 cm、反射率 0.3 的球形目标，0°相位角对应 13.6 星等；随着相位角的增加，同一个目标对应的星等呈升高趋势，45°时约为 14 星等；大于 45°时，星等升高更快。

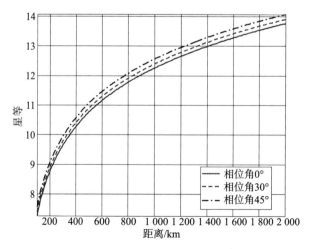

图 7-12　尺寸为 10 cm 的球形目标的星等随相位角及距离的变化关系

随着距离增大、尺寸减小，目标越来越暗弱，目标星等越大。固定相位角 45°，不同尺寸不同距离下的目标星等如图 7 - 13 所示。

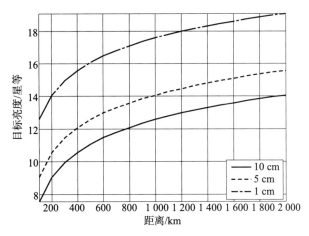

图 7 - 13　不同尺寸不同距离下的目标星等（相位角 45°）

对无姿态控制的空间目标而言，其在空间处于翻滚状态，运动姿态变化相对卫星剧烈得多，其相位角随时间的变化也会比较剧烈，导致其亮度特征会有明显变化，因此可以将亮度在时序上的变化作为判断其是否为失效目标的依据之一。

7.2.1.6　红外辐射特性

空间目标的红外辐射特性与目标表面温度、尺寸、材料等密切相关。卫星在轨道上运行，其主要热源来自太阳的辐射、地球的红外辐射和卫星内部仪器产生的热。由于太阳光辐射作用，卫星表面温度可达 100 ℃ 以上；当卫星在太阳阴影区飞行时，温度又会下降到 -100 ℃ 以下。工作卫星一般处在真空环境下工作，星上仪器工作常要求在 5～40 ℃，其温控主要是采用辐射和传导等方式。当卫星正常工作时，由于星上热控设备对温度进行控制，其温度状态比较恒定；但是一旦卫星失效，其温度将与光照密切相关。除此之外，温度还与表面材料有关。因此，对于判断目标是否正常工作来讲，目标辐射是一个很有用的信息。

对于无热控目标，假定目标为球形，其表面材料的可见光吸收率 α_V 和红外波段发射率 ε_{IR} 将决定其热平衡温度，如表 7 - 3 所示，$\alpha_V/\varepsilon_{IR}$ 越大，热平衡温度越高[8]。

表 7 - 3　表面材料特性对热平衡温度的影响

表面涂层	α_V	ε_{IR}	$\alpha_V/\varepsilon_{IR}$	在阳照区的热平衡温度/K
白色 TiO₂涂层	0.19	0.94	0.2	227
聚酯薄膜	0.17	0.5	0.34	247
黑漆	0.975	0.874	1.12	314
铝箔	0.192	0.036	5.33	454
抛光金板	0.301	0.028	10.8	540

7.2.1.7　偏振特性

材料偏振特性是光与物质相互作用所表现出的重要特性之一，与物质的性质密切相关。空间目标表面材料的反射光偏振特性与目标组成材料和不同材料表面的入射角有关，当目标与观测相机及光源相对位置改变时，探测到的反射光偏振状态会相应地改变，这些信号可能会由于特定目标的构成而不同，可以作为目标识别的依据[9]。

7.2.2　空间目标的背景特性

对空间目标进行监视时，目标处于深空背景中，典型深空背景的亮度为 22Mv/ $(")^2$。在深空背景中存在着成千上万的恒星。图 7 - 14 给出了根据 SAO （Smithsonian Astrophysical Observatory） 星表绘制的≤7 星等的恒星分布。根据恒星星表的恒星分布，在低银纬区域，恒星的密度较大，在天空中表现为一条平均宽度约 20°的云状光带 （通常称为银河带）。银河带集中了银河系中的大部分恒星，当空间目标出现在亮的银河系内星云和临近的银河外星系背景中时，对其探测会受到影响。恒星密度与恒星极限探测星等在对数坐标系下呈现近线性关系[10]。

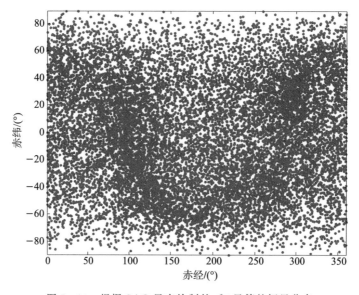

图 7 - 14　根据 SAO 星表绘制的≤7 星等的恒星分布

7.2.3　空间目标光学监视原理

空间目标监视任务是通过获取目标信息进行空间态势感知、目标飞越及时告知、碎片碰撞预警等，获取目标信息的手段包括主动手段和被动手段。被动手段主要依靠目标反射的太阳光对目标进行探测，其具备探测距离远、体积小、质量小、功耗低的优势，已成为获取空间目标信息的主要方式。

空间目标天基光学监视相机的工作原理如下：利用相机镜头采集空间目标及恒星等背

景辐射信息，将其汇聚在相机探测器上，经过光电转换、模/数转换等环节得到空间目标与背景图像，进而通过图像数据处理获取所需目标信息。对于获取的无尺寸、无结构、无纹理的点目标数据，通过目标检测、天文角定位、特征反演等处理，获取目标位置、光度等特征信息，为空间目标定轨、识别等任务奠定基础。对于获取的高分辨率有纹理特征的目标数据，通过目标特征识别等处理获取目标物理特征等信息，为目标识别奠定基础。

7.2.4　空间目标天基监视方法概述

空间目标天基监视系统的主要任务包括两大类：第一类是点目标探测定位任务，为空间目标的定轨编目任务提供信息，主要包括 GEO 目标周期性测轨编目、LEO 目标跟踪及轨道更新等；第二类是高分辨率成像识别任务，主要是近距离获得空间目标高分辨率的图像数据，为空间目标的特征识别提供数据源。为满足空间目标监视任务需求，在轨道设计、监视手段选取等方面需要重点考虑。国外空间目标天基监视系统的基本情况如表 7 - 4 所示。

表 7 - 4　国外空间目标天基监视系统基本情况[11,20]

名称	国家	发射时间	视场	谱段	特点
SBV	美国	1996 年	1.4°×6.6°	可见光	点目标广域探测
SBSS	美国	2010 年	4°×2°	可见光	点目标广域探测
MOST	加拿大	2003 年	2°×2°	可见光	点目标广域探测
STARE	美国	2012 年	2.08°×1.67°	可见光	点目标广域探测
Sapphire	加拿大	2013 年	1.4°×1.4°	可见光	点目标广域探测
NEOSSAT	加拿大	2013 年	0.85°×0.85°	可见光	点目标广域探测
金鯱卫星 1 号	日本	2013 年	4.6°×3.7°	红外	点目标广域探测
ORS - 5	美国	2017 年	4°×2°	可见光	点目标广域探测
ANGLES	美国	2009 年	—	—	近距离成像识别
GSSAP - 12	美国	2014 年	—	—	成像识别
GSSAP - 34	美国	2016 年	—	—	成像识别
GSSAP - 56	美国	2022 年	—	—	成像识别

7.2.4.1　轨道类型

常用的轨道类型包括太阳同步晨昏轨道、低轨小倾角圆轨道、近 GEO 零倾角轨道等。

太阳同步晨昏轨道下，轨道面的进动与太阳的周年视运动同步。在这种轨道下，通过固定指向可以一直保持顺光观测，光照条件较好，因此被很多天基监视卫星所采用。Sapphier[1]等卫星均采用了太阳同步晨昏轨道。

低轨小倾角圆轨道下，轨道面与赤道面夹角小，轨道位于低轨。在该轨道下，观测相机与 GEO 空间目标的相对运动速度保持不变，可以通过 TDI 的方式延长对空间目标的积分时间，用较小的口径获得较高的探测灵敏度。此种类型的轨道可以对 GEO 空间目标实现快速重访，ORS - 5[20]卫星采用了该种轨道。

近 GEO 零倾角轨道下，轨道面与赤道面共面，轨道高度相对 GEO 轨道差异较小，约几百到几千千米范围。在此种轨道下，由于相对 GEO 的距离近，因此可以实现更小空间目标的监视。国外天基监视卫星的主要任务及轨道类型如表 7-5 所示。

表 7-5　国外天基监视卫星的主要任务及轨道类型

卫星名称	主要任务	轨道类型
SBV/MSX	GEO 观测	太阳同步轨道
SBSS	GEO/LEO 监视	低轨星座,太阳同步轨道
NEOSSAT	小行星,GEO 观测	太阳同步轨道
ORS-5	GEO 观测	低轨小倾角轨道
GSSAP	GEO 观测	近 GEO 零倾角轨道

7.2.4.2　光学监视手段

常用空间目标监视手段包括点目标探测、高分辨率成像、光谱成像、偏振成像、热红外探测等。

（1）点目标探测

当一个目标相对相机的立体角 (A_s/R_1^2) 小于探测器一个像元相对相机的立体角 (A_d/R_2^2) 时，认为该目标为点源目标[21]。空间点目标探测是由于目标距离监视相机足够远，可以将空间目标当作一个点源进行探测，通过对点源目标的检测与定位，获取目标的轨道特征。基于定标反演目标亮度，还可以进一步识别目标姿态等特征信息。由于空间目标的分布范围广、目标数量众多，因此采用点目标探测手段进行监视是解决海量目标定轨编目的有效手段，也是当前使用最为普遍的技术手段。

（2）高分辨率成像

对空间目标进行高分辨率成像，获取空间目标的几何精细特征。不同的成像分辨率意味着目标所占像素数量不同，最终呈现出来的是对目标识别确认程度不同。假定空间目标尺寸为 4 m×4 m，不同分辨率下的成像效果如表 7-6 所示。由此可见，分辨率越高，对目标细节的识别能力越高。

表 7-6　尺寸为 4 m×4 m 的空间目标不同分辨率下的成像效果

成像分辨率/m	像素数量	成像效果
0.67	6×6	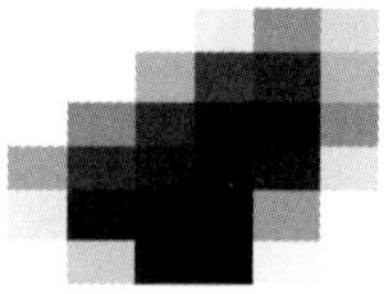

续表

成像分辨率/m	像素数量	成像效果
0.33	12×12	
0.17	24×24	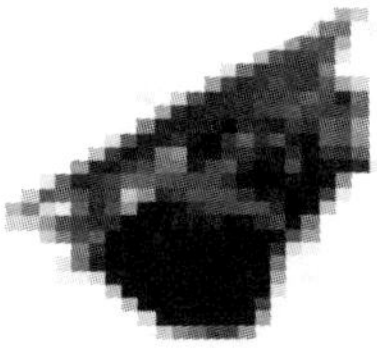
0.08	48×48	
0.04	96×96	

（3）光谱成像

空间目标表面包含不同的材料，不同材料具有不同的光谱特性，根据不同谱段的成像数据，可以获得不同部组件的特征信息。2008 年，美国 Phan D. Dao 等利用 2.4 m 的马格达莱纳岭天文台（Magdalena Ridge Observatory）对美国国防气象卫星（Defense Meteorological Satellite Program，DMSP）进行了多谱段成像，在不同谱段获取到了不同的特征信息。部分谱段的结果如图 7 - 15 所示，图中所示的太阳相位角为 40°。利用目标多谱段图像数据，有利于快速获取目标的特征信息[22]。

（4）偏振成像

光波的偏振参量携带了区别于光强、相位、光谱的独有特征信息。偏振成像技术与传统成像探测技术相比，可以获取目标光辐射的偏振强度值、偏振度、偏振角、偏振椭圆率等参数，大幅增加了被探测目标的信息量。通过对空间目标进行偏振成像，可以获得空间目标表面形状、材料和运行状态等信息，进一步增强对空间目标的识别能力。

（5）热红外探测

利用热红外探测手段可以获取空间目标的辐射信息，尤其是对于阴影区无光照条件下的空间目标监视具有重要意义。

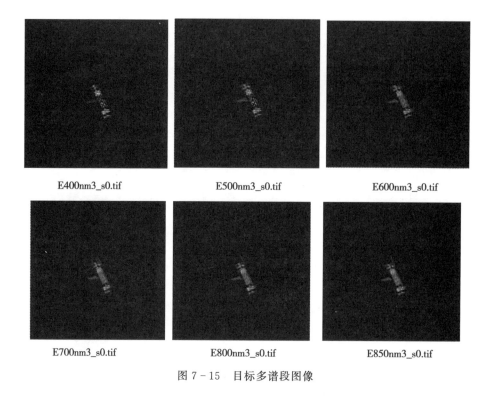

E400nm3_s0.tif　　　　　　E500nm3_s0.tif　　　　　　E600nm3_s0.tif

E700nm3_s0.tif　　　　　　E800nm3_s0.tif　　　　　　E850nm3_s0.tif

图 7-15　目标多谱段图像

当前采用可见光探测与成像是主流手段，7.4 节以可见光手段为例介绍空间目标监视相机的设计要点。

7.2.5　空间目标天基监视系统能力评估方法

常用的空间目标天基监视系统能力评估方法如下。

（1）可探测星等

可探测星等代表空间目标天基监视系统能够探测到的最弱空间目标的能力，可探测星等越高，可探测到的目标数量越多，尺寸越小，距离越远。对于利用低轨卫星可见光相机监视高轨空间目标，如需要看到尺寸 10 cm、反射率 0.2 的目标，可探测星等需要达到 19.5 星等以上。当前美国太空监视网络（Space Surveillance Network，SSN）可以实现低轨尺寸 10 cm 以上、高轨尺寸 1 m 以上的空间目标探测跟踪。可探测星等取决于空间目标监视相机的探测灵敏度。

（2）天文测角精度

对于探测定位系统，需要完成目标的天文角测量，以支持目标定轨和编目任务。天文角测量精度越高，其目标定轨精度越高。测角误差每增加 5″，半长轴均方差大约增加 10 km[23]。在轨道测量误差 3 m、测角精度 5″时，随着观测圈数的叠加，GEO 卫星的轨道确定精度可由 500 m 量级提升至百米量级[24]。影响测角精度的因素主要包括卫星姿态精度、时间同步精度、相机安装误差以及焦平面像点坐标测量精度等。

（3）光度测量精度

为完成空间目标的识别、编目等任务，需要对空间目标的光度信息进行测量。光度测量是指测量来自天体或其他人造空间目标有限波段的辐射量，以星等为单位[25]。光度特征能一定程度上反映目标的尺寸、形状、表面材质、姿态及运行状态等特征，通过对光度测量数据进行深入分析和信息挖掘，有助于提高对目标的个体识别能力。对空间目标的监管一般要求光度测量精度优于 0.2 星等[26]，光度测量精度与相机的信噪比、绝对辐射定标精度等因素有关。

（4）重访周期

重访周期是指空间目标监视相机为探测目标随着时间变化而对同一目标重复访问的最小时间间隔，体现了监视的连续性和及时性。越是重点的目标或应急的任务，所需要的重访周期就越短。以 ORS-5 卫星为例，每天可以实现 15 次目标重访[20]。重访周期与卫星轨道、相机视场角等因素有关。

（5）覆盖效率

覆盖效率体现在一定时间内可访问到的目标数量占目标总数量的比例，反映了系统对目标的普查能力。覆盖效率与卫星轨道、相机视场角等因素有关。

（6）观测弧段

观测弧段体现了对目标一次观测的时间长短，观测弧段长度会影响定轨精度，太短将无法获取轨道的曲率信息，难以有效确定新发现目标的初轨。观测弧段与卫星轨道、相机视场角等因素有关。

7.2.6　影响天基监视能力的因素

7.2.6.1　外部因素

（1）杂光及背景

杂光可分为外部杂光和内部杂光。外部杂光指太阳光、地气光等，内部杂光主要是光学系统自身产生的杂光。空间目标监视相机工作在可见光谱段时，外杂光是需要消除的主要杂光，其面临的主要外杂光包括地气杂光、太阳杂光等。

1）地球反射光/太阳光/月光。空间目标监视相机在轨工作时，视场外的地表反射光、太阳光、月光会进入相机到达像平面上，这种到达相机像平面的非有效光线称为杂光。若对杂光抑制不当，其就会在像面上产生干扰，降低图像信噪比，影响目标的检测。

2）大气辉光。大气辉光是空间光学辐射背景中重要的自然发光现象，主要由太阳紫外辐射直接或间接激发大气分子、原子而产生。大气辉光辐射分为白昼辉光辐射、曙暮辉光辐射和夜间辉光辐射。白昼辉光辐射和曙暮辉光辐射主要是被太阳光照射的大气产生的共振和荧光过程，夜间辉光辐射主要是被太阳光白天照射破坏的高层大气中的分子在温度降低重新复合或多种粒子相互碰撞时而产生的辐射。大气辉光背景可对暗弱目标的探测提取产生严重影响。为避免夜间大气辉光的影响，应尽量使相机观测下边沿的临边切点高度大于 300 km[27]。

3）黄道光。位于太阳周围的尘埃粒子引起的太阳光散射使得太阳光在黄道面附近弥散地分布，从而形成可见光波段的黄道光；同时，粒子受太阳辐照影响，其自身温度引起热辐射，从而形成红外波段的黄道光。因此，黄道光能量主要集中在可见光和红外波段，其分布位于地球赤道及低纬度地区[28]。黄道光亮度随着观测卫星和太阳的距离增大而减小[29]，对于近地轨道飞行器，其与太阳之间的距离变化远小于日地距离，其距离近似为日地距离。黄道光典型辐亮度为 8.9×10^{-7} W/(m²·sr)。在探测暗弱目标时，黄道光也会构成杂光，在相机设计时需要充分考虑其影响。

（2）空间辐射

空间辐射环境中的银河宇宙射线、地球捕获辐射带、太阳宇宙射线和核爆环境都会影响天基空间目标光电监视系统的正常功能。对于空间暗弱点目标监视类的高灵敏度相机，高能粒子会造成探测器噪声异常增加，灵敏度和探测性能下降。以我国 2013 年 7 月发射的天基空间碎片探测技术科学试验卫星为例，其在经过南大西洋异常区（South Atlantic Anomaly，SAA）时，所获取的图像数据出现异常[30]。由于相机 CCD 探测器受到 SAA 区中高能粒子的影响，探测器噪声显著增大，在图像上形成了很多白色条痕状亮线，甚至在 CCD 探测器暗像素区形成了很多明显的亮点，从而影响目标探测。这需要在设计相机时充分考虑其影响，并采取相应的抗辐照加固措施。

（3）地影

太阳光线直射地球，由于地球本体对太阳光线的遮挡，使得在地球背面形成一片光照盲区，这片区域因为无太阳光照射，十分黑暗，所以被称为地影。对于可见光监视相机，要求空间目标必须被光源照亮，与拍照的原理类似：太阳光线照射空间目标，目标反射太阳光，被空间目标监视相机捕获，方能对空间目标形成有效的探测。这就要求空间目标不能处于地影中，否则可见光相机无法探测。如需要在地影区探测，就需要借助热红外手段。

不同目标在不同时间所处地影的时间不一样。以地球同步轨道卫星为例，在轨 1 年内绝大部分时间处在光照区，处在地影时间少。图 7-16～图 7-19 分别给出了春分、秋分、夏至和冬至地影。地影分为本影和半影，本影指没有受到太阳直射的光线，半影是指受到部分太阳直射的光线。对于不同倾角的目标，一年和一天内处于阳照区和阴影区的时长结果分别如表 7-7 和表 7-8 所示。其中，在春分和秋分时 0°倾角目标在阴影区的时间为 1.16 h，在夏至和冬至时目标星不会出现在地影区。

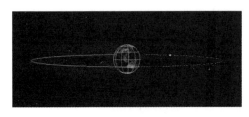

图 7-16　春分地影　　　　　　　　　　　图 7-17　秋分地影

图 7 - 18 夏至地影

图 7 - 19 冬至地影

表 7 - 7 一年内不同倾角下目标阴影区时长

目标倾角	阳照时长/天	阴影时长/天	阴影时长/总时长
0°	363.331 5	3.668 5	约1%
10°	363.266 9	3.733 1	约1%
15°	363.433 2	3.566 8	约1%

表 7 - 8 一天内不同倾角下目标阴影区时长

轨道倾角	时刻	本影时长/h	半影时长/h	阴影总时长/h
0°	春分	1.12	0.04	1.16
	夏至	0	0	0
	秋分	1.12	0.04	1.16
	冬至	0	0	0
15°	春分	0	0	0
	夏至	0	0.45	0.45
	秋分	0	0	0
	冬至	0	0	0

对于低轨道目标而言,在轨运行过程中有较长时间会处于阴影区中。以高度500 km轨道为例,卫星在一个轨道周期内在阴影区的时间比例占35%以上,其光照如图7-20所示。

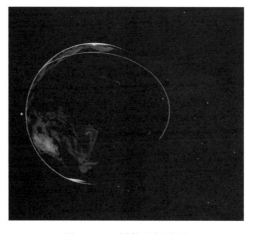

图 7 - 20 低轨目标光照

　　文献［31］给出了空间目标温度随着光照的变化情况，如图 7-21 所示。因为在阴影区和阳照区的热平衡温度不一样，所以在阴影区和阳照区的温度存在较大差异，在阴影区的平均温度约为 280 K，在阳照区的平均温度约为 320 K。

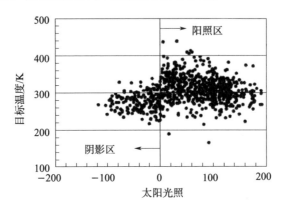

图 7-21　空间目标温度随光照的变化

7.2.6.2　内部因素

　　可探测星等与空间目标监视相机的探测灵敏度等性能指标有关。天文测角精度除了与卫星平台的姿态误差等相关外，还与相机的定位精度密切相关。定位精度与相机的 PSF 分布、角分辨率、信噪比等指标密切相关。光度信息测量精度与系统信噪比等有关，信噪比越高，测量精度越高。覆盖效率、重访周期、观测弧段等除了与观测星的轨道有关外，还与相机的探测距离和监视范围密切相关。

　　空间目标监视相机各部组件的设计会对空间目标探测能力产生影响，主要包括光学、结构、探测器/电子学、热控、定标等方面，需要着重考虑。各部组件对系统能力指标的影响关系如表 7-9 所示。

表 7-9　各部组件对系统能力指标的影响关系

系统组成 能力指标	光学	结构	探测器/电子学	热控	定标	杂光抑制
可探测星等	√	√	√	√	/	√
测角精度	√	√	√	√	√	√
亮度测量精度	√	√	√	√	√	√
重访周期	√	/	√	/	/	/
覆盖效率	√	/	√	/	/	/
观测弧段	√	/	√	/	/	/

7.3　任务分析与总体方案论证

7.3.1　任务需求分析

任务需求是系统建设的牵引，为了使得空间目标监视相机设计更加合理可行，需要开展充分的任务需求分析。空间目标监视系统的最终目标是服务于空间目标的定位和识别，为了实现这一目标，需要通过合理的系统指标设计确保基本的探测弧长和测角精度，同时保证测轨数据充足，形成良好的探测重访周期。上述任务需要卫星平台、有效载荷、地面处理系统等多方共同完成，空间目标监视相机是完成空间目标监视任务的一个环节。任务需求分析通常需要与用户及相关方共同开展，综合考虑全链路各环节的影响，以实现整个空间目标监视系统优化。

7.3.2　性能指标分析

空间目标监视相机的性能指标根据任务需求分析得出，是相机设计的输入，主要性能指标分析如下。

7.3.2.1　信噪比

空间目标监视任务通常需要进行暗弱目标探测，目标信号弱，易淹没在噪声中。从噪声环境中检测信号存在两种情况：一是有效地提取目标信号，其可能性大小称为探测概率；二是将无目标样值判为有目标的概率，称为虚警率。信噪比的大小影响到探测概率和虚警率。探测概率和虚警率的数学表达式如下[32]：

$$P_d = 0.5\left[1 + \mathrm{erf}\left(\frac{\mathrm{SNR} - \mathrm{TNR}}{\sqrt{2}}\right)\right] \tag{7-9}$$

$$P_f = 0.5\left[1 - \mathrm{erf}\left(\frac{\mathrm{TNR}}{\sqrt{2}}\right)\right] \tag{7-10}$$

$$\mathrm{erf}(x) = \frac{2}{\pi}\int_0^X \exp(-t^2)\mathrm{d}t \tag{7-11}$$

式中，P_d 为探测概率；P_f 为虚警率；TNR 为阈值噪声比；SNR 为系统信噪比。

探测概率与信噪比、虚警率的关系曲线如图 7-22 所示。

从图 7-22 可以看出，虚警率要求越高，在相同信噪比情况下探测概率越低；在相同虚警率情况下，信噪比越高，探测概率越高。当信噪比优于 6 时，系统的虚警率优于 10^{-5} 时系统的探测概率可达 95%。因此，信噪比是点目标探测系统的一个常用评价指标。信噪比的高低影响到点目标的检测与定位。不同信噪比的点目标探测图像如图 7-23 所示。

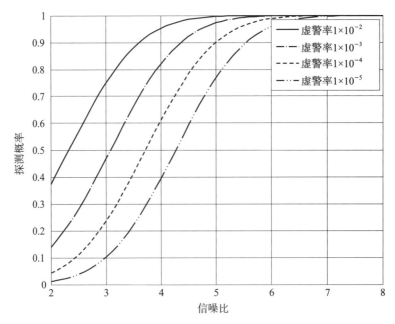

图 7 – 22　探测概率与信噪比、虚警率的关系曲线

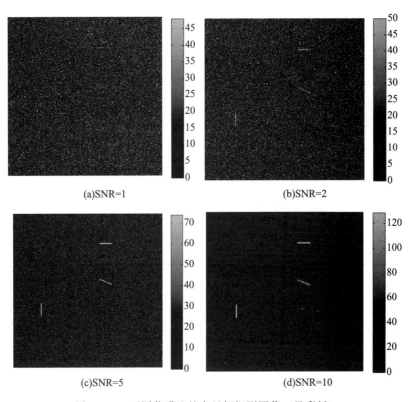

图 7 – 23　不同信噪比的点目标探测图像（见彩插）

国外典型空间目标监视系统的信噪比阈值如表 7 - 10 所示。

表 7 - 10　国外典型空间目标监视系统的信噪比阈值[13~16,33]

监视系统	信噪比阈值
SBV	6
AsteroidFinder	5
Sapphier	6
STARE	3

探测信噪比阈值设置将影响对目标的可探测星等，探测信噪比阈值越低，可探测星等越高，同等光照和观测距离条件下可探测到的目标越小。

按照电子数计算信噪比的公式如下[34]：

$$\mathrm{SNR} = \frac{S_e}{\sqrt{(S_e + S_b) + I_d \cdot t_{int} + N_r^2 + N_{cir}^2 + N_q^2}} \qquad (7-12)$$

式中，S_e 为信号电子数；S_b 为背景电子数；I_d 为探测器暗电流噪声电子数；t_{int} 为积分时间；N_r 为读出噪声电子数；N_{cir} 为电路噪声电子数；N_q 为量化噪声电子数。

总噪声电子数为

$$N_e = \sqrt{S_e + S_b + I_d \cdot t_{int} + N_r^2 + N_q^2 + N_{cir}^2}$$

信号电子数通过下面的公式计算得到，首先将式（7-4）得到的照度转化成探测器单位时间接收的光子数，即

$$P_S = \frac{k \cdot \tau_o \cdot A_{opt} \cdot E}{hc/\lambda} \qquad (7-13)$$

式中，P_S 为探测器单位时间接收的光子数；τ_o 为光学系统的透过率；k 为系统能量集中度；h 为普朗克常数；λ 为波长；c 为光速；A_{opt} 为通光口径的面积，对于无遮拦圆孔径光学系统，A_{opt} 为 $\pi D^2/4$，D 为光学系统口径。

探测器输出的电子数为

$$S = P_S \cdot t_{int} \cdot \eta = \frac{k \cdot \tau_o \cdot A_{opt} \cdot E \cdot t_{int} \cdot \eta}{hc/\lambda} \qquad (7-14)$$

式中，η 为量子效率；t_{int} 为积分时间。

假定探测器量子效率为 75%，读出噪声为 $2e^-$，不同口径光学系统可以实现的探测能力如表 7 - 11 所示。

表 7 - 11　不同口径光学系统可以实现的探测能力

口径/mm	F 数	焦距/mm	探测能力	对应目标距离和大小（60°相位角）
130	1.4	185	14 星等	2 000 km、10 cm
215	1.9	467	15 星等	2 000 km、6 cm
340	2.2	764	16 星等	2 000 km、4 cm

续表

口径/mm	F 数	焦距/mm	探测能力	对应目标距离和大小(60°相位角)
540	2.8	1 528	17 星等	2 000 km、2.5 cm

对于探测定位类系统，无穷小点源目标在像面上会产生弥散斑，一般用 PSF 表示。对于衍射限光学系统，其弥散斑（也称为艾里斑）的直径为

$$d_{Airy} = 2.44 \frac{\lambda fl'}{D} \tag{7-15}$$

式中，D 为光学系统口径；fl' 为光学系统焦距。

对于衍射限光学系统的艾里斑，其 FWHM 如图 7-24 所示，计算公式如下：

$$d_{FWHM} = 1.02 \frac{\lambda fl'}{D} \tag{7-16}$$

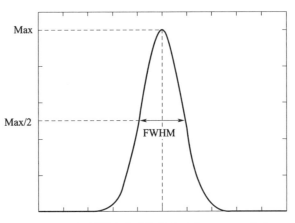

图 7-24　衍射限光学系统的艾里斑 FWHM 定义

为了较好地重建出 PSF，PSF 的 FWHM 需要至少扩展到 1.5～2 个像素，这种尺度的采样称为临界采样。如果 FWHM 在 1.5 个像素以内，将难以重建出 PSF，其测角和亮度测量精度会比较低，这种采样称为欠采样。在过采样条件下，目标弥散在多个像素内，尽管 PSF 能够以较高的精度拟合出来，但是信噪比下降会比较明显。临界采样在保证可以获得较高测角精度的条件下能够获得最高的信噪比[35]。图 7-25 给出了 3 种采样条件下的弥散斑。

一般将弥散斑近似成二维高斯分布形式[36]，用归一化的高斯分布函数描述点目标在探测器上的弥散情况，如下：

$$E(x,y) = \frac{1}{2\pi\sigma^2} \exp\left(\frac{x^2 + y^2}{2\sigma^2}\right) \tag{7-17}$$

$$\int_{-\infty}^{\infty} \int_{-\infty}^{\infty} E(x,y)\,dx\,dy = 1 \tag{7-18}$$

式中，σ 为标准差。

不同 σ 下目标的能量集中度如表 7-12 所示，表中 $E_{3\times3}$ 为 3×3 个像素内的能量集中

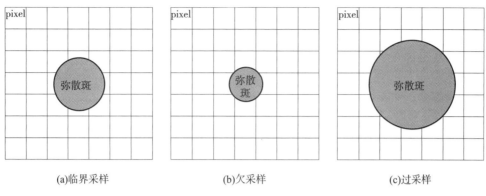

(a)临界采样　　　　　　　　(b)欠采样　　　　　　　　(c)过采样

图 7-25　3 种采样条件下的弥散斑

度，$E_{2\times2}$ 为 2×2 个像素内的能量集中度，E_{center} 为中心像素的能量集中度，K 为以百分比形式给出的中心像素的能量集中度。不同 σ 下点目标弥散斑如图 7-26 所示。

表 7-12　不同 σ 下目标的能量集中度

大小	σ				
	0.3	0.4	0.5	0.6	0.7
$E_{3\times3}$	1	0.999 6	0.994 6	0.975 3	0.936 8
$E_{2\times2}$	0.998 3	0.975 3	0.911 1	0.818 0	0.717 2
E_{center}	0.818 0	0.622 0	0.466 1	0.354 4	0.275 6
K	81.8%	62.2%	46.61%	35.44%	27.56%

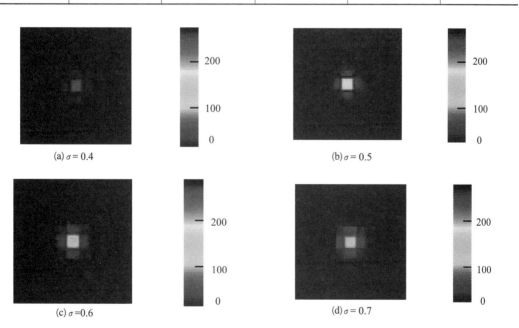

(a) $\sigma = 0.4$　　　　　　　　　　(b) $\sigma = 0.5$

(c) $\sigma = 0.6$　　　　　　　　　　(d) $\sigma = 0.7$

图 7-26　不同 σ 下点目标弥散斑（见彩插）

目标在图像中的位置测量精度，也即定位精度，会对最终的定轨精度产生重要影响。目标在图像中的灰度信息是光度信息反演的输入。为了对目标进行高精度测量，需要对目标的能量分布进行高精度拟合。对能量分布的拟合精度与信噪比有关，信噪比越高，能够拟合的精度越高[35]。拟合的精度越高，对目标光度和位置的测量精度越高。有噪声的点目标图像和拟合出的高斯函数如图 7 - 27 所示。

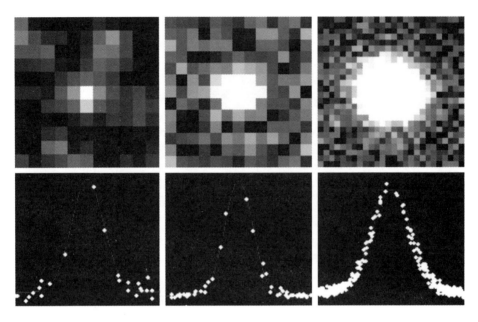

图 7 - 27　有噪声的点目标图像和拟合出的高斯函数[35]

光度测量的误差如下：

$$\sigma_{\text{phot}} = \frac{\log\left(1 + \dfrac{1}{\text{SNR}}\right)}{\log(2.5)} \qquad (7 - 19)$$

式中，σ_{phot} 为估计星等的 1σ 随机误差。

假设点源目标适当采样，则测角误差可由如下公式估计：

$$\sigma_{\text{ast}} = \frac{\sigma_{\text{PSF}}}{\text{SNR}} \qquad (7 - 20)$$

式中，σ_{PSF} 可以由 FWHM $\div 2.355$ 得到。

图 7 - 28 所示为某相机在曝光时间 4 s 的情况下，质心定位误差与信噪比的关系[17]。

7.3.2.2　角分辨率

角分辨率会影响定位精度，在同等图像质量和质心提取能力条件下，角分辨率越高，定位精度就越高。若需要定位精度达到 15 μrad，如果质心提取精度达到 1/3 pixel，则要求角分辨率达到 45 μrad。综合考虑定位精度、数据量、探测器能力等因素，当前天基空间目标监视相机的角分辨率通常为 20～100 μrad。表 7 - 13 给出了国外典型空间目标监视系统的角分辨率。

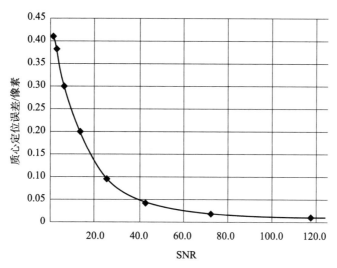

图 7 - 28　质心定位误差与信噪比的关系

表 7 - 13　国外典型空间目标监视系统的角分辨率[13~16,33]

名称	角分辨率/μrad
SBV	60
Sapphire	24
AsteroidFinder	20
STARE	25
MOST	34

　　对于运动目标，角分辨率越高，其驻留时间就越短，同时满足搜索视场要求所需的像元个数就越多。角分辨率 $\mathrm{IFOV_a}$ 的计算公式为

$$\mathrm{IFOV_a} = \frac{p}{fl'} \tag{7-21}$$

式中，p 为像元尺寸；fl' 为相机焦距。

　　在探测器像元尺寸确定的情况下，角分辨率与焦距成反比，焦距越长，角分辨率越高。然而，焦距越长，为了满足视场要求，就需要更大规模的面阵探测器。因此，在系统设计过程中需要结合系统实现难度、系统规模等进行折中考虑。

　　此外，角分辨率与灵敏度指标相互制约。如果探测灵敏度较高，需要角分辨率也要足够高，否则会产生较大的恒星虚警。根据恒星数量随视场的变化关系模型[37]，不同角分辨率下视场内的恒星分布（图中为相同像素数量的图像）如图 7 - 29～图 7 - 31 所示。

　　可见，探测灵敏度越高，同等角分辨率下恒星越密集，需要提高角分辨率来降低恒星在像面上的稠密度，以此降低恒星虚警。

图 7 - 29　12″角分辨率下 15 星等恒星分布

图 7 - 30　12″角分辨率下 14 星等恒星分布

图 7 - 31　6″角分辨率下 15 星等恒星分布

7.3.2.3　监视范围

　　监视范围是指在一段时间内的成像覆盖范围，与相机的机动能力和视场有关，最终影响系统的探测效率、重访周期、可见弧长等指标。视场的大小影响一次成像的覆盖范围，进而影响覆盖效率和观测弧长等。不同视场的覆盖范围如图 7 - 32 所示。

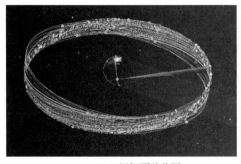 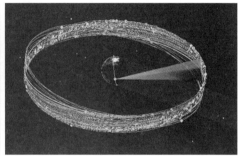

(a) 3°×3°视场覆盖范围　　　　　　　　　　(b) 10°×10°视场覆盖范围

图 7 - 32　不同视场的覆盖范围（见彩插）

　　在 600 km 高度太阳同步晨昏轨道的不同视场的监视相机对 GEO 和 LEO 空间目标的覆盖效率如表 7 - 14 所示，可见视场越大，相同时间内对目标的覆盖效率越高。

表 7 - 14　不同视场的监视相机对 GEO 和 LEO 空间目标的覆盖效率

天数 视场	覆盖效率/1 天	覆盖效率/3 天
1.4°×1.4°	26.2%	69.4%
3°×3°	66.4%	93.4%
10°×10°	96.0%	98.0%
20°×20°	98.4%	98.4%

　　空间目标天基监视相机的视场会影响到观测弧段长度和重访次数。随着视场的增大，对目标的可见时间和可见次数均会增加，进而提高定轨的精度和态势获取的及时性，如表7 - 15 所示。但是，通常视场越大，系统的设计研制难度也会越大。

表 7 - 15　不同视场的监视相机观测弧段仿真结果

视场	每次平均可见时间/s	每天可见次数/次
3°×3°	170	1
10°×10°	570	1.5
20°×20°	1 200	2
40°×40°	2 200	3

7.3.2.4　动态范围

　　从目标探测角度，在一次覆盖视场范围内可能会存在多个目标。由于空间目标的距离远近不一，大小不等，亮度不同，因此需要空间目标监视相机具备较大动态范围，以满足同时监视多类目标的需求。以低轨卫星空间目标监视相机观测低轨空间目标为例，取相位角 30°，不同尺寸目标的星等分布如图 7 - 33 所示。

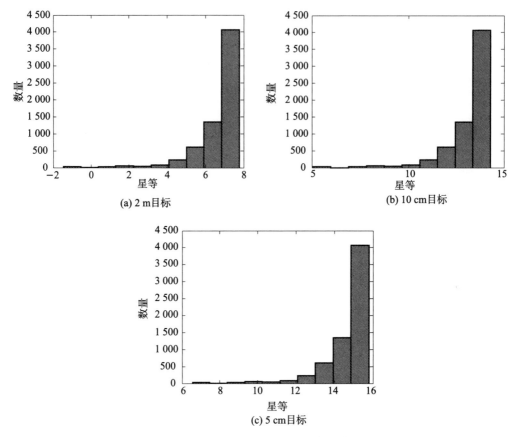

(a) 2 m目标

(b) 10 cm目标

(c) 5 cm目标

图 7 - 33　不同尺寸目标的星等分布

由于目标距离和尺寸的变化，导致目标亮度呈现较大的动态范围。对于 5 cm～2 m 的目标，在相同光照条件下其动态范围主要集中在 5～15 星等。

从空间目标成像角度，卫星外表面有多种材料，不同材料的反射率差异较大。以太阳帆板为例，其反射率约为 0.05，而对于温控多层，其反射率高达 0.9，按照朗伯反射模型考虑，相位角在 0°～85°范围内，其辐亮度范围在 0.78～161.38 W/（m² · sr），需要较大的成像动态范围。不同相位角和反射率下的目标辐亮度如表 7 - 16 所示。

表 7 - 16　不同相位角和反射率下的目标辐亮度

相位角/(°)	反射率/[W/(m² · sr)]									
	0.05	0.1	0.2	0.3	0.4	0.5	0.6	0.7	0.8	0.9
0	8.97	17.93	35.86	53.79	71.72	89.65	107.58	125.51	143.44	161.38
45	6.34	12.68	25.36	38.04	50.72	63.39	76.07	88.75	101.43	114.11
85	0.78	1.56	3.13	4.69	6.25	7.81	9.38	10.94	12.50	14.06

7.3.2.5　指向

空间目标监视相机的指向功能需要重点关注。一方面，需要利用指向功能避开不合适的观测环境，如地球阴影区、地球临边或者太阳；另一方面，需要利用指向功能保证良好的光照条件，适合观测。太阳-空间目标与空间目标-天基监视相机夹角越小，目标在观测相机上越亮。此外，还需要考虑通过指向提升对目标的覆盖概率及通过指向改变目标与相机之间的相对运动。具体而言，在指向设计时要充分考虑以下要素[38]：

1）保证在合适的积分时间内观测到的弧线长，以得到最优的初始轨道参数。

2）在视场内获得合适的目标相对角速度，目标相对角速度越慢，获得观测精度和灵敏度越高。

3）对给定区域的总体可见性。

4）对单个目标的重访时间。

5）非适宜观测条件的规避，如指向地球阴影的方向等。

以低轨太阳同步晨昏轨道空间目标监视相机观测 GEO 带目标为例，监视相机的最佳指向策略如下：卫星运行至升交点和降交点附近时分别对 GEO 带上的 2 个观测点进行观测，当运行至"汇聚点"附近时，通过姿态调整，延长对 GEO 带的观测时间，增加大倾角 GEO 目标的观测数量，从而提高天基空间目标监视相机的观测效率。"汇聚点"是 GEO 轨道上两个目标比较集中的区域[39]。

7.3.3　总体方案论证

7.3.3.1　总体技术路线论证

由于空间目标数量多、强弱不一、分布范围广、相对运动速度快，因此需要空间目标监视相机具备广域、高灵敏度、大动态范围、高精度、快速反应等能力。要实现高灵敏度监视，可以采用大视场小 F 数光学系统、高灵敏度探测器、高杂光抑制比、基于图像累加的信噪比增强等技术；要提高监视范围，可以采用大视场光学系统、多相机视场拼接及大范围扫描等技术；要实现大动态范围，可以采用大动态范围探测器、多次曝光高动态处理等技术；要实现高定位精度，可以采用高稳定性设计、高精度几何定标等技术；要实现快速反应，可以采用星上快速目标检测定位、自动曝光等技术。

7.3.3.2　相机功能论证

根据任务特点，空间目标监视相机需要获取大范围空间目标及背景数据；为了降低数据下传压力，有些相机需要完成在轨目标检测与定位，将目标和部分恒星位置信息及相应图像下传；为了满足对不同运动速度目标的数据获取，需要相机具备成像参数调整能力；为实现高精度反演定位，需要对相机进行在轨标定；为保证相机的正常工作，需要相机具备自主温控功能。

根据任务分析，通常要求空间目标监视相机具备如下功能：

1）空间目标及背景高灵敏度探测功能。

2）在轨成像参数调整功能。

3）数据在轨预处理及目标检测定位功能。

4）自主温控功能。

5）在轨标定功能。

7.3.3.3　观测模式选择

空间目标监视相机一般采用两种观测模式，一是恒星跟踪模式，二是目标跟踪模式。

（1）恒星跟踪模式

基于卫星惯性指向模式，保持相机指向不动，对特定天区凝视成像，此时，恒星的像在相机像面上基本不动，呈现为一个点状目标。空间目标相对天区运动，在积分时间内在图像中呈现为条痕状目标。此种模式下，如果目标相对运动速度太快，会影响目标的探测能力。恒星跟踪模式下，可基于恒星与目标运动特征的差异性将目标检测出来。恒星跟踪模式下空间目标观测如图 7 - 34 所示。

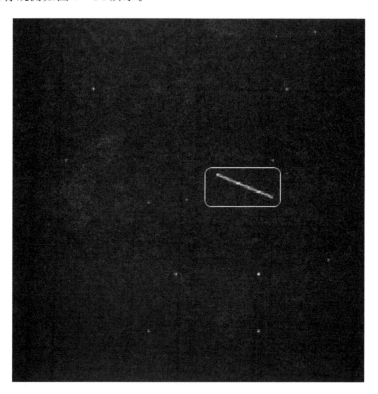

图 7 - 34　恒星跟踪模式下空间目标观测

（2）目标跟踪模式

通过卫星姿态机动或者相机二维指向机构调整，控制相机视轴运动，使得相机视轴随空间目标运动方向一起运动，补偿与目标相对运动引起的像移，使得空间目标的像在相机像面上基本不动，呈现为一个点状目标，而恒星在图像中呈现为条痕状目标。这种方式可以获取相对较高的信噪比，但是需要事先知道空间目标的轨道信息，并进行引导。目标跟踪模式下空间目标观测如图 7 - 35 所示。

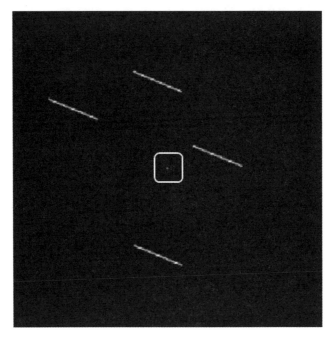

图 7 - 35　目标跟踪模式下空间目标观测

在空间目标搜索发现阶段，可以采用恒星跟踪模式；在目标精细定轨和识别阶段，可以采用目标跟踪模式。

7.4　相机系统设计

7.4.1　总体方案设计

空间目标监视相机系统主要由光学系统、探测器、结构与机构、电子学系统和温控系统等组成。

7.4.2　光学系统选型与设计

光学系统是空间目标监视相机的核心组成部分之一，光学系统接收一定谱段范围和一定空间范围内的辐射能量，并将辐射能量聚焦到探测器上。其设计原则和选型设计如下。

（1）设计原则

空间目标监视相机光学系统设计主要原则如下：

1）光谱范围要宽，能够接收到更多能量。

2）镜片数量尽可能少，材料既要轻又要性能好。

3）非球面数量越少越好。

4）像点弥散斑分布要与探测器像元尺寸匹配。

5）鬼像等非正常光的能量要尽可能低。

6）公差尽可能宽松，降低光学加工、装调难度。

7）适应空间环境，如真空、辐照等。

（2）选型设计

光学系统形式包含反射式、折射式和折反式几种。为了提升点目标探测定位类相机的测量精度、监视范围和灵敏度等，需要光学系统同时具备较大相对口径、视场和通光口径。而综合指标越高，光学系统的空间带宽积越大，系统越复杂，实现难度越大。因此，需要对光学系统选型进行优化。根据空间目标监视相机的特点，常用的点目标探测定位类光学系统形式如下：

1）折射式光学系统。折射式光学系统可以实现较大视场，大视场点目标探测定位系统（视场＞6°）普遍采用折射形式。折射式光学系统的口径越大，视场角越大，组成系统的镜片数量越多，长焦比越大，导致系统的透过率、体积、质量也会呈非线性增加。尤其是当口径增大到 150 mm，视场角增大到 20°以上时，光学系统的镜片数量可达 11 片甚至更多，长度与焦距的比值达到 4[40]。为了实现较大口径和视场，通常采用若干个非球面。以 NASA 的凌日系外行星巡天卫星（Transiting Exoplanet Survey Satellite，TESS）广域监视相机为例，相机口径 105 mm，采用透射式系统，其光学系统包含 7 片透镜、2 个非球面[41]。TESS 光学系统的主要指标如表 7 - 17 所示。

表 7 - 17　TESS 光学系统的主要指标

项目	指标
视场角/(°)	24×24
入瞳直径/mm	105
F 数	1.4
谱段/nm	600～1000
能量集中度/%	50（单像素） 90（4×4 像素）

2）离轴三反消像散（Three Mirror Anastigmatic，TMA）系统。离轴三反消像散系统是常用的中等口径点目标探测光学系统，其中中段空间试验卫星（MSX）、蓝宝石卫星（Sapphire）、小行星发现者卫星（AsteroidFinder）等的相机均采用了此种类型的光学系统。此类光学系统的口径一般为 150～300 mm，视场角为 1.4°～6°。该类型光学系统具有无中心遮拦、能量利用率高、视场范围大等特点，因此在空间目标监视相机上得到广泛应用。TMA 光学系统主要由主镜、次镜和三镜构成，系统的孔径光阑一般位于次镜上，主镜收集视场内的入射辐射投射到次镜上，最终经三镜将景物成像到焦面上。TMA 光学系统视场是非对称的，在一个方向上视场较小，此方向为主镜、三镜的宽度方向；而垂直方向的视场较大，因为该方向上主镜和三镜的尺寸相对较大。MSX/SBV 采用的 TMA 光学系统形式如图 7 - 36 所示[12]。

3）施密特系统。施密特系统由球面反射镜和施密特校正板组成，校正板可以是透射元件，也可以是反射元件，其中一面为平面，另一面为非球面。校正板放在球面反射镜的

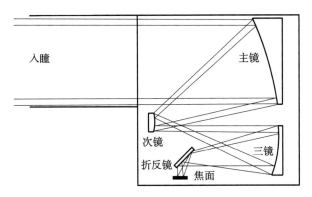

图 7 - 36　MSX/SBV 采用的 TMA 光学系统形式

球心，能够使得整个系统的球差得到很好的校正，且主镜不产生彗差、像散和畸变，而仅有场曲。施密特系统因为视场大、像质优而在天文望远镜中备受青睐[42]。

　　欧空局在 2003 年提出的天基光学（Space - Based Optical，SBO）望远镜口径200 mm，视场 6°，光学系统采用了无中间像面的折叠式施密特设计形式，其优势在于能够以相对较小的质量获得较大的视场，如图 7 - 37 所示。望远镜的光学元件包含一个施密特校正镜、一个平面折反镜、一个球面反射镜和一个场曲校正镜。

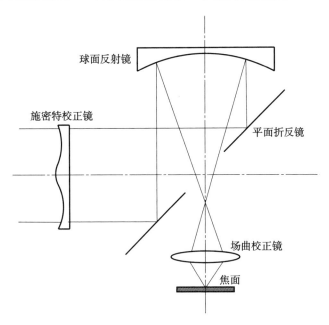

图 7 - 37　SBO 光学系统形式

（3）空间环境适应性设计

　　光学系统的空间环境适应性设计主要考虑抗辐照和真空环境适应性。对于折射式系统，一般在窗口处设置抗辐照玻璃。为适应真空环境，需要在设计时将压强设置为 0 个大气压，在轨将焦面置于真空预置位置。为降低污染，还需要对部分组件进行真空放气。

7.4.3 探测器选型

探测器是空间目标监视相机设计考虑的关键环节之一。针对空间目标监视的特点，探测器的选用原则有别于传统的对地观测相机。空间目标之间的运动方向和运动速度差异较大，对空间目标监视更适合采用面阵凝视成像体制。由于位置高精度测量需求，采用全局电子快门可以避免卷帘快门造成的运动目标拖尾和错位。空间目标相对距离比较远，成像光照角度变化大，对暗弱目标成像需要探测器具有更高的灵敏度和更大的动态范围。美国高轨卫星 GSSAP、MiTEx 和低轨卫星 MSX、天基空间监视系统（SBSS）等均采用高性能面阵探测器实现对空间目标的轨道巡视探测和大范围监视。空间目标监视相机探测器选型的主要原则如图 7-38 所示。

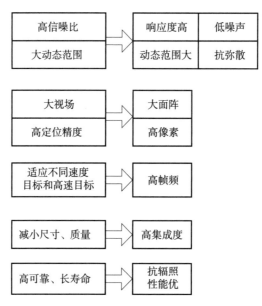

图 7-38　空间目标监视相机探测器选型的主要原则

常用的可见光探测器有多种类型，包括 CCD、EMCCD、CMOS 和 CMOS-Hybrid 探测器等，其各自特点依次介绍如下。

7.4.3.1　CCD 探测器

面阵 CCD 根据自身结构的差别分为全帧转移 CCD、帧转移 CCD 和行间转移 CCD。全帧转移 CCD 结构相对简单，填充因子高，每个像元既可以收集光电荷，又能实现电荷转移。在电荷输出过程中，电荷逐行向下行移动，依次输出，因此在电荷输出时需要机械快门进行遮光。行间转移 CCD 每个像元都由感光区和遮光存储区构成，曝光结束后电荷被迅速转移到各自的存储区。在下一次曝光开始前，存储区的电荷逐行下移，从统一的读出寄存器读出。

早期的空间目标监视相机普遍采用 CCD 作为接收器件，MSX/SBV[43] 采用了 1×4 片 422×420 的帧转移 CCD 探测器，通过机械拼接实现广域探测，其技术指标如表 7-18 所示。

表 7 - 18　MSX/SBV 使用的 CCD 探测器的技术指标

项目	指标
像素规模	422×420（成像区）、422×420（存储区）
像元尺寸/μm	27
量子效率	0.28
CTE	0.999 99
读出噪声(@−40 ℃)/e$^-$	<6
饱和电子数/e$^-$	>1×10^5
暗电流(@−40 ℃)/(e$^-$/s)	<100

　　帧转移 CCD 探测器在感光区下方放置面积等大小的遮光存储区，曝光结束后所有感光区内的电荷被迅速转移至存储区中，在存储区的电荷进行读出的同时，感光区可以进行下一帧的曝光。这种设计能有效地解决拖影问题，但芯片尺寸增加；同时，更复杂的电路设计也带来了更高的功耗问题。为了获得较低的噪声，这种探测器一般通过热电制冷装置确保焦面处于−40 ℃左右的工作温度[43,44]。

7.4.3.2　EMCCD 探测器

　　EMCCD 探测器技术有时也被称为"片上增益"技术，其与普通的科学级 CCD 探测器的主要区别在于其读出寄存器后又接续有一串"增益寄存器"，它的电极结构不同于转移寄存器，信号电荷在这里获得增益。由于 EMCCD 器件内部具有电子倍增寄存器，能够将光响应产生的电荷放大数百乃至上千倍，在电子增强的同时更有效地抑制片内放大器噪声，因此非常适合于弱光信号探测；同时，采用背照方式进一步提高了器件的探测灵敏度。倍增电极的作用是增加载流子的能量，速度很高的电子会激发出更多的载流子。电荷包每次通过倍增级时都会得到放大，每级的放大倍数很小（<1.015），但由于级数很多，理论上倍增的放大倍数可以高达数千倍。

　　2009 年德国 AsteroidFinder[45]项目提出采用 4 个 EMCCD 作为暗弱目标探测器，由于监视相机需要长时间曝光以获得 18.5 星等的探测能力，因此探测器具备高帧频和较低读出噪声。为了保证较低的噪声，器件需制冷到−80～−10 ℃。随着温度降低，信噪比提高。AsteroidFinder 探测器参数如表 7 - 19 所示。AsteroidFinder 探测器芯片及电子学布局如图 7 - 39 所示。

表 7 - 19　AsteroidFinder 探测器参数

项目	指标
像元尺寸/μm	13
像素规模	1 024×1 024
帧频/(帧/s)	5
读出噪声/e$^-$	2
增益	50

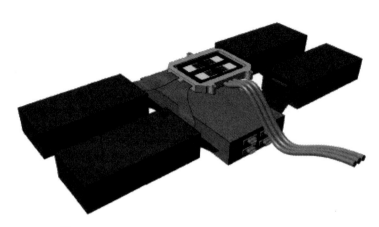

图 7 - 39　AsteroidFinder 探测器芯片及电子学布局

7.4.3.3　CMOS 探测器

早期 CMOS 探测器在光谱响应、量子效率、像元尺寸和电荷容量等方面与 CCD 探测器相比要差一些。在信号读取和传输等方面，二者具有明显差异。随着制造工艺和相关技术的不断发展，相比 CCD 探测器，CMOS 探测器在如下几个方面的优势更加明显：

1）CMOS 探测器的抗辐射能力强，从而使其更适于在空间环境下应用。

2）CMOS 探测器的复杂程度低，系统结构简单，各部分间的相互影响较小，进而能够提高系统稳定性和可靠性。

3）CMOS 探测器的功耗低，由于天基系统能够提供的能量有限，因此 CMOS 探测器更有利于空间平台使用。

4）CMOS 探测器能够有效抑制弥散和拖尾现象。弥散主要是由于电荷向附近像元扩散引起的，拖尾主要是由于电荷扩散至移位寄存器引起的。当产生电荷弥散或拖尾后，不利于空间目标定位。

STARE 卫星采用了 Cypress 的 BIS5 - B - 1300 CMOS 探测器[46]，其指标如表 7 - 20 所示。

表 7 - 20　STARE 卫星采用的 CMOS 探测器指标

项目	指标
像元尺寸/μm	6.7
像素规模	1 280×1 024
读出噪声/e^-	40
饱和电子数/ke^-	70

SCMOS 探测器既具备 CMOS 探测器的高分辨率、高帧频等特点，又具有高灵敏度、低噪声、高动态范围等优势。随着空间目标监视相机监视范围、测量精度等要求的不断提升，要求探测器不但具备更高的灵敏度、更大的像素规模，同时还具备足够高的帧频。SCMOS 探测器为满足未来更高性能的目标监视需求提供了可能，有望在空间目标监视领

域得到广泛应用。SCMOS 探测器的像素规模越来越大，目前已研制出像素规模达 8 120×
8 120 的 SCMOS 探测器，其主要指标如表 7 - 21 所示，可满足更暗弱、更大动态范围的
目标探测需求[47]。

表 7 - 21　新型 SCMOS 探测器的主要指标

项目	指标
像元尺寸/μm	10
像素规模	8 120×8 120
读出噪声/e^-	$\leqslant 1$
峰值量子效率/%	>90
暗电流噪声/(e^-/s)	0.05(−25 ℃)
饱和电子数/ke^-	80

7.4.3.4　CMOS - Hybrid 探测器

CMOS - Hybrid 探测器将读出噪声极小的 CMOS 读出集成电路（Readout Integrated
Circuit，ROIC）用铟键合在 CCD 探测器基底上，取代了读出噪声较大的 CCD 串行移位
寄存器。由于 CCD 的暗噪声和电荷传输噪声极小，2 个读出口和并列读出结构有效地减小
了读出带宽，加上 ROIC 是电容跨导阵列，噪声极小，因此混合探测器的总噪声水平极
低。由于取消了 CCD 的移位寄存器及其驱动时钟和输出放大器的 2 个电源，因此还降低
了功耗。在 CMOS 探测器芯片上还可集成相关双采样电路、A/D 转换器和信号处理器等
电路。CMOS - Hybrid 探测器剖面图如图 7 - 40 所示。

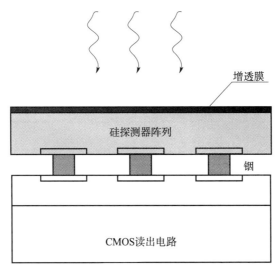

图 7 - 40　CMOS - Hybrid 探测器剖面图

J - MAPS 采用了 2×2 片 4 192×4 192 的 H4RG - 10 探测器[48,49]，利用热电制冷器将
工作温度控制在 193 K，其主要指标如表 7 - 22 所示。J - MAPS 采用的 2×2 探测器拼接
如图 7 - 41 所示。

表 7 - 22 J - MAPS 采用的探测器的主要指标

项目	指标
像元尺寸/μm	10
像素规模	4 192×4 192
暗电流噪声/(e⁻/s)	30～40@193 K
读出噪声/e⁻	7
量子效率/%	＞80

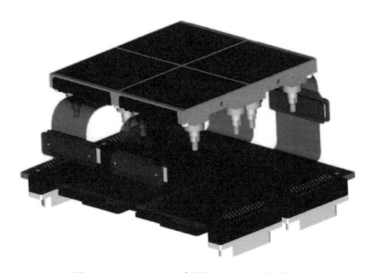

图 7 - 41 J - MAPS 采用的 2×2 探测器拼接

7.4.3.5 小结

表 7 - 23 给出了上述几种类型探测器的综合对比，可以看出 SCMOS 的综合表现最好，是一个重要的发展趋势。

表 7 - 23 上述几种类型探测器的综合对比

项目	类型				
	CCD	CMOS	SCMOS	EMCCD	CMOS - Hybrid
响应度	高	低	高	高	高
功耗、质量	高	低	低	高	低
集成度	低	高	高	低	高
抗弥散	低	高	高	低	高
帧频	低	高	高	低	高
抗辐射	低	高	高	低	高
成熟度	高	高	高	高	低
面阵规模	高	高	高	低	高

7.4.4　结构设计

空间目标监视相机结构设计要确保相机能够承受卫星发射主动段力学环境考验，而且入轨后在空间热环境条件下保持几何和辐射成像质量稳定。相机结构通常包括镜片支撑结构、镜筒结构、焦面结构等。结构设计的原则主要包括以下几方面：

1）在保证结构稳定的前提下质量尽可能小。

2）满足结构刚度要求。

3）镜头结构要满足光学装调工艺要求。

4）镜头结构设计满足消杂光要求。

5）镜头结构和焦面结构接口匹配，且考虑装调影响。

6）满足卫星平台的机械接口约束条件。

7）满足紫外辐照、粒子辐照等空间环境要求。

8）满足吊装运输要求。

以 Sapphire 卫星为例，其相机结构如图 7-42 所示[50]。相机总质量约 28.5 kg，其中光学成像子单元质量 18.8 kg，数据处理与控制子单元质量 8.1 kg，线缆质量 1.6 kg。光学成像子单元包括望远镜光机主体、内遮光罩、外遮光罩、多层隔热组件、铝壳封装的前置放大器、探测器被动散热单元、探测器组件等。

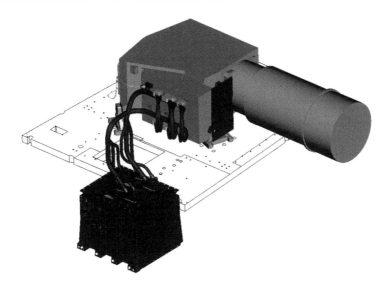

图 7-42　Sapphire 相机结构

7.4.5　杂散光抑制设计

杂散光抑制设计是空间目标监视相机必须要关注的重点。杂散光又称为杂光，或者杂散辐射，杂散光会在光学系统像面处形成一个直流背景信号，降低图像的对比度和信噪比，影响光学系统的成像质量，特别是对像面照度较低的情况[51]。

对于空间目标监视相机，以 $7 \sim 15$ 星等目标为例，其入瞳前的照度范围为 $10^{-14} \sim$ 10^{-11} W/m^2，而太阳杂光照度为 $10^2 \sim 10^3$ W/m^2 量级，因此杂散光对相机成像影响会比较明显。如果不对其进行有效的抑制，目标很可能被湮没。此外，空间目标面临的杂散光环境较为复杂，需要进行细致分析。消杂光设计需要考虑以下几方面：一是杂光抑制指标分析，二是杂光源分析，三是杂光抑制措施，四是杂光抑制仿真分析。

7.4.5.1　杂光抑制指标

点源透过率（PST）表征光学系统自身对外部杂散光的衰减能力，其与杂散光源的辐射强度无关。因此，空间目标监视相机一般选择 PST 作为杂散光抑制指标。PST 定义为光学系统视场外视场角 θ 处的点源目标辐射，经过光学系统后，在像面产生的辐射照度与输入的辐射照度比值，即

$$PST(\theta) = \frac{E_d(\theta)}{E_i(\theta)} \qquad (7-22)$$

式中，$E_d(\theta)$ 为探测器上接收的辐射照度；$E_i(\theta)$ 为入射光的辐射照度。

PST 指标需要根据相机的极限探测能力、杂散光的辐射照度来确定。例如，相机对目标的极限探测灵敏度为 13.5 星等，根据下式，目标在像面上的辐照度为 1.7×10^{-6} W/m^2。

$$E_{image} = 1.78 \times 10^{-8} \cdot 10^{-0.4 \cdot M_{obj}} \cdot A_{opt} \cdot \tau \cdot k/p^2 \qquad (7-23)$$

式中，E_{image} 为目标在像面上的辐照度；M_{obj} 为目标星等；A_{opt} 为光学系统通光口径的面积；τ 为光学透过率；k 为能量集中度；p 为探测器像元尺寸。

一般要求由杂散光引起的像面照度不超过探测极限下照度的 1/10（对 SNR 的影响很小），即要求杂散光在像面的辐照度不超过 1.7×10^{-7} W/m^2，进而根据杂散光的辐照度（假设观测谱段范围内太阳的辐射照度为 500 W/m^2）得到 PST 的指标要求为 3.4×10^{-10}。

7.4.5.2　杂光源分析

杂光源分析要明确杂光入射角度、杂光在入瞳前的辐照度，作为相机杂光抑制的输入。对于可见光谱段，太阳杂光、月亮杂光、地气杂光引起的外杂光是重点要消除的杂光，其中太阳和月亮可以看作点光源，因此太阳杂光和月亮杂光属于一定角度入射的平行光，分析方法类似；地气杂光属于不同角度入射的非平行光。对于平行入射的杂光源，需要分析的因素包括杂光源的入射角度、辐射照度；对于非平行入射的面光源，其分析较为复杂，具体参见地气杂光分析。

（1）太阳杂光

太阳杂光是以一定角度平行入射的杂光源，需要关注太阳入射角度和辐射照度。太阳入射角度与监视相机所处的轨道、相机的安装方位、指向等密切相关。以 SBV 为例，相机位于太阳同步晨昏轨道，相机指向顺光方向，因此太阳入射角 $>90°$，太阳杂光可不考虑。而对于非太阳同步晨昏轨道固定指向安装的相机，难以保持长期顺光观测，其太阳入射角变化范围大，当太阳入射角较小时，太阳杂散光的影响不能忽略。太阳杂光在入瞳前的辐照度与谱段有关。

太阳的光谱辐出度可由普朗克黑体光谱辐出度公式给出：

$$M_\lambda = \frac{2\pi hc^2}{\lambda^5}\left[\frac{1}{\exp(hc/\lambda kT)-1}\right] \tag{7-24}$$

式中，λ 为波长（μm）；h 为普朗克常数，为 6.63×10^{-34}；c 为光速，为 3×10^8 m/s；T 为黑体温度，对于太阳，$T = 5\,900$ K。

在 $\lambda_1 \sim \lambda_2$ 谱段范围内，太阳的辐出度为

$$M_{\text{sun}} = \int_{\lambda_1}^{\lambda_2} M_\lambda \, \mathrm{d}\lambda \tag{7-25}$$

在 $0.45 \sim 0.9$ μm 范围内，太阳的辐出度为 2.97×10^7 W/m^2。太阳的辐射通量为

$$\Phi_{\text{sun}} = A_{\text{sun}} M_{\text{sun}} = 4\pi R_{\text{sun}}^2 M_{\text{sun}} \tag{7-26}$$

式中，A_{sun} 为太阳表面积；R_{sun} 为太阳半径，为 $6.959\,9 \times 10^8$ m。

在 $0.45 \sim 0.9$ μm 范围内，太阳的辐射通量为 1.8×10^{26} W。太阳在相机入瞳前的辐射照度为

$$E_{\text{aperture}} = \frac{\Phi_{\text{sun}}}{4\pi R^2} \tag{7-27}$$

式中，E_{aperture} 为太阳在相机入瞳前的辐射照度（W/m^2）；R 为太阳与监视相机之间的距离。

由于空间目标监视相机绕地球轨道运行，因此太阳与空间目标监视相机的距离近似等于日地距离，为 1.496×10^{11} m。

在 $0.45 \sim 0.9$ μm 范围内，太阳在相机入瞳前的辐射照度为 643.99 W/m^2。

（2）地气杂光

地气杂光来源于地球的反照，相机在空间工作时，视场外的地表反照光经过大气层后会进入相机系统到达像面上，这种到达空间相机像面的地表反照光称为地气杂光，如图 7-43 所示。

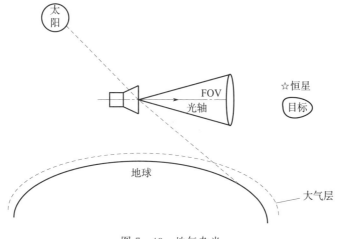

图 7-43　地气杂光

地球临边反射的光作为杂光，其入射角最小，但对相机的影响最大。以 600 km 太阳同步晨昏轨道为例，光学探测相机指向顺光方向。根据对轨道 β 角的分析，在冬至时，临边

最大太阳高度角约为 $7°$。地表反射率按照 0.3 考虑，谱段 $0.45 \sim 0.9 \ \mu m$，得到冬至临边条件下（太阳高度角 $7°$），观测角度 $22.3°$ 时大气层外的辐亮度为 $129.3 \ W/ \ (m^2 \cdot sr)$。对暗弱目标探测系统而言，这是一个不可忽视的杂光源。

地球不能看作无穷远的点源目标，而是面源目标，其在像面上形成的杂光量与成像时刻、相机位置、指向及太阳位置等因素密切相关。由于不同时刻受照区域不同，且不同区域地表反射率不同，因此地气杂光不均匀，且随时空变化。因此，要开展地气杂光分析，首先需要分析成像时地球被照射区域，其次分析被照射区域能够到达相机入瞳前的能量和入射角度，入瞳前的能量需要考虑地球被照射区域的地表反射率分布及大气状态。地气杂光建模流程如图 7-44 所示。下面给出地球杂光仿真分析示例。

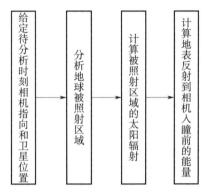

图 7-44　地气杂光建模流程

假设空间目标监视卫星运行在轨道高度 600 km 的太阳同步晨昏轨道，监视相机口径为 20 cm，视场角为 $6°$，定义安装仰角为相机光轴与轨道面法线的夹角，相机光轴与轨道面垂直时，安装仰角为 $0°$，向上为正，向下为负，设安装仰角为 $-10° \sim +20°$，步长为 $10°$。PST 曲线如图 7-45 所示。

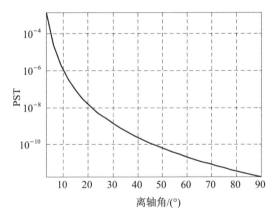

图 7-45　PST 曲线

地表反射率数据采用 TOMS 反射率数据库中的数据[52]，全球地表反射率数据如图 7-46 所示。

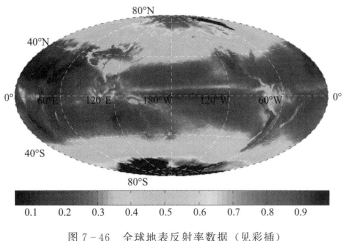

图 7 - 46　全球地表反射率数据（见彩插）

大气条件采用 1976 美国标准大气模型、乡村-能见度 23 km 气溶胶模型、无云天气[53]。

在冬至时临边太阳高度角可达 7°左右，意味着在冬至时地气杂光影响最恶劣，到达相机入瞳前的辐照度最大，因此以冬至作为分析对象。图 7 - 47 给出了冬至某时刻对应的地表光照情况，为直观显示，将太阳高度角小于 0 的区域置为 0。由此可见，反射光可进入相机的地表区域对应的是南极区域，南极表面覆盖冰雪，冰雪的反射率比较高，对应的地表反射的辐亮度也比较高。

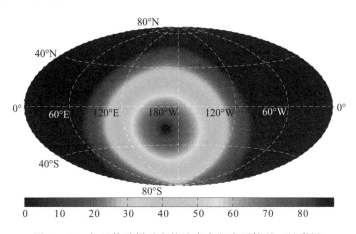

图 7 - 47　冬至某时刻对应的地表太阳光照情况（见彩插）

图 7 - 48 给出了仿真时刻反射光可进入相机的地表区域，南极附近红色边缘区域以内的光线可进入相机。

相机可见区域大气层顶辐亮度分布如图 7 - 49 所示。

不同光轴仰角下地气杂光引起的像面照度如表 7 - 24 所示。

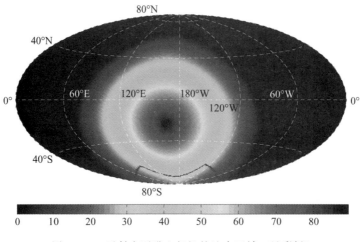

图 7-48 反射光可进入相机的地表区域（见彩插）

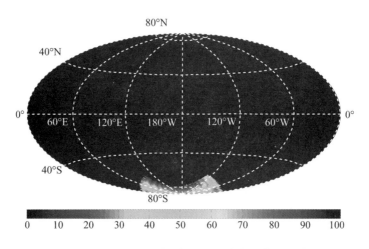

图 7-49 相机可见区域大气层顶辐亮度分布（见彩插）

表 7-24 不同光轴仰角下地气杂光引起的像面照度

光轴仰角/(°)	相机前照度/(W/m²)	像面照度/(W/m²)
+10(水平向上)	30.6	1.1×10^{-9}
0(水平方向)	45.6	4.7×10^{-9}
-10(水平向下)	63.4	3.3×10^{-8}
-15(水平向下)	73.2	1.3×10^{-7}

影响地气杂光像面照度的几个因素包括成像时间、安装仰角及相机的 PST，其中冬至时地球临边太阳光照引起的相机入瞳前能量最大，可达到几十 W/m²；安装仰角越小，地气杂光像面照度越大，在 600 km 轨道高度下，仰角从 -10° 变到 15°，相机前辐照度从 30.6 W/m² 变到 73.2 W/m²，到达像面照度可差 2 个数量级；PST 对杂光像面照度的影响也很大，PST 下降一个数量级，地气杂光在像面的照度也随之提高一个数量级。

7.4.5.3　杂光抑制措施

由于空间目标监视相机对杂光抑制要求高，因此杂光抑制是此类相机的关键技术。杂散光抑制主要从几个方面开展，分别为光学方面、机械结构方面和表面特性方面。

（1）光学方面的抑制措施

在光学方面，杂散光的主要影响因素有光学设计、镜片材料透过率及界面反射率、光阑设计等。

1）光学设计。镜片表面存在一定的散射和反射，在某种情况下，镜片表面散射和反射光能够到达像面形成杂散光，甚至鬼像。因此，合理的光学设计能够在很大程度上抑制杂散光。

2）镜片材料透过率和界面反射率。镜片材料的透过率可通过选取性能更好更稳定的玻璃来提高。镜片的界面反射率可以从多方面来降低，但是最为有效的方法是采用镀膜。通过化学气相沉淀（Chemical Vapor Deposition，CVD）、物理气相沉淀（Physical Vapor Deposition，PVD）等气态成膜技术和化学或电化学的液态成膜技术可以在光学玻璃表面镀增透膜（减反膜），减少表面对光线的反射和散射等作用。

3）光阑设计。光学系统中，光阑的正确使用和各种光阑恰到好处的配合可以有效地抑制杂散光。光学系统中，可以有效抑制杂散光的光阑主要包括孔径光阑、视场光阑、里奥光阑 3 种。

（2）机械结构方面的抑制措施

相机遮光罩的设计通常是为了避免外部强杂光源直接照射光学表面。对于较高抑制比的系统，还可以在遮光罩基础上增加挡光环，增加一次散射，进一步降低外部杂光能量。遮光罩有内、外遮光罩两种，外遮光罩放置于光学系统外部，内遮光罩放置在光学系统内部。为了不影响光学系统在视场范围内正常工作，外遮光罩一般设计为锥形。挡光环的作用是使外部杂散光在到达主镜之前至少经过两次的反射，在遮光罩和挡光环表面涂消光漆可大幅衰减到达主镜的杂散辐射能量。挡光环的结构形式对杂散光的抑制效果也起到关键作用。

（3）表面特性方面的抑制措施

光机系统的结构表面特性直接影响其 BRDF，因此通过降低结构表面的 BRDF 也能够达到抑制杂散光的目的。对于机械结构，表面粗糙度和涂黑材料对 BRDF 影响较大。

1）粗糙度。表面粗糙度能够影响光线在表面的散射和反射。当表面粗糙度值较大时，光线在表面上主要进行散射，散射光分布在半球范围内；当表面粗糙度值很小时，表面变得光滑，光线在表面上的反射能量很大。因此，并不是表面粗糙度值越小越好，而应该根据实际情况合理选择适当的表面粗糙度，才能获得更好的杂散光抑制效果。

2）涂黑材料。仅靠合理地控制表面粗糙度来降低表面的 BRDF 还不够。降低 BRDF 的另一种有效方法是涂黑材料（如消光漆）。在光机系统中，很多机械结构件表面是使用金属加工而成的，对光线的吸收率低，反射和散射相对较高。因此，在光机系统中，机械结构表面常采用涂黑和喷漆处理。

涂黑处理有很多种方法，如采用消光漆或者碳纳米管技术，不仅降低 BRDF，还可以达到防锈的目的。消光漆可以直接喷涂在结构表面上，或者喷涂在衬底上，再贴合到结构表面上。消光漆有很多种，不同的消光漆可以针对不同波段的光线进行吸收。国产无光漆 SR107 - S731 涂层的太阳吸收比为 97%，法国 PNC 黑漆的太阳吸收比高达 98%[54]。

碳纳米管是 1991 年发现的一种新型碳结构，碳纳米管因其独特的性能（力学性能、电学性能、光学性能、电磁学性能和超导性能等）一直是国际新材料领域的研究热点。理想碳纳米管是由碳原子形成的石墨烯片层卷成的无缝、中空的管体。石墨烯的片层一般可以从一层到上百层，含有一层石墨烯片层的碳纳米管称为单壁碳纳米管，多于一层的碳纳米管则称为多壁碳纳米管[55]。

北京控制工程研究所在国际上首次提出碳纳米管遮光罩概念并成功研制出创新产品，突破了在复杂形状大尺寸钛合金基底遮光罩内部生长碳纳米管的工艺技术，解决了新型遮光罩设计、薄壁加工、碳纳米管涂层生长、空间环境验证、杂光测试等诸多关键技术，使得这种新型遮光罩较现有遮光罩在体积、质量上明显减小，在消杂光性能上明显提高，涂层吸光率达到 99% 以上。通过试验验证，使用碳纳米管遮光罩的星敏感器杂光灰度降低了 56%[55]。

7.4.5.4　杂光抑制仿真分析

杂散光仿真分析方法有蒙特卡罗法、光线追迹法、光线密度法和近轴近似法等，其中较常用的是蒙特卡罗法和光线追迹法[56]。

蒙特卡罗法是对材料表面的辐射特性构造相应的概率模型，每条光线都携带一定辐射能量，在界面处的吸收、反射、透射、衍射及其传输方向都服从概率模型的随机数确定，分别追踪每条光线的传输能量，最后统计杂散光在系统的分布情况。

光线追迹法采用确定的公式代替蒙特卡罗统计法。首先确定一系列散射表面，然后分析散射表面被杂散光照射的面积、杂散光照度和各个表面的双向散射分布函数（Bidirectional Scattering Distribution Function，BSDF），就可以逐级计算出系统中包括像面在内的各个散射面上的杂散光能量。

7.4.6　电子学系统设计

空间目标监视相机电子学系统可以大致分为控制和成像两部分，其中控制部分完成遥控指令与遥测参数采集发送、配电控制、温度控制和机构控制等功能，成像部分主要完成探测器驱动、参数调整、数据处理、格式编排等功能。

（1）设计原则

电子学系统设计原则如下：

1）充分采用成熟技术，在确保功能、性能指标的前提下，尽量减小功耗、质量及体积。

2）满足抗辐照要求，以适应在轨空间辐射环境条件。

3）满足防静电设计要求。

4）满足卫星数管和数传分系统约束。

（2）电子学系统硬件设计

为了实现在轨进行目标检测与定位，同时提升探测器数据的处理速度，电子学系统硬件一般采用嵌入式计算单元。嵌入式计算单元包括 FPGA（Field - Programmable Gate Array，现场可编程门阵列）处理模块、I/O 模块、存储模块等。图 7-50 给出了 Sapphire 卫星上的可见光监视相机电子学框图[50]，包括探测器前置放大器及数据处理与控制单元。探测器包含主份和备份 CCD 探测器，所有的电子学单元也均包括主份和备份。其中，数据处理与控制单元包括探测器读出电路、控制器、供电板。探测器读出电路提供支持 CCD 读出的电源和时钟信号等。控制器和供电板接收卫星平台电源，并将电源分配给其他电路板。控制板解译并响应来自卫星总线的指令，进行坏像素校正、非均匀性校正等处理。

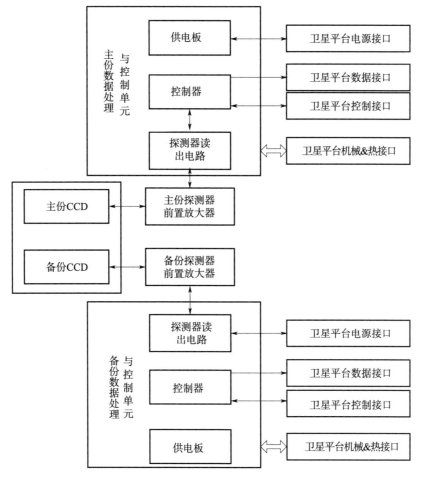

图 7-50　Sapphire 卫星上的可见光监视相机电子学框图

（3）星上数据处理设计

星上数据处理包括图像预处理与数据压缩等。图像预处理完成背景噪声抑制、固定噪声校正。获取的空间目标信息中含有大量稀疏信息，为了提高处理的实时性及降低数传压力，需要进行星上处理。通过星上恒星及目标检测，并对检测到的恒星及目标数据进行压缩下传，可以极大地降低数据传输量。其检测方法一般采用滤波法、阈值法、匹配法等，将目标和恒星所在区域的 5×5 或 7×7 范围内的数据保存。最终，这些星点及目标的亮度信息、运动信息、原始帧图像通过遥感接口模块下传到地面数据处理中心。地面数据处理中心对其进行质心提取，与恒星星表数据库进行匹配，由恒星天文位置计算相机精确指向和目标条痕端点的赤经、赤纬，测量精度可达 1/3 像素。处理算法能把每帧采集的数据流减少到几千比特，可实现大于 1 000：1 的数据压缩比。以 SBV 为例，其星上处理器可接收 2～16 帧的数据，通过速率滤波、最大似然估计等星上处理方法自动检测目标，将数据率降至几千比特/帧。AsteroidFinder 卫星配备了 4 个处理电路，分别处理 4 个焦面产生的数据，在轨完成图像非均匀性校正、恒星检测、目标检测、图像累加、数据压缩等功能。其星上处理流程如图 7 - 51 所示[33]。

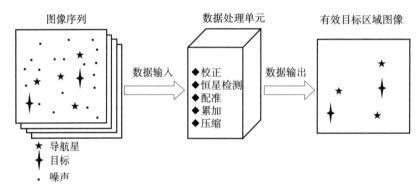

图 7 - 51　AsteroidFinder 星上处理流程

7.4.7　热控方案

空间目标监视相机具有在轨指向复杂、稳定性要求高等特点。在轨外热流、内热源及与卫星平台安装接口温度的不断变化可导致相机温度波动较大，超过相机正常工作的温度范围，对相机的成像质量造成影响。因此，需要对相机进行热控设计。

（1）热控设计输入要素

热控设计的输入要素首先包括卫星轨道、姿态，这是外热流分析的输入条件；其次是热边界，包括所处的舱内环境温度、安装面温度。输入要素还包括内热源的功耗、工作时长、位置。此外，还需要给出相机温控指标要求。

（2）热设计原则

相机热控设计在满足相机温控要求的前提下力求简单可靠，尽可能采用成熟的热控技术和工艺。其主要原则如下：光、机、电、热设计有机统一，热设计应与光机设计中合理地选择光学、结构材料及结构装配技术相结合，以提高相机热设计水平；相机热控一般采用被动热控和主动热控相结合的方式，包括热控涂层、多层隔热材料、隔热垫、导热硅脂及薄膜型电加热器等措施，采用电加热补偿的方法来保证相机的温度稳定性。

（3）典型热控措施

通过在相机表面包覆多层隔热组件（以下简称多层）减小空间热流、空间背景低温和载荷舱温度波动对相机温度的影响；通过加装隔热垫片增加相机主体与载荷舱安装板之间的隔热，减小载荷舱安装板温度波动对相机主体温度的影响。为提高相机内部的温度均匀性，减小各零部件间的温差，对相机内主要零部件表面进行发黑或黑色阳极氧化处理，以增加其红外发射率。合理分配主动控温加热功率，在相机内部（组）件和辅助控温板的适当位置上粘贴加热片，采取主动加热的方法控制温度。

7.4.8　定标方案

空间目标监视相机的主要任务是实现空间目标探测、定位与编目。相机获取目标的探测数据后，需要对目标的几何位置及辐射信息进行计算及反演。而在卫星发射入轨后，因发射时的振动和在轨失重等的影响，相机主体相对卫星本体坐标系的初始名义值可能会发生变化，若按照初始名义值计算，目标位置会偏离实际位置。几何定标就是通过相机在轨获取已知标志的图像，根据已知标志的位置和其在相机焦面上的像点位置，修正按照初始名义值计算得到的目标位置与像点的映射关系，从而得到目标的真实位置。通过地面及在轨辐射定标，获得初始及在轨不断修正的辐射定标系数，对相机响应的变化及响应的不一致性进行校正，并建立相机输入与输出之间的对应关系，为目标亮度反演研究提供依据。

相机定标主要包括几何定标和辐射定标，其中几何定标包括视轴定标和畸变定标，辐射定标包括相对辐射定标和绝对辐射定标；按照定标的时机分为地面定标和在轨定标。下面重点介绍定标方案。

（1）地面几何定标方案

地面几何定标可以采用两种方案，一是采用面阵定标板＋特殊平行光管，需要保证在视场范围内平行光管近乎无畸变，或者经过高精度定标。通过获取面阵定标板标识点的图像，构建物方与像方坐标的关系，得到相机的几何映射模型。该方法可以一次获得相机的几何映射关系，具备速度快等优点。该方法最终的定标精度与平行光管的几何特性和质心定位精度有关。基于面阵定标板的地面几何定标如图 7 - 52 所示。

图 7 - 52　基于面阵定标板的地面几何定标

二是采用点源定标板配合高精度转台实现，通过旋转转台，使靶标成像在相机不同视场，记录相机旋转过的角度，利用相机采集点源定标板图像。离线计算不同视场的点源定标板图像质心位移，通过最小二乘法计算相机的畸变等。该方法的精度与转台的精度和质心定位精度有关。基于点源定标板的地面几何定标如图 7 - 53 所示。

图 7-53　基于点源定标板的地面几何定标

（2）地面辐射定标方案

地面辐射定标包括相对辐射定标和绝对辐射定标。相对辐射定标通常采用均匀的积分球面辐射光源作为光源，要求积分球的有效输出口径大于相机入瞳孔径，积分球的光谱范围要涵盖相机的谱段范围。同时，需要用标准辐射计对面辐射源的均匀性进行测试，测试内容包括面均匀性与角均匀性，分析其均匀性精度及对最终辐射定标精度的影响。地面相对辐射定标如图 7-54 所示。

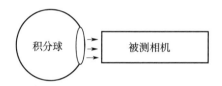

图 7-54　地面相对辐射定标

地面绝对辐射定标需要将积分球面光源换成点源目标模拟器。被测相机对点源目标模拟器进行成像，获取对点源目标的绝对响应。

（3）在轨几何定标

空间目标监视相机是自定标仪器，在轨可通过恒星位置与恒星编目库匹配获得精细的光轴指向和姿态。在轨几何定标通过对已知位置的多个恒星成像，计算实际像点位置与名义位置的偏差，据此获得在轨的几何特性。其误差源包括参考星位置误差、恒星数量、质心定位误差、畸变等。几何定标需要借助已知的星表，常用的星表包括美国史密森天文台 SAO 星表、依巴谷星表等。

（4）在轨辐射定标

空间目标监视相机在轨相对辐射定标采用拍摄均匀场景的方式进行。在轨绝对辐射定标需模拟系统在轨对目标成像的场景，采用的方法是选取在轨天区覆盖范围中辐射特性已知且能被系统响应的恒星作为"标准定标星"，并对其成像，根据恒星的已知辐射特性与系统响应值，建立系统输入与输出之间的关系，用于修正在轨绝对辐射定标系数，使得系统能更加准确地反演目标辐射特性。

参 考 文 献

［1］ JIN P Q，WU Z G，WAN S H. A Framework for space object surveillance based on the integration of space and Earth platforms ［J］. Proc. of SPIE，2007（6795）：67955F－1－67955F－6.

［2］ NAKA R，CANAVAN G H，CLINTON R A，et al. Space surveillance，asteroids and comets and space debris，volume I：Space Surveillance ［R］. USAF Scientific Advisory Board，1997：5－6.

［3］ 张琪，付飞 . 航天器鉴赏指南 ［M］. 北京：人民邮电出版社，2012.

［4］ https：//surveyinggroup. com/latest－satellite－list.

［5］ https：//space. skyrocket. de/doc＿sdat/ande－fcal. htm.

［6］ LUU K，MATSON C，GIFFN M，et al. Object characterization from spectral data ［C］. Hawaii：AMOS Technical Conference，2003.

［7］ KRAG W E. Visible magnitude of typical satellites in synchronous orbits ［R］. Massachusetts ：Massachusetts Institute of Technology Lincoln Laboratory Technical note，1974：2－6.

［8］ https：//www. semanticsscholar. org/paper/Appendix－A－The－Thermal－Behavior－of－Objects－in－Space/13ea3d02e5f0e0f7e2732012ae37119d4b2e3f11.

［9］ 李雅男，孙晓兵，毛永娜，等 . 空间目标光谱偏振特性 ［J］. 红外与激光工程，2012，41（1）：205－210.

［10］ 邢必达，裴予雷，王家昆，等 . 天基强银河背景下的空间碎片探测试验及分析 ［J］. 宇航学报，2019，40（4）：475－481.

［11］ https：//directory. eoportal. org/web/eoportal/satellite－missions/c－missions/chubusat－1.

［12］ SCOTT R L，WALLACE B，BEDARD D. Space－based observations of satellites from the MOST microsatellite ［R］. Ottawa：TECHNICAL MEMORANDUM，2006 ：3－5.

［13］ DYJAK C P，HARRISON D C. Space－based visible surveillance experiment ［J］. Proc. of SPIE，1991（1479）：42－56.

［14］ LEITCH R，HEMPHILL I. Sapphire：A small satellite system for the surveillance of space ［C］. USA：24th Annual AIAA/USU Conference on Small Satellite，2010.

［15］ HARRISON D C，CHOW J C. Space－based visible sensor on midcourse space experiment（MSX）satellite ［J］. Proc. of SPIE. 1994，2217：377－387.

［16］ LAMBOUR R，BERGEMANN R，VON BRAUN C，et al. Space－based visible space object photometry：Initial results ［J］. Journal of Guidance，Control，and Dynamics，2000，23（1）：159－164.

［17］ HACKETT J，LI L. Sapphire－like payload for space situational awareness ［C］. Hawaii：Advanced Maui Optical and Space Surveillance Technologies Conference，2012.

［18］ https：//spaceflight101. com/spacecraft/angles.

［19］ https：//spaceflight101. com/spacecraft/gssap.

［20］ https：//spaceflight101. com/ors－5/sensorsat.

[21] Holst G C. Eletro – Optical imaging system performance [M]. USA：Copublished by JCD Publishing and SPIE Optical Engineering Press，2000.

[22] DUGGIN M J，RIKER J F，GLASS W，et al. Multi – Spectral Image Analysis for Improved Space Object Characterization [C]. Hawaii：Advanced Maui Optical and Space Surveillance Technologies Conference，2008.

[23] 陈务深，甘庆波，掌静，等. 利用天基测角资料进行定轨的方法初探 [J]. 天文学报，2008，49（1）：81 – 92.

[24] 宋叶志，邵瑞，王蕾，等. 低轨星载光学测量确定静止卫星轨道的方法 [J]. 航天返回与遥感，2021，42（1）：28 – 38.

[25] 高策. 光度测量图像智能阈值降噪方法 [J]. 计算机测量与控制，2014，22（9）：3028 – 3030.

[26] 魏敏，魏维. 基于CCD的空间目标光度测量方法研究 [J]. 半导体光电，2012，33（5）：752 – 755.

[27] 邢必达，王后茂，魏聪，等. 夜气辉对天基光学碎片探测的影响分析 [J]. 宇航学报，2019，40（7）：842 – 848.

[28] 邹远磊. 可见/红外波段黄道光光学特性分析 [D]. 西安：西安电子科技大学，2012.

[29] 王竞，裘予雷，胡景耀，等. 近地轨道飞行器的光辐射背景环境 [J]. 航天器环境工程，2007，24（5）：296 – 299.

[30] 盛蕾，张科科，胡海鹰，等. SAA区对CCD相机探测性能的影响 [J]. 光电工程，2015，42（6）：27 – 32.

[31] PAXSON C，SNELL H E，et al. Space object temperature determination from multi – band infrared measurements [C]. Hawaii：2008 AMOS CONFERENCE，2008.

[32] HANSEN H，HANSEN G，ELYASHAR C. Adaptive threshold adjustment and control [J]. Proceesding of SPIE，1989，1096（5）：44 – 54.

[33] HARTL M，MOSEBACH H，SCHUBERT J，et al. Asteroidfinder – the space – borne telescope to search for asteroids [C]. Greece：International Conference on Space Optics，2010.

[34] SHELL J R. Optimizing orbital debris monitoring with optical telescopes [C]. Hawaii：Advanced Maui Optical and Space Surveillance Technologies Conference，2010.

[35] RAABA H. Detecting and measuring faint point sources with a CCD [J]. Physics，2003：1 – 6.

[36] HANCOCK B R，STIRBL R C，et al. CMOS active pixel sensor specific performance effects on star tracker/imager position accuracy [J]. SPIE，2001（4284）：43 – 53.

[37] SONEIRA R M，BAHCAIL J N. Guide star probabilities [R]. NASA：National Aeronautics and space Administration Technical Memorandtml，1981.

[38] FLOHRER T，KRAG H，KLINKRAD H，et al. Feasibility of performing space surveillance tasks with a proposed space – based optical architecture [J]. Advances in Space Research，2011：1029 – 1042.

[39] 刁华飞，李智. 天基光学空间监视指向策略研究 [J]. 航天控制，2011，29（6）：39 – 43.

[40] 吴连大，熊建宁，牛照东，等. 空间目标的天基探测 [M]. 北京：科学出版社，2017.

[41] CHRISP M，CLARK K，PRIMEAU B，et al. Optical design of the camera for transiting exoplanet survey satellite (TESS) [C]. Proc. of SPIE，2015.

[42] 郝沛明，王正亭，袁立银，等. 反射式牛顿–施密特光学系统设计 [J]. 光学仪器，2008，30（4）：41 – 45.

［43］ 张科科，周峰，傅丹鹰. 天基空间目标监视可见光遥感器研究 ［J］. 航天返回与遥感，2005，26 (4)：10 - 14.

［44］ SHARMA J. Space - based visible space surveillance performance. Journal of Guidance ［J］. Control，and Dynamics. 2000，23 (1)：153 - 158.

［45］ MICHAELIS H, MOTTOLA S, KÜHRT E, et al. The asteroid finder focal plane ［J］. Proc. of SPIE, 2009 (7474)：74741F - 1 - 7471F - 7.

［46］ SIMMS L, RIOT V, DE VRIES W, et al. Optical payload for the STARE mission ［C］. Orlando：SPIE Defense And Security，2011.

［47］ https：//www. princetoninstruments. com/products/cosmos - family/cosmos.

［48］ DORLAND B N, HENNESSY G S, ZACHARIAS N, et al. Laboratory and sky testing results for the TIS H4RG - 10 4k x 4k, 10 micron visible CMOS - Hybrid detector ［J］. SPIE, 2007 (6690)：66900D - 1 - 66900D - 15.

［49］ DORLAND B N, GAUME R N. The J - MAPS mission：Improvements to orientation infrastructure and support for space situational awareness ［C］. California：AIAA SPACE Conference & Exposition，2007.

［50］ HACKETT J, BRISBY R, SMITH K. Overview of Sapphire payload for space situational awareness ［J］. Proc. of SPIE, 2012 (8385)：83850W - 1 - 83850W - 10.

［51］ 杨成龙. 基于星间激光通信终端的光学天线设计与杂散光研究 ［D］. 长春：中国科学院长春光学精密机械与物理研究所，2016.

［52］ http：//www. control. aau. dk/～danji/research/albedo/ (1 of 13) 17 - 05 - 2006.

［53］ http：//modtran. spectral. com.

［54］ 张建贤，邹永军，徐蕾，等. 消光漆在光学系统的国内外应用 ［J］. 宇航材料工艺，2014 (6)：88 - 90.

［55］ 郝云彩，余成武，梁士通，等. 新一代星敏感器遮光罩：碳纳米管遮光罩技术研究 ［J］. 空间控制技术与应用，2016，42 (2)：1 - 7.

［56］ 舒星星. 可见光光学系统杂光分析及抑制 ［D］. 成都：中国科学院光电技术研究所，2015.

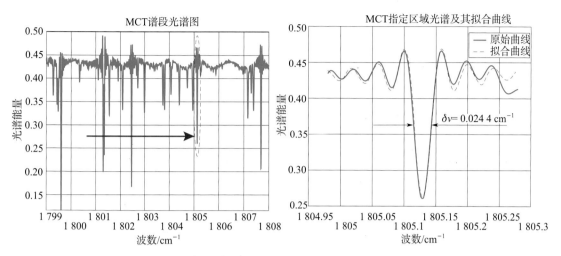

图 6-22　在轨仪器 ILS 与光谱分辨率评价结果（P219）

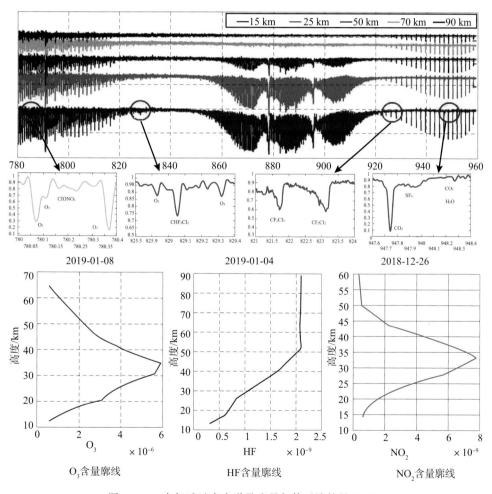

图 6-25　大气透过率光谱及痕量气体反演结果（P221）

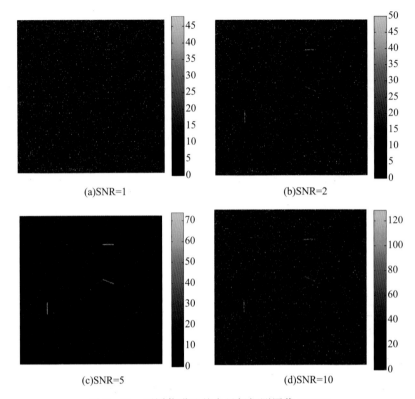

(a)SNR=1   (b)SNR=2

(c)SNR=5   (d)SNR=10

图 7 - 23　不同信噪比的点目标探测图像（P242）

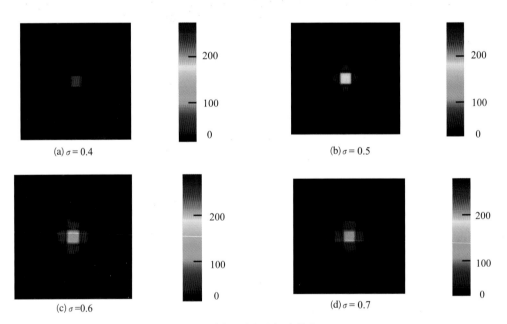

(a) $\sigma = 0.4$ (b) $\sigma = 0.5$

(c) $\sigma = 0.6$ (d) $\sigma = 0.7$

图 7 - 26　不同 σ 下点目标弥散斑（P245）

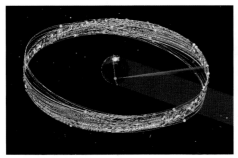 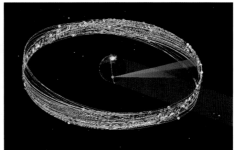

(a) 3°×3°视场覆盖范围   (b) 10°×10°视场覆盖范围

图 7-32　不同视场的覆盖范围(P249)

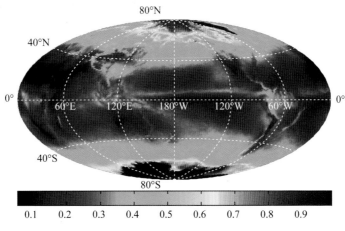

图 7-46　全球地表反射率数据(P265)

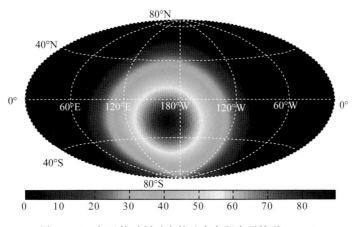

图 7-47　冬至某时刻对应的地表太阳光照情况(P265)

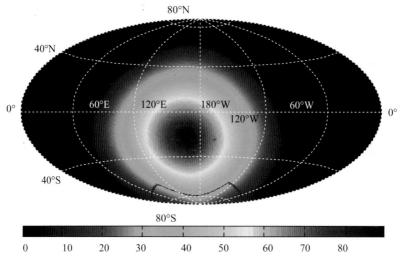

图 7 - 48　反射光可进入相机的地表区域(P266)

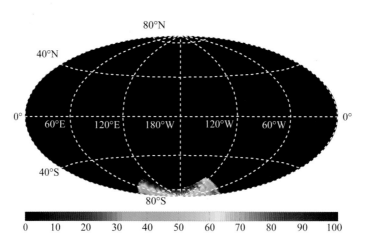

图 7 - 49　相机可见区域大气层顶辐亮度分布(P266)